湿地環境と作物

― 環境と調和した作物生産をめざして ―

坂上潤一

中園幹生　島村　聡

伊藤　治　石澤公明

編著

養賢堂

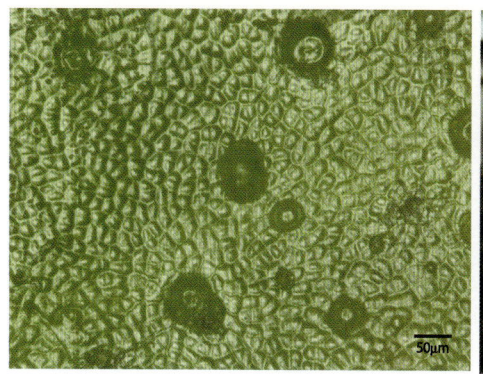

ヒルギダマシ葉の表面に分布する塩腺（円形に窪んでいる部分）の顕微鏡写真

ヒルギダマシ葉の塩腺から排出された塩の結晶

口絵1 マングローブ葉の塩腺

ホウガンヒルギの板根

オヒルギの屈曲膝根

フタバナヒルギの支柱根

ハマザクロの直立根

口絵2 マングローブ各樹種に特有の気根の形状
海側に生育するハマザクロから、フタバナヒルギ、オヒルギ、ホウガンヒルギの順に、陸側に向かって地面高の高い場所に生育する。

口絵3 マングローブ（オオバヒルギ）の胎生種子および実生の胚軸

口絵4 マングローブ消失に伴う海岸侵食（タイ、バンコク近郊）
後方には石組みの護岸が見える。

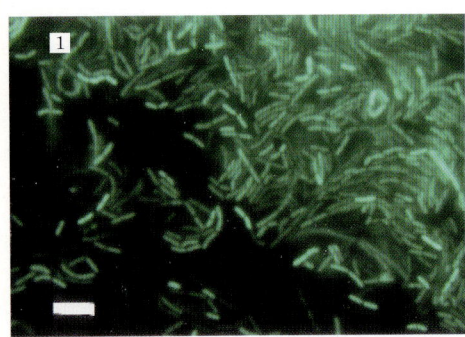

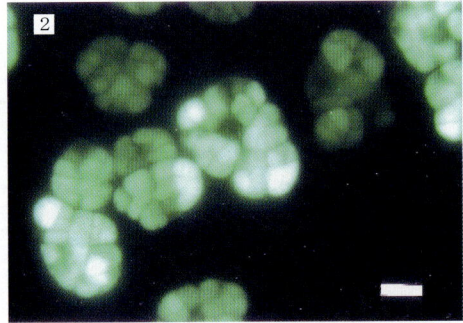

口絵5 還元条件下の土壌中で活動する絶対嫌気性微生物
日本の水田土壌から分離されたメタン生成古細菌の蛍光顕微鏡写真。
1：*Methanobrevibacter arboriphilus* SA 株、2：*Methanosarcina mazei* TMA 株。バーはいずれも 5.0μm。
「浅川晋 2004. 暖地水田におけるメタン生成菌の働き. 日本土壌肥料学会九州支部 編. 九州・沖縄の農業と土壌肥料 2004. pp.138-140. 福岡, 日本土壌肥料学会九州支部」より引用転載。

口絵6 深水試験圃場での移植（ギニア）
ギニア湾岸の水田では、雨期に洪水が頻繁に発生する。

口絵7 フラッシュフラッド耐性の実験室検定
写真のイネは冠水伸長性による短期冠水耐性の特徴を示すアフリカイネ Saligbeli。

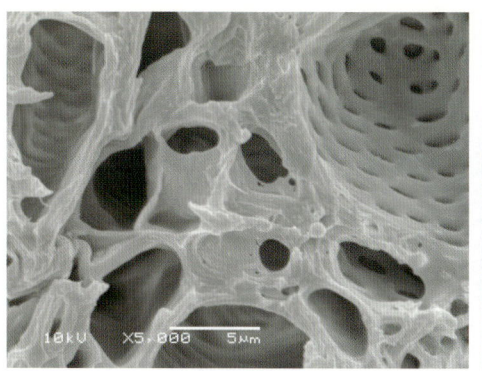 

感受性品種　　　　　　　　　　　　　　　耐性（*Sub1*）品種

口絵8　完全冠水7日目のイネ茎基部細胞内のデンプン粒の集積
走査型分析電子顕微鏡（SEM-EDS）を使用し5,000倍で撮影した。感受性品種では完全冠水7日目で細胞内にデンプン粒の蓄積・集積は確認できないが、耐性品種ではそれらが確認できる。

口絵9　冠水耐性品種 *Sub1* の効果　　　　1週間の冠水解除後14日間のイネの生育の比較
　　　　　　　　　　　　　　　　　　　　（左）*Sub-1*（FR13A）、（右）アフリカイネ

口絵10　好気条件と冠水条件における
イネ幼植物の外部形態
左から、好気条件、冠水条件。好気条件では鞘葉が短く、第2葉が抽出しているのに対し、冠水条件では鞘葉の伸長のみがみられ、種子根の伸長が抑制されている。図中の矢印は、鞘葉の先端を示す。

口絵11　発芽過程で湿害が発生した圃場

口絵13　湛水害を受けたブロッコリー

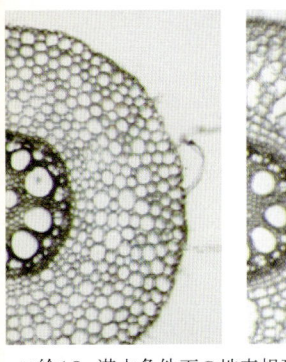

口絵12　湛水条件下の地表根形成能
（上：Manoら（2009）より改変）と非湛水条件下の通気組織形成能（下）。いずれも左がトウモロコシ、右がテオシント。

口絵14　湛水中で生育するクワイ

口絵16　マハナディデルタ輪中地帯の湛水状況（インド・オリッサ州）

口絵15　ニホンナシ'幸水'の裂果

口絵17　マハナディデルタ輪中地帯の輪中堤防（インド・オリッサ州）右側が輪中

口絵18　ベトナム・紅川デルタの輪中地帯からの内水のポンプ排水

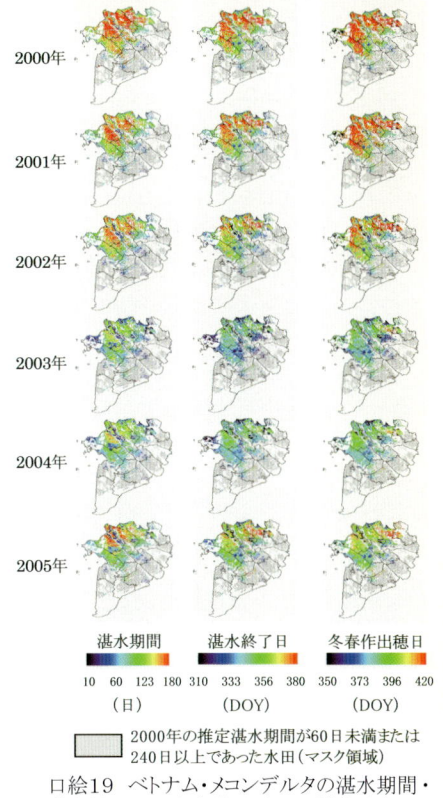

口絵19　ベトナム・メコンデルタの湛水期間・湛水終了日・冬春作出穂日の推定分布図

土地利用分類

- 水稲三期作
- 水稲二期作（洪水利用型・乾季中心）
- 雨季二期作
- 水稲一作
- 内水面養殖（主にエビ）
- エビ－稲作
- 畑地・果樹
- 解析対象外（2000年のみ）

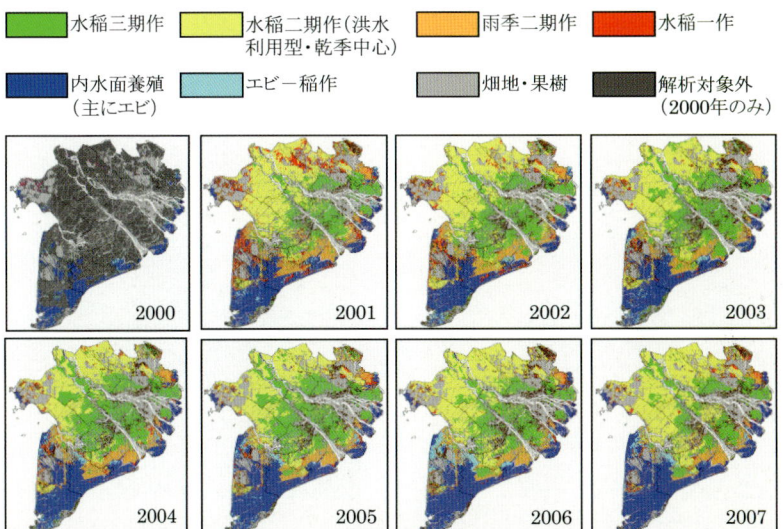

口絵20　ベトナム・メコンデルタを対象とした土地利用分類図

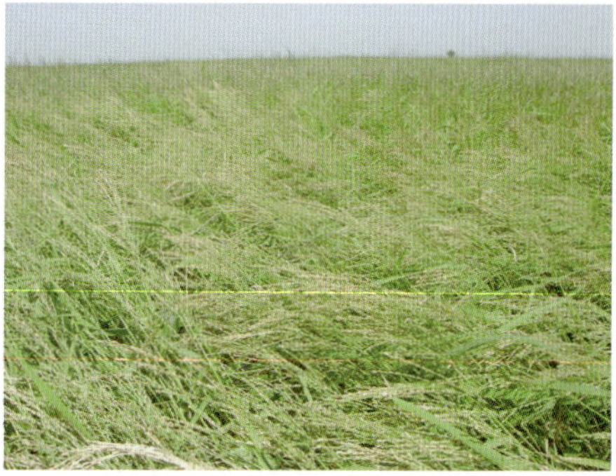

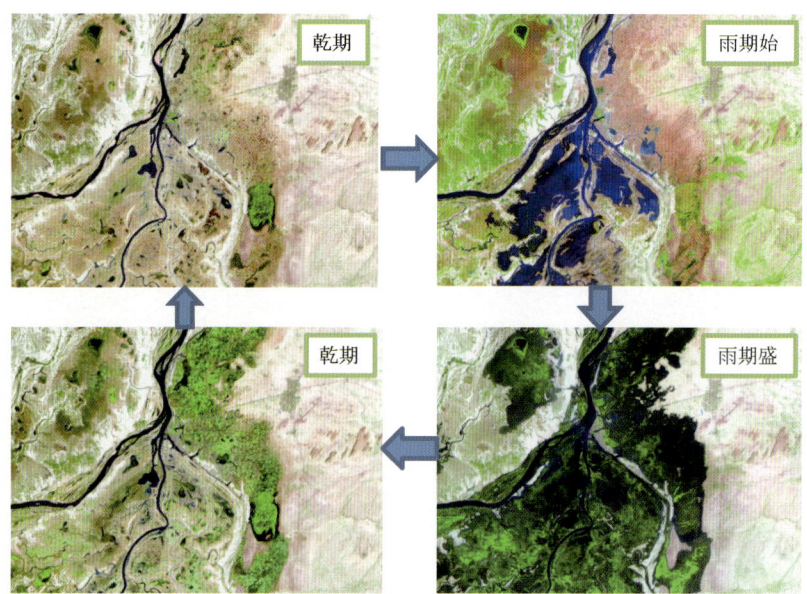

口絵22　氾濫原におけるアフリカイネの生育
写真の登熟期の水田水位は約 0.5 ～ 1m。

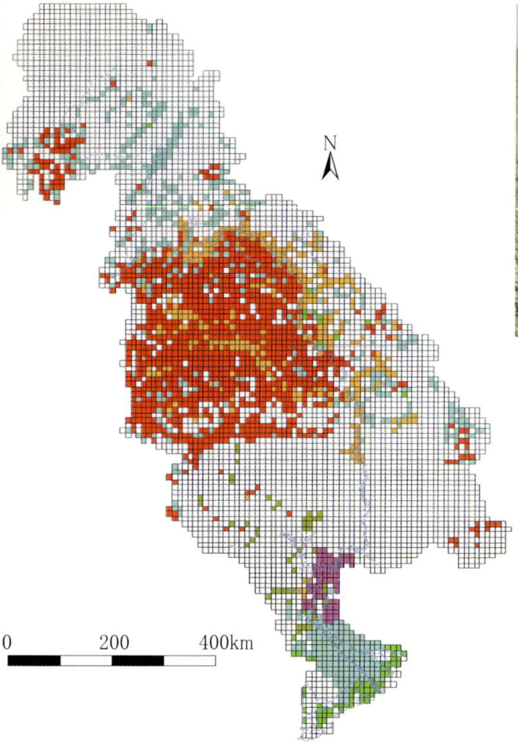

N
0
200
400km
灌漑施設なし
貯水池灌漑
堰灌漑
ポンプ灌漑
コルマタージュ
潮汐灌漑
地下水灌漑

口絵21　メコン川下流における灌漑水利用

乾期
雨期始
乾期
雨期盛

口絵23　氾濫原（ニジェール河内陸デルタ）における湛水域の消長
湛水域は降雨よりかは河上流からの水量により影響を受けている。 青色が湛水域、緑色が植生（主にイネの生育）。

口絵25 塩が集積する乾季の季節性湿地帯(ナミビア農務省主任研究官 アワラ氏撮影)
左からカニョメカ博士(ナミビア大学農学部副学長)、ルインガ技官(ナミビア大学農学部)、コンベリ技官(ナミビア農務省)。

口絵24 アンゴラとの国境沿いにつづく砂漠国ナミビアの季節性湿地帯
総計70〜120万haにおよぶため、砂漠の巨大なオアシスともいえる。乾季には完全に干上がってしまうが、定期的な氾濫により地下水が滋養されヤシ類が生息可能である。そのため古くから現地のオワンボ族の人々がこの地に集中して暮らしている。

口絵26 メコン河下流での氾濫状況(2000年)
メコン河の下流での30年規模の氾濫の状況で河川や水田域の氾濫の様子が伺えるが、毎年発生するこのような氾濫は地域の重要な水資源や農業用水となっている。

対照区240kg/10a　　　　　　　　　FOEAS区470kg/10a
口絵27 FOEASによる大豆の増収効果(岐阜県海津市)

整備前
整備後

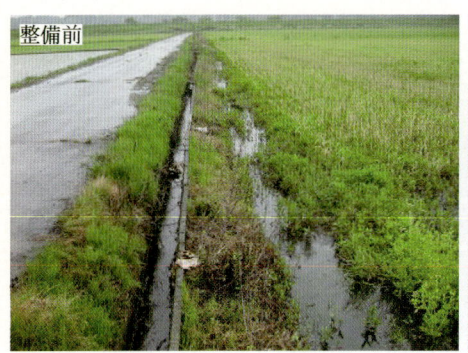

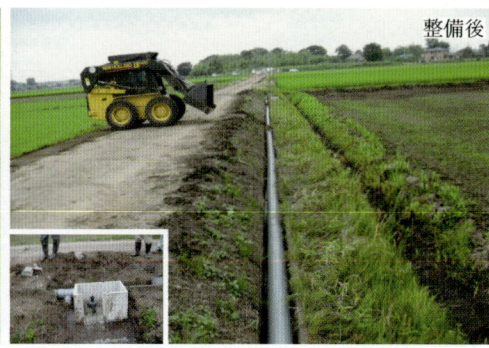

口絵28　自然圧パイプラインによる用水路整備

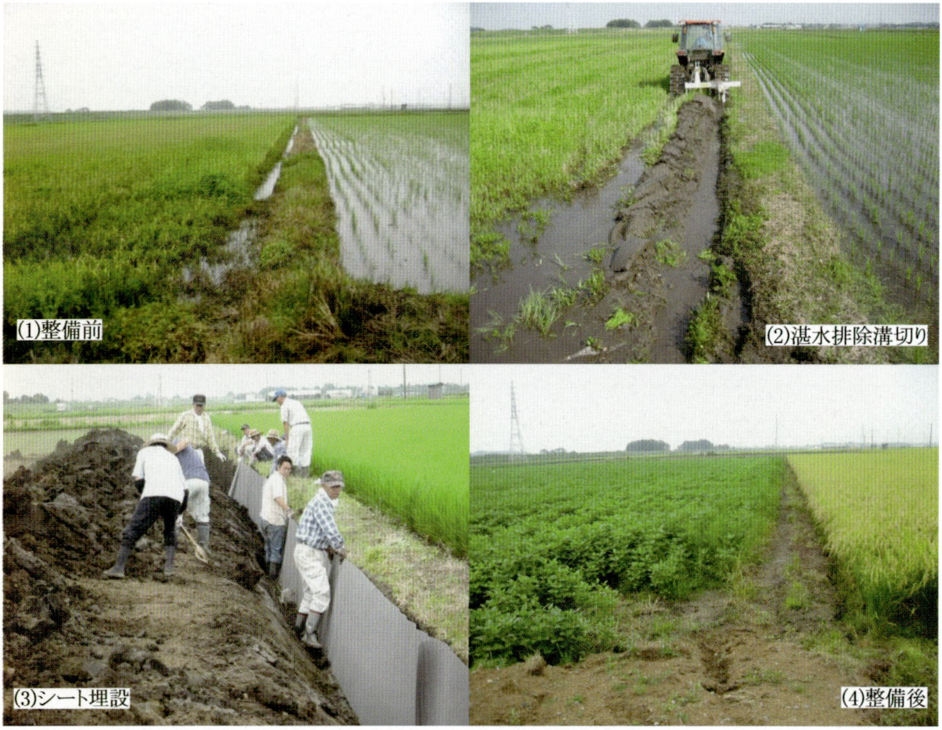
(1)整備前
(2)湛水排除溝切り
(3)シート埋設
(4)整備後

口絵29　隣接水田からの漏水防止対策

はじめに

　湿地（wetland）とは、永続的または周期的に地面が浸水することによって成り立っている生態系と定義され、そこに生息する植物は、低酸素あるいは無酸素条件（嫌気条件）に適応性（嫌気応答性）を有するものが多く含まれている。湿地は、河川の源流から、湿原、沼地、干潟、マングローブ林など沿岸地域まで広く分布している。湿地は、多様な機能を有しており、適切に保存していくことが必要とされているが、一方で、湿地の水資源を農業に有効的に利用し、作物生産の向上に貢献することも重要である。湿地は、地形的には貯水、土壌浸食の軽減、有害物質の除去、耕地劣化の防止、生態的には野鳥や植物の保全、経済的には農村共同体の活動への貢献など様々な機能を果たしている。我が国の農業においての湿地は、水田が代表的であるが、水田が上記のような多面的機能を担っていることは良く知られている。このように世界的に広く分布する湿地環境を維持しつつ農業生産に利用していくことは、今後も引き続く地球規模の食料不足の解消に重要であると考えられる。

　地球上の人間活動による温室効果ガスの排出が、気温上昇を招いていることは良く知られており、今後温暖化により降水量や降雨パターンが大きく変化し洪水や旱魃が頻繁に発生することが予測されている。実際に、異常気象が世界各地で頻発しており、大規模な洪水、旱魃が人間の生活のみならず農業にも大きな損失を与えている。

　米はアジアにおける主要穀物の一つであるが、東南・南アジア地域では毎年のように洪水が発生し、イネの生育に影響を及ぼしている。一方、アフリカ地域においては、未利用の低湿地にイネを導入する試みも始められている。我が国では、水田の高度利用を目的とした転換畑への畑作物の導入が進められ、食糧自給率の向上が図られているが、転換作物として導入されたコムギ、ダイズやトウモロコシなどの過湿害による収量の低減と品質の低下が、普及の大きな足枷となっている。こうした畑作物の過湿害は、モンスーン地域の多雨期に限らず、半乾燥地の一部地域においてもしばしば発生する問題である。このように、冠水・過湿によるストレス下で植物の生育を維持し生産を確保する事は、国内外の作物生産にとって重要な課題であり、そのためには耐性や回避に関わるさまざまな機能を改善して、環境適応性を向上させることが必要である。

　湿地環境においても生育が可能である水生植物を参考に、過湿耐性メカニズムを解明することは、作物の湿地環境適応性の向上を図る上で有効な方策

である。最近イネにおいては、冠水に対する耐性遺伝子の詳細が明らかになるなど、イネの耐性向上に密接に関連した研究開発が推進されている。畑作物についても、近縁種のなかには過湿環境への高い耐性を備えた種が存在する事が知られており、それらの特性と関連する遺伝子を解明することが、作物の過湿耐性の改善につながると期待されている。さらに、我が国では、秋落ち水田における不耕起栽培や畝立て稲作、転換畑における排水技術などの有効な栽培・土木技術が開発されている。このように、嫌気条件下での植物および作物の有用形質の解析とその利用、また適正な栽培技術の応用は、作物の安定的生産体系の維持において重要であり、今後のさらなる研究の推進が望まれている。

　本書の目的は、過湿あるいは冠水を特徴とする湿地環境における作物生産の向上に貢献するため、湿地に関わる農業生態学的観点を中心に、遺伝育種、栽培生理、土壌肥料等までに及ぶ有用な情報および技術を広く関係者に提供することであり、以下のような構成となっている。まず、世界的な湿地環境を概観し、湿地の機能や多様性またそこで生息する水生植物等の生態について解説、次に、湿地土壌資源についてその特徴を紹介、さらに、過湿・冠水等湿地条件に適応した作物の嫌気応答メカニズムの特徴や耐性強化に必要な機能について、作物の湿害・冠水害とあわせて解説、そして、世界的な気候変動と洪水発生の関係について述べた後、終わりに湿地における有用な対策技術について論じている。

　我々は環境に調和しながら作物生産を向上させるという一見矛盾とも思えるテーマを背負っている。この点からも、湿地環境と作物生産の関係について、現時点での理解を多角的に総括することは重要である。本書が湿地の理解を深め、また近い将来に我々が遭遇するであろう世界的な食糧危機の解消に少しでも役立つことができればと願う次第である。

　最後に、本書出版にあたって、株式会社養賢堂の佐藤武史氏、前島隆氏はじめ編集担当の諸氏にはいろいろとご助言とご協力をいただいた。感謝申し上げる。

2010 年 1 月
編者一同

編著者紹介（五十音順）＊：編者

浅川　晋	名古屋大学大学院生命農学研究科	
安達　祐介	新潟大学大学院自然科学研究科	
阿部　淳	東京大学大学院農学生命科学研究科	
飯田　俊彰	東京大学大学院農学生命科学研究科	
飯嶋　盛雄	近畿大学農学部	
石澤　公明＊	宮城教育大学教育学部	
伊藤　治＊	国際農林水産業研究センター生産環境領域	
井上　智美	国立環境研究所アジア自然共生研究グループ	
岩熊　敏夫	国立高等専門学校機構函館工業高等専門学校	
上野　修	九州大学大学院農学研究院	
大場　和彦	長崎総合科学大学環境建築学部	
川口　健太郎	農研機構作物研究所麦類遺伝子技術研究チーム	
河野　尚由	国際農林水産業研究センター農村開発調査領域	
菅野　勉	農研機構畜産草地研究所飼料作生産性向上研究チーム	
北宅　善昭	大阪府立大学大学院生命環境科学研究科	
北村　義信	鳥取大学農学部	
国分　牧衛	東北大学大学院農学研究科	
坂上　潤一＊	国際農林水産業研究センター生産環境領域	
坂本　利弘	農業環境技術研究所生態系計測研究領域	
塩野　克宏	東京大学大学院農学生命科学研究科	
島村　聡＊	農研機構作物研究所大豆生理研究チーム	
清水　克之	鳥取大学農学部	
髙橋　宏和	東京大学大学院農学生命科学研究科	
田村　文男	鳥取大学農学部	
飛佐　学	宮崎大学農学部	
鳥山　和伸	国際農林水産業研究センター畜産草地領域	
中園　幹生＊	東京大学大学院農学生命科学研究科	
野原　精一	国立環境研究所アジア自然共生研究グループ	

東尾　久雄	農研機構野菜茶業研究所業務用野菜研究チーム
日高　伸	秋田県立大学生物資源科学部
藤井　伸二	人間環境大学人間環境学部
藤森　新作	農研機構総合企画調整部
増本　隆夫	農研機構農村工学研究所地球温暖化対策研究チーム
間野　吉郎	農研機構畜産草地研究所飼料作物育種研究チーム
望月　俊宏	九州大学大学院農学研究院
安原　一哉	茨城大学工学部
吉岡　俊人	福井県立大学生物資源学部
渡邊　肇	新潟大学大学院自然科学研究科
山末　祐二	元　京都大学大学院農学研究科

目　次

第1章　湿地における生物多様性と水生植物の生態

1. 湿地の定義
　　……………岩熊敏夫　1
2. 湿地の機能の歴史的背景
　　……………野原精一　11
3. 湿地環境の多様性と植物の生態特性
　　……………藤井伸二　25
4. 湿地における野生植物の生態
　　………吉岡俊人・山末祐二　34
5. 水生植物の生態と栄養吸収機能
　　……………井上智美　42
6. 水生植物の光合成
　　……………上野　修　49
7. 水生植物の生存戦略
　　……………石澤公明　56
8. マングローブの生態
　　……………北宅善昭　63

第2章　湿地の土壌資源

1. 湿地土壌の物理的・化学的特性
　　……………鳥山和伸　72
2. 湿地土壌の微生物
　　……………浅川　晋　82
3. 湿地土壌の生産性と持続性
　　……………日高　伸　90

第3章　作物の嫌気応答のメカニズム

1. 冠水抵抗性イネの開発と課題
　　………河野尚由・坂上潤一　102
2. イネの冠水抵抗性と生存戦略
　　…坂上潤一・望月俊宏・渡邊　肇　107
3. 冠水条件におけるイネの発芽期および幼植物期の応答と適応
　　………渡邊　肇・安達祐介　116
4. 過湿土壌に対する作物の応答と適応機構
　　…塩野克宏・高橋宏和・中園幹生　123

第4章　作物の冠水害・湿害

1. イネ
　　………望月俊宏・坂上潤一　134
2. 麦類
　　……………川口健太郎　139
3. トウモロコシ
　　………間野吉郎・菅野　勉　150
4. ダイズ
　　………国分牧衛・島村　聡　156

5. 野菜
　　…………………東尾久雄　162
6. 果樹
　　…………………田村文男　165
7. 牧草
　　…………………飛佐　学　169

第5章　気候変動と洪水

1. 気候変動と冠水害
　　…………………安原一哉　173
2. 耕地洪水発生のメカニズムと特徴
　　………清水克之・北村義信　186
3. 衛星画像を利用した冠水・洪水被害の把握
　　…………………坂本利弘　194

第6章　湿地における洪水被害と作物栽培技術の活用

1. わが国における洪水とその農業被災
　　…………………大場和彦　209
2. わが国における治水の歴史
　　…………………飯田俊彰　215
3. アジア地域における洪水環境と洪水を活用した作物栽培
　　…………………増本隆夫　220
4. アフリカ地域における洪水を利用した低湿地氾濫原稲作
　　…………………坂上潤一　236
5. 湿地帯でのイネ栽培と塩害
　　…………………飯嶋盛雄　242
6. 湿地における農業土木工学技術
　　…………………藤森新作　244
7. 栽培技術の改善による湿害の軽減
　　…………………阿部　淳　254

索　引
　　………………………………259

第1章 湿地における生物多様性と水生植物の生態

1. 湿地の定義

　湿地（wetland）の定義・分類法は、目的により異なり、また、ヨーロッパ諸国や北米などではそれぞれ独特の景観をさまざまな言葉で表現してきた経緯があることから、湿地環境の概念と用語の統一は容易ではない。Cowardin ら（1979）の指摘するように、湿地は多様であり、連続的な乾燥環境と湿潤環境に境界線を引くことになるため、正確で、異議を挟む余地のない、生態学的に信頼できる湿地の定義は一つも存在しない。大陸間さらには地域間で異なる概念をもつ湿地に関する用語については、Gore（1983）、Mitsch and Gosselink（1993、2000、2007）、Charman（2002）らが整理を行ってきた（表1）。また、国際的な湿地保全の機運の高まりとともに、湿地の分類基準作成の試みは、国際自然保護連合（International Union for Conservation of Nature, IUCN）によるラムサール会議報告（IUCN（1972）、Gopal ら（1990）による）、国連教育科学文化機関環境問題に関する科学委員会（Scientific Committee on Problems of the Environment, UNESCO; UNESCO/SCOPE）（Gopal ら 1990）およびラムサール条約事務局（Ramsar Secretariat 2009）等でなされてきた。また、米国内務省魚類野生生物局（U.S. Department of the Interior Fish and Wildlife Service）（Cowardin ら 1979）の分類基準は米国国内を対象に作成されているが、その考え方は他の国際基準に反映されている。

　多くの湿地研究者は、湿地生態系の主要生成要因は、まず地形的要因を含めた水理環境、そして2番目に栄養塩環境であると考えている。また、これらの環境要因が植生に影響を及ぼし、湿地を特徴づけていると考えている（Keddy 2000、Charman 2002）。そこで、本節では、湿地生態系の定義を整理し、湿地環境を構成する土壌、水分、そして水質に関連した物理、化

表1 湿地の分類

特性	湿地タイプ			
	沼沢地 (marsh)	湿地林 (swamp)	低層湿原 (fen)	高層湿原 (bog)
主な水供給源	地表水		地表水・地下水	降水
土壌	鉱物		泥炭	
栄養塩供給	鉱物			降水
植生	丈の高い草本	樹木により被覆	スゲ類・草本類	ミズゴケ類
pH	ほぼ中性			酸性
栄養段階	富栄養〜中栄養		中栄養	貧栄養
分類法				
Gore (1983)	Mire			
	Marsh		Fen	Bog
Mitsch & Gosselink (2000)	Mire			
	Marsh	Swamp	Fen	Bog
Charman (2002)	Mire			
			Peatland	
	Marsh	Swamp	Fen	Bog
従来の分類				
日本	沼沢地	低層湿原	中間湿原	高層湿原
		低位泥炭地	中位泥炭地	高位泥炭地
カナダ	Marsh	Swamp	Fen	Bog
米国	Marsh、swamp または fen			Bog
ドイツ	Sumpf		Niedermoor	Hochmoor
他のヨーロッパ		Marsh	Fen	Bog

Mitsch and Gosselink(2007)、Charman(2002)に基づく。

学的な条件に、生物的要因を加えた湿地生態系としての定義を述べる。また、日本における湿地の用語（訳語を含む）は、研究者の間で統一がとれていないかまたは訳語がないため、本章の用語は他書と異なる場合があることを初めに断っておく。

1. 湿地環境の定義

　湿地は長期間にわたり水位が地表面にほぼ等しいか、地表面よりも高い土地のことを指す。泥炭地のほとんどが含まれるが、無機質基質上の流水や水深の浅い水域も含まれる（Charman 2002、Mitsch and Gosselink 2007）。泥炭地（peatland）は無機質基質を 30〜40cm 以上の泥炭が覆っている土地を表す。湿原（mire）は生態系を表す用語で、泥炭地とほぼ同義である

が、沼沢湿原など必ずしも泥炭で覆われない無機質基質上の生態系も含む。

泥炭地は、地表面が地下水面より常に高いのか、それとも低いのか、により高位泥炭地（high peat）と低位泥炭地（low peat）に分類される。高層湿原（bog）は水および栄養塩の供給源が降水（雨、雪、霧）である湿原で、高位泥炭地と同義である（図1）。低層湿原（fen）では水および栄養塩の主

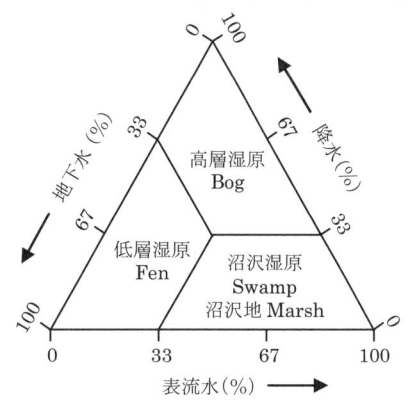

図1 水供給源（降水、地下水、表流水）からみた湿地タイプの分類 Keddy (2000)。

たる供給源は地下水であり、低位泥炭地と同義である。沼沢地（marsh）では丈の高い草本が優占する（図2）。沼沢湿原（swamp）は多くの場合低層湿原と同義であるが、とくに樹木に覆われた湿地を表し、温帯や熱帯に見られる。低地の熱帯多雨林（tropical rain forest）ではフタバガキ科の樹木枯死体が林床に堆積し、泥炭湿地（peat swamp）を形成し、泥炭湿地林（peat swamp forest）と呼ばれる森林が維持されている。

湿地環境は次の3要素よって決定される（Mitsch and Gosselink 2007）。①水理条件：湿地は表層でまたは根圏に水が存在することで区別される、②物理化学環境：湿地はしばしば隣接する高地とは異なる独特の土壌条件を有する、③生物相：湿地は湿性環境に適応した植生（水生植物）を支え、逆に、冠水条件に適応していない植生が欠如している。

この順番に影響が及ぼされているが、湿地環境の成立は気候条件と地形学的特徴によって決まる。

2. アメリカ内務省魚類野生生物局の湿地分類体系

アメリカ内務省魚類野生生物局の湿地は、陸域と水域の移行地域で水位は通常地表面か地表面に近い高さであるか、または浅い水体に覆われている土地のこと、と定義している。その土地では、①少なくとも周期的に水生植物

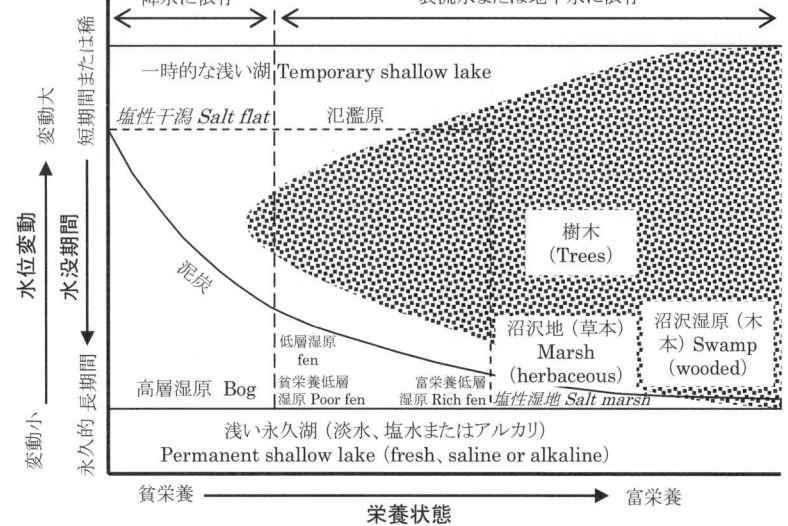

図2 水域の持続性と栄養状態の2要素による湿地タイプの分類　泥炭と樹木の大まかな分布域を図中に示す。斜体は塩性環境の湿地を示す。　Gopalら（1990）。

が専ら優占する、②基質が排水の悪い飽和土壌である、③基質は非土壌で、それぞれの年の生育期のある時期には、水で飽和しているかまたは浅い水体で覆われている、という3つの性質の少なくとも一つを備えていることを湿地の条件とした（Cowardinら 1979）。

　この分類体系では①水理条件とくに洪水の頻度または土壌の水飽和度、②湿地植生、③土壌（基質）、により区分を行った。海域、沿岸域、河川、湖沼、沼の5つの生態区分をまず水理条件により亜系に区分し、さらに植生と基質により総計55の級に区分した。海洋や河川、湖沼においては深い水域も含まれている。

3. 国連教育科学文化機関環境問題に関する科学委員会の湿地分類体系

　国連教育科学文化機関環境問題に関する科学委員会（UNESCO/SCOPE）は熱帯域にも適用できる湿地の分類体系を提唱した（Gopalら 1990）。この分類体系には河川や湖沼も含まれる。水域の持続性などの水理特性と栄養塩供給条件で分類し、さらに水の供給源に対応させて湿地タイプを分類した

（表2）。これらの湿地タイプは水域の持続性と栄養状態を2つの軸とする平面上に配置することができる（図2）。

4. ラムサール条約で定義される湿地

「特に水鳥の生息地として重要な湿地に関する条約（Convention on Wetlands of International Importance especially as Waterfowl Habitat, ラムサール条約）」は1971年に採択され、日本は1980年に加入した。2009年5月12日現在で、条約締約国数は159カ国、登録された湿地の総数は1,843カ所、総面積は約180,028,774haに及ぶ（環境省自然保護局2009）。日本では、2008年10月までに37カ所、総面積131,027haが条約湿地として登録されている。

この条約で定義される湿地とは、天然のものであるか人工のものであるか、永続的なものであるか一時的なものであるかを問わず、さらには水が滞っているか流れているか、淡水であるか汽水であるか塩水であるかを問わず、沼沢地、湿原、泥炭地または水域をいい、海域と沿岸域では低潮時における水深が6mを超えない海域を含んでいる。

表3にラムサール条約において分類されている湿地タイプを示す。この分類体系では、①淡水であるか海水であるかといった水質、②湿地の水理・地形・物理特性、③水域の持続性、により順次33の湿地タイプに分類して

表2 環境因子による湿地の分類

水域の持続性	永久水体 Permanently waterlogged			一時的高水体 Temporarily high water		永久浅水体 Permanent shallow water body	
栄養塩供給	降水涵養 Ombrotrophic	陸水涵養 Minerotrophic		降水涵養 Ombrotrophic		陸水涵養および・または降水涵養 Minerotrophic and/or ombrotrophic	
水供給源	降水	地下水	地表水	地表水（流水）	降水（止水）		
主要植物	ミズゴケ類 矮性低木（樹木）	イネ・スゲ類 草本類（ミズゴケ類）	樹木 草本類 イネ・スゲ類	イネ・スゲ類 樹木	藻類 大型水生植物	大型水生植物 抽水植物	浮漂植物、沈水植物 藻類
底質	泥炭 Peat			沖積土 Alluvial		湖沼堆積土 Lacustrine	
湿地タイプ	高層湿原 Bog	低層湿原 Fen	沼沢湿原 Swamp (Carr)	一時的水体 Temporary lake	沼沢地 Marsh	永久湖 Permanent lake	
	湿原／泥炭地 Mire/Peatland			一時的湿地 Temporary wetland		水体 Water body	
	氾濫原 Floodplain						

Gopalら（1990）の図に基づく。

表3 ラムサール条約による湿地タイプ分類体系（1）

海岸・沿岸域湿地

水質	湿地の水理・地形・物理特性	湿地	コード
塩水	永久的	浅海域（低潮時に＜6m）	A
		海洋の潮下帯域植生（海藻、海草、熱帯性海洋草原）	B
		サンゴ礁	C
	海岸	岩礁（沖合の岩礁性島、海崖を含む）	D
		砂、礫、中礫海岸（砂州、砂嘴、砂礫性島、砂丘系を含む）	E
塩水または汽水	潮間帯	泥質、砂質、塩性干潟	G
		湿地（塩性湿地、塩水草原、塩性沼沢地、塩性高層湿原、潮汐汽水沼沢地、干潮淡水沼沢地を含む）	H
		森林湿地（マングローブ林、ニッパヤシ湿地林、潮汐淡水湿地林を含む）	I
	沿岸域汽水・塩水礁湖（海との間に少なくとも1つの水路を有する）		J
	河口域（河口の永久的な水域とデルタの河口域）		F
塩水、汽水または淡水	カルストおよび洞窟性水系（海洋・沿岸域）		Zk(a)
淡水	沿岸域淡水潟（デルタ淡水潟を含む）		K

いる（Ramsar Secretariat 2009）。

　国際的に重要な湿地の基準（Criteria for Identifying Wetlands of International Importance）は1974年に採択され、その後改訂が行われた。1999年のラムサール条約第7回締約国会議において，従来の基準であった水鳥の生息場所だけではなく，湿地の機能をより多面的に評価する見直しが行われた。多様な湿地および生物多様性の保全上の機能を含めた新基準は下記のとおりである（Ramsar Secretariat 2009）。

（1）基準グループA：代表的、希少または固有な湿地タイプを含む湿地
基準1： 適当な生物地理区内に、自然のまたは自然度が高い湿地タイプの代表的、希少または固有な例を含む湿地
（2）基準グループB：生物多様性の保全のために国際的に重要な湿地
基準2： 危急種、絶滅危惧種または近絶滅種と特定された種、または絶滅のおそれのある生態学的群集を支えている場合

1. 湿地の定義

表3 ラムサール条約による湿地タイプ分類体系（2）

内陸湿地

水質	湿地の水理・地形・物理特性		湿地	コード
淡水	流水	永久的	河川、渓流、小河川（滝を含む）	M
			内陸デルタ	L
			淡水泉、オアシス	Y
		季節的・断続的・不定期	河川、渓流、小河川	N
	湖沼	永久的	＞8ha（大きい三日月湖を含む）	O
			沼沢地（沼[＜8ha]、少なくとも成長期のほとんどの間水に浸かった抽水植生のある無機質土壌上の沼沢地や湿地林）	Tp
		季節的・断続的	＞8ha（氾濫源湖沼を含む）	P
			＜8ha 沼沢地・水たまり（無機質土壌上にある沼地、ポットホール、季節的に冠水する草原、スゲ沼沢地を含む）	Ts
	無機質土壌上の沼沢地	永久的	草本優占（少なくとも成長期のほとんどの間水に浸かった抽水植生のある沼沢地や湿地林）	Tp
		永久的・季節的・断続的	灌木優占（無機質土壌上の、淡水沼沢地林、低木の優占する淡水沼沢地、低木カール、ハンノキ群落）	W
			樹木優占（無機質土壌上の、淡水沼沢地、季節的に冠水する森林、森林性沼沢地を含む）	Xf
		季節的・断続的	草本優占	Ts
	泥炭土壌上の沼沢地	永久的	非森林性（灌木のあるまたは開けた高層湿原、湿地林、低層湿原を含む）	U
			森林性（泥炭沼沢地林）	Xp
	無機質土壌上または泥炭土壌上の沼沢地		高山湿地（高山草原、湿地雪解け水による一時的な水域を含む）	Va
			ツンドラ湿地（ツンドラ水たまり、雪解け水による一時的な水域を含む）	Vt
塩水、汽水またはアルカリ性水	湖沼	永久的		Q
		季節的・断続的		R
	沼沢地および水たまり	永久的		Sp
		季節的・断続的		Ss
淡水、塩水、汽水またはアルカリ性水	地熱性			Zg
	洞窟性			Zk(b)

Ramsar Secretariat(2009)に基づく。

基準3: 特定の生物地理区における生物多様性の維持に重要な動植物種の個体群を支えている場合
基準4: 生活環の重要な段階において動植物種を支えている場合、または悪条件の期間中に動植物種に避難場所を提供している場合
基準5: 定期的に2万羽以上の水鳥を支える場合
基準6: 水鳥の一種または一亜種の個体群において、個体数の1%を定期的に支えている場合
基準7: 固有な魚類の亜種、種、または科、生活史の一段階、種間相互作用、湿地の利益もしくは価値を代表する個体群の相当な割合を維持しており、それによって世界の生物多様性に貢献している場合
基準8: 魚類の重要な食物源であり、産卵場、稚魚の成育場であり、または湿地内もしくは湿地外の漁業資源が依存する回遊経路となっている場合
基準9: 湿地に依存する鳥類以外の動物種の一の種または亜種の個体群において、個体数の1%を定期的に支えている場合

　日本で2005年より前に条約湿地に登録された13カ所は主に鳥類の生息場所としての機能を評価している。従来は水鳥の生息地を主な対象として登録を行ってきたが、2005年と2008年の登録に際しては稀少トンボ類、マリモ、キクザトサワヘビなど水鳥以外の生息地、アカウミガメの産卵地、マングローブ林、サンゴ礁、カルスト・地下水系、さらには水田を含む沼地など、日本を代表する多様なタイプの湿地を多数登録した（表4）。

引用文献
Charman, D. 2002. Peatlands and Environmental Change. John Wiley & Sons, Chichester, pp. 301
Cowardin, L. M., Carter, V., Golet, F. C. and LaRoe, E. T. 1979. Classification of wetlands and deepwater habitats of the United States. U. S. Department of the Interior, Fish and Wildlife Service, Washington, D. C. Jamestown, ND: Northern Prairie Wildlife Research Center Online. http://www.npwrc.usgs.gov/ resource/wetlands/ classwet/index. htm (Version 04DEC1998).
Gopal, B., Kvet, J., Löffler, H., Masing, V. and Patten, B. C. 1990. Wetland definition. In: B. C. Patten (ed.) Wetlands and Shallow Continental Water Bodies, Vol. I. SPB Academic Publishing, The Hague, pp. 9-15.
Gore, A. J. P. 1983. Introduction. In: Gore, A.J.P. (ed.), Mires: Swamp, Bog, Fen and Moor. Ecosystem of the World 4A. Elsevier, Amsterdam, pp. 1-34.

表4 日本のラムサール登録湿地（1）

条約湿地名	所在地	登録年月日	面積(ha)	湿地の類型	主要生物	保護の形態
宮島沼（みやじまぬま）	北海道美唄市	2002/11/18	41	淡水湖沼（河跡湖）	マガン渡来地	・国指定宮島沼鳥獣保護区 宮島沼特別保護地区
雨竜沼湿原（うりゅうぬましつげん）	北海道雨竜町	2005/11/8	624	高層湿原、淡水湖沼（池塘）、河川	湿原植物、稀少トンボ類生息地	・暑寒別天売焼尻国定公園特別保護地区
サロベツ原野	北海道豊富町、幌延町	2005/11/8	2,560	高層湿原、淡水湖沼（海跡湖）、河川	オオヒシクイ、ハクチョウ渡来地	・国指定サロベツ鳥獣保護区 サロベツ特別保護地区、・利尻礼文サロベツ国立公園特別保護地区および特別地域
クッチャロ湖	北海道浜頓別町	1989/7/6	1,607	淡水湖沼（海跡湖）	ガンカモ渡来地	・国指定浜頓別クッチャロ鳥獣保護区、浜頓別クッチャロ湖特別保護地区
濤沸湖（とうふつこ）	北海道網走市、小清水町	2005/11/8	900	塩性湿地、汽水湖（海跡湖）	オオハクチョウ・オオヒシクイ等渡来地	・国指定濤沸湖鳥獣保護区、濤沸湖特別保護地区、・網走国定公園特別地域
ウトナイ湖	北海道苫小牧市	1991/12/12	510	淡水湖沼（海跡湖）	大規模ガンカモ渡来地	・国指定ウトナイ湖鳥獣保護区ウトナイ湖特別保護地区
釧路湿原（くしろつげん）	北海道釧路市、釧路町、標茶町、鶴居村	1980/6/17	7,863	低層湿原、高層湿原（一部）、淡水湖沼（河跡湖、池塘）、河川	タンチョウ生息地	・国指定釧路湿原鳥獣保護区 釧路湿原特別保護地区、・釧路湿原国立公園特別保護地区および特別地域
厚岸湖・別寒辺牛湿原（あっけしこ・べかんべうししつげん）	北海道厚岸町	1993/6/10	5,277	塩性湿地、汽水湖（海跡湖）、低層湿原、河川	オオハクチョウ・ガンカモ渡来地、タンチョウ繁殖地	・国指定厚岸・別寒辺牛・霧多布鳥獣保護区 厚岸・別寒辺牛・霧多布特別保護地区
霧多布湿原（きりたっぷしつげん）	北海道浜中町	1993/6/10	2,504	塩性湿地、汽水湖（海跡湖）、河川、低層湿原、高層湿原	タンチョウ繁殖地	・国指定厚岸・別寒辺牛・霧多布鳥獣保護区、厚岸・別寒辺牛・霧多布特別保護地区
阿寒湖（あかんこ）	北海道釧路市	2005/11/8	1,318	淡水湖沼（火口湖）	マリモ生育地	・阿寒国立公園特別保護地区および特別地域
風蓮湖・春国岱（ふうれんこ・しゅんくにたい）	北海道根室市、別海町	2005/11/8	6,139	汽水湖沼、低層湿原、藻場、干潟、砂州	タンチョウ繁殖地、キアシシギ・オオハクチョウ等渡来地	・国指定風蓮湖鳥獣保護区 風蓮湖特別保護地区
野付半島・野付湾（のつけはんとう・のつけわん）	北海道別海町、標津町	2005/11/8	6,053	塩性湿地、低層湿原、浅海域、藻場、砂嘴	タンチョウ繁殖地、コクガン・ホオジロガモ等渡来地	・国指定野付半島・野付湾鳥獣保護区野付半島・野付湾特別保護地区
仏沼（ほとけぬま）	青森県三沢市	2005/11/8	222	低層湿原	オオセッカ繁殖地	・国指定仏沼鳥獣保護区仏沼特別保護地区
伊豆沼・内沼（いずぬま・うちぬま）	宮城県栗原市、登米市	1985/9/13	559	淡水湖沼	マガン等ガンカモ渡来地	・国指定伊豆沼鳥獣保護区伊豆沼特別保護地区
蕪栗沼・周辺水田（かぶくりぬま・しゅうへんすいでん）	宮城県栗原市、登米市、田尻町	2005/11/8	423	遊水池、低層湿原、水田	マガン等ガンカモ渡来地	・国指定蕪栗沼・周辺水田鳥獣保護区蕪栗沼特別保護地区
化女沼（けじょぬま）	宮城県大崎市	2008/10/30	34	ダム湖	ヒシクイ（亜種）、マガン等渡来地	・国指定化女沼鳥獣保護区化女沼特別保護地区
大山上池・下池（おおやまかみいけ・しもいけ）	山形県鶴岡市	2008/10/30	39	溜池	マガモ、コハクチョウ等渡来地	・国指定大山上池・下池鳥獣保護区大山上池・下池特別保護地区
尾瀬（おぜ）	福島県檜枝岐村、群馬県片品村、新潟県魚沼市	2005/11/8	8,711	高層湿原、淡水湖沼（池塘、火山堰止湖）、河川	稀少植物	・尾瀬国立公園特別保護地区および特別地域
奥日光の湿原（おくにっこうのしつげん）	栃木県	2005/11/8	260	高層湿原、中間湿原、淡水湖沼（火山堰止湖）、河川		・日光国立公園特別保護地区および特別地域

表4　日本のラムサール登録湿地（2）

条約湿地名	所在地	登録年月日	面積(ha)	湿地の類型	主要生物	保護の形態
谷津干潟（やつがた）	千葉県習志野市	1993/6/10	40	干潟	シギ・チドリ渡来地	・国指定谷津鳥獣保護区谷津特別保護地区
佐潟（さかた）	新潟県新潟市	1996/3/23	76	淡水湖沼（砂丘湖）	ガンカモ渡来地	・国指定佐潟鳥獣保護区、・佐渡弥彦米山国定公園特別地域
瓢湖（ひょうこ）	新潟県阿賀野市	2008/10/30	24	溜池	コハクチョウ、オナガガモ等渡来地	・国指定瓢湖鳥獣保護区瓢湖特別保護地区
片野鴨池（かたのかもいけ）	石川県加賀市	1993/6/10	10	淡水湖沼、水田	ガンカモ渡来地	・国指定片野鴨池鳥獣保護区片野鴨池特別保護地区、・越前加賀海岸国定公園特別地域
三方五湖（みかたごこ）	福井県若狭町、美浜町	2005/11/8	1,110	汽水湖（海跡湖）	固有魚類生息	・若狭湾国定公園特別地域
藤前干潟（ふじまえひがた）	愛知県名古屋市、飛島村	2002/11/18	323	河口干潟	シギ・チドリ渡来地	・国指定藤前干潟鳥獣保護区　藤前干潟特別保護地区
琵琶湖（びわこ）	滋賀県大津市、彦根市、長浜市、近江八幡市、草津市、守山市、野洲市、高島市、米原市、志賀町、能登川町、湖北町、びわ町、高月町、木之本町、西浅井町、安土町	1993/6/10	65,984	淡水湖沼（構造湖）	ガンカモ渡来地、固有魚類生息地	・琵琶湖国定公園特別地域
串本沿岸海域（くしもとえんがんかいいき）	和歌山県串本町	2005/11/8	574	非サンゴ礁域のサンゴ群集	サンゴ群集	・吉野熊野国立公園海中公園地区および普通地域
中海（なかうみ）	鳥取県米子市、境港市、島根県、松江市、安来市、東出雲町	2005/11/8	8,043	汽水湖（海跡湖）	コハクチョウ・ホシハジロ・キンクロハジロ・スズガモ渡来地	・国指定中海鳥獣保護区中海特別保護地区
宍道湖（しんじこ）	島根県松江市、出雲市、斐川町	2005/11/8	7,652	汽水湖（海跡湖）	マガン・スズガモ渡来地	・国指定宍道湖鳥獣保護区宍道湖特別保護地区
秋吉台地下水系（あきよしだいちかすいけい）	山口県秋芳町、美東町	2005/11/8	563	地下水系・カルスト		・秋吉台国定公園特別地域
くじゅう坊ガツル・タデ原湿原（くじゅうぼうがつる・たでわらしつげん）	大分県竹田市、九重町	2005/11/8	91	中間湿原（低層湿原）		・阿蘇くじゅう国立公園特別保護地区および特別地域
藺牟田池（いむたいけ）	鹿児島県薩摩川内市	2005/11/8	60	淡水湖沼（火口湖）、低層湿原	ベッコウトンボ生息地	・藺牟田池ベッコウトンボ生息地保護区管理地区
屋久島永田浜（やくしまながたはま）	鹿児島県上屋久町	2005/11/8	10	砂浜海岸	アカウミガメ産卵地	・霧島屋久国立公園特別地域
漫湖（まんこ）	沖縄県那覇市、豊見城市	1999/5/15	58	河口干潟、マングローブ林、河川	クロツラヘラサギ渡来地	・国指定漫湖鳥獣保護区漫湖特別保護地区
慶良間諸島海域（けらましょとうかいいき）	沖縄県渡嘉敷村、座間味村	2005/11/8	353	サンゴ礁	サンゴ礁	・沖縄海岸国定公園海中公園地区
久米島の渓流・湿地（くめじまのけいりゅう・しっち）	沖縄県久米島町	2008/10/30	255	河川	キクザトサワヘビ生息地	・宇江城岳キクザトサワヘビ生息地保護区管理地区
名蔵アンパル（なぐらあんぱる）	沖縄県石垣市	2005/11/8	157	河口干潟、マングローブ林、河川、海浜、海底林	希少野生動物（イシガキヌマエビ、ヤエヤマガニ、カンムリワシ他）	・国指定名蔵アンパル鳥獣保護区名蔵アンパル特別保護地区

都道府県順、37湿地、環境省（2009）に加筆。

環境省自然環境局 2009. ラムサール条約による湿地の保全と賢明な利用. http://www.env.go.jp/nature/ramsar/

Keddy, P. A. 2000. Wetland Ecology: Principles and Conservation. Cambridge University Press. pp. 632.

Mitsch, W. J. and Gosselink, J. G. 1993. Wetlands, 2nd edn. Van Nostrand Reinhold, New York. pp. 722.

Mitsch, W. J. and Gosselink, J. G. 2000. Wetlands, 3rd edn. John Wiley & Sons, New York. pp. 920.

Mitsch, W. J. and Gosselink, J. G. 2007. Wetlands, 4th edn. John Wiley & Sons, New York, pp. 582.

Ramsar Secretariat 2009. Strategic Framework and guidelines for the future development of the List of Wetlands of International Importance of the Convention on Wetlands (Ramsar, Iran, 1971), 3ed edn. pp. 91. http://www.ramsar.org/pdf/key_guide_list2009_e.pdf

2. 湿地の機能の歴史的背景

1. 湿地の機能の歴史的背景

　現在、世界の湿地面積は約 $6.8 \sim 8.6 \times 10^6 km^2$ で、陸地の 6.4％が湿地であると推定されている（Mitsch and Gosselink 2007）。日本には、かつては約 300 万 ha に及ぶ広大な湿地が含まれていたが、弥生時代に始まる稲作の導入によって多くの湿地は水田となり、低湿地の生物群集や生物相のかなりの部分を喪失してきた（国立環境研究所 1997）。その結果、現在の日本の湿地総面積は、約 65 万 ha で国土のわずか 1.7％しかなく、日本の湿地は非常に貴重な生態系である。かつては湿地であったと考えられる水田は、1990 年時点で 284 万 ha（水文・水資源学会 1997）あり、国土の約 7.5％に当たる。単純に水田は湿地だったと仮定すると、自然の湿地から約 81％が水田に開発されたことになる。北海道では、明治以降の開拓で約 20 万 ha あった湿原の 70％が、20 年前までに農地や都市へと変貌した（Fujita ら 2009）。一方で、日本の平野部の伝統的な農法の水田とその周辺の水辺環境は、かつての低湿地の生物たちの生育・生息場所として機能してきた。

　では、湿地植物や湿地生態系には有用な機能が本当にないのだろうか。そこでこの節では、まず植物の個体スケールの機能について述べ、次に湿地生態系の機能について整理し、最後に湿地生態系の評価手法について解説する。

2. 湿地植物の機能分類

　植物群落や群集を扱う生態学は、群落生態学や植物社会学と呼ばれ、現実の植物群集を識別することから始まり、種類組成、構造、分類、分布などを明らかにする（宝月 1984）。植物群集の分類には、群落の相観、種類組成、優占種による分類がある。

　水生植物の多くは分類学上の位置に関係なく、基質である水環境に適応した共通の形態を示す。生育に不適な低温の冬季を耐える植物の多くは、その期間を越冬器官に貯蔵物を貯めて過ごす。越冬する部分、とくに休眠芽の位置は、積雪深や土壌深と関係して、冬季の低温や乾燥に対する保護の面から大きな意義をもつ。この点に注目したのが Raunkiaer（1934）の生活形（Life form）であるが（図 3）、区分の基準が明確で植物地理学的な諸知見と合うことから広く採用されている（宝月 1984）。Dansereau（1959）が示した生活形分類は水生植物を 8 つに区分している（表 5a）。それらを図示したのが図 4 であるが、その区分は増殖や物質生産の観点からは煩雑である（生嶋 1972）。それに対して、Sculthorpe（1967）の分類は平凡だが生理生態学的には妥当なものである（表 5b）。

　Tsuchiya（1986）は水生植物の生育形毎に現存量（図 5）、生産量、葉の寿命を比較している。抽水植物や浮漂植物の平均現存量は陸上草原とほぼ

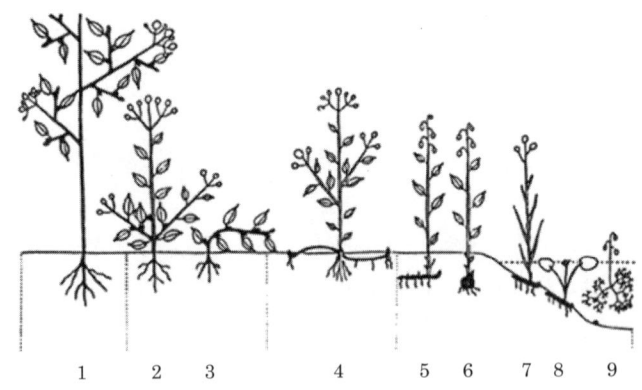

図3　生活形の様式　黒く太く塗ってある部分は越冬部および越冬芽を示す。　1：陸上植物、2・3：地表植物、4：半地中植物、5～9：地中植物　Raunkiaer（1934）。

2. 湿地の機能の歴史的背景

表5 水生植物の生活形

a

基層との関係	タイプ		例
浮漂植物(根付かず自由)	S	浮遊	ウキクサ
抽水植物(土壌に根付き,ある部分は水面から出る)			
広葉	F	広葉状	オモダカ
狭葉,管状または線状	J	イグサ状	ホタルイ,コウガイゼキショウ
浮葉	N	スイレン状	ヒツジクサ,アサザ
沈水植物(高々ごくわずかに浮葉をもつ)			
長く葉状の茎もしくはリボン状葉	V	縦縞状	ヒルムシロ,セキショウモ
縮少し基部に密になった葉	R	ロゼット状	サワギキョウ,ミズニラ
一年生	T	一年生	イバラモ,イトモ
沿着または着生の植物	A	沿着	

Dansereau(1959)より。

b

分布地の環境区分	例
A. 固着性水生植物	
抽水(挺水)植物	ヨシ,ガマ,クログワイ
浮葉植物	ガガブタ,ヒルムシロ,ヒシ
沈水植物	クロモ,エビモ,アマモ,シャジクモ
B. 浮漂(遊)水生植物	ウキクサ,サンショウモ,ホテイアオイ

Sculthorpe(1967)。

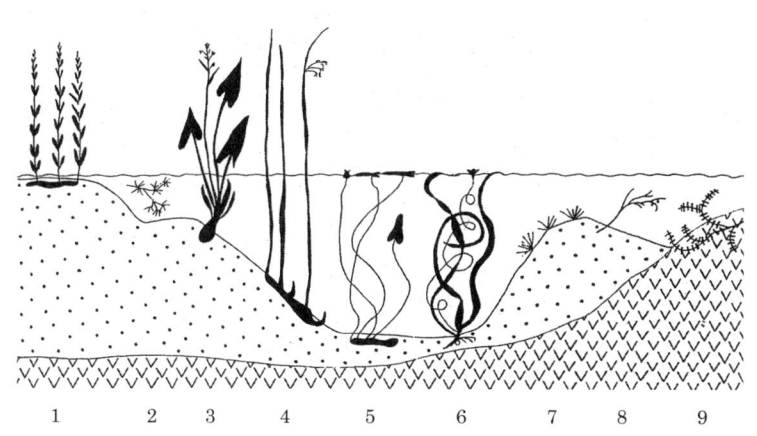

図4 湿地植物の生育形と生息地に基づく類型化　1：沼沢植物、水生植物（2：浮遊植物、3：抽水広葉状、4：抽水イグサ状、5：抽水スイレン状、6：沈水縦縞状、7：沈水ロゼット状、8：沈水一年生、9：沿着生）　Dansereau（1959）。

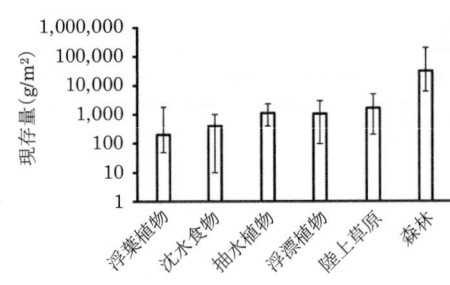

図5 地球上の各種生態系の現存量 Tsuchiya (1986)。

同じ約 $1000g/m^2$ である。浮葉植物は平均して $200g/m^2$ であるが、葉の寿命が短く回転が速いので年間の一次生産量は決して低くない。中でもハスは2種類の葉をもち、浮葉植物と抽水植物の中間の性質をもち、生育時期や生育環境に適応した生活をしており（Nohara 1997）、生育の初期には構成コストの少ない浮葉を生産し、生育の中期以降には寿命の長い抽水葉を展開して貯蔵物質を蓄えている（Tsuchiya and Nohara 1989、Nohara 1996）。

3. 湿地植物の機能

生活形、寿命、栄養繁殖の方法、冬などの非生育期における芽の位置などから植物特性を決定でき、その特性をみるのに3つの方面から生態学的能力を測る事が重要である。それは①単独に存在するときの養分を探す能力、②他種との相互関係の特性、③火災、洪水、放牧などへの耐性能力である。たとえば、同じ生活形をもつ浮葉植物の冬期の過ごし方はアサザやハス（地下茎）とヒシ（種子）では各々違いがあり、台風などによる洪水や水位上昇という攪乱があると、アサザは現存量を低下させるがやがて地下部から再生し、ヒシは種子から再生する（Nohara 1991、Nohara and Tsuchiya 1990）。一方、夏期に地下部に貯蔵物質がほとんどないハスは、台風の攪乱によって地上部が破壊されると、その後に再生が難しく衰退する（Nohara and Tsuchiya 1990）。

4. 湿地機能

人間と生物圏の連鎖について考える有益な方法の一つは、生態学的機能の概念である。人間は、生態系から受ける利益の量と質を理解しなければならない。de Groot（1992）は生態学的機能とは、人間の必要性を満たす財と、サービスを供給する自然の過程と、各自然要素の容量として定義し、37の自然の機能を示した（表6）。そしてこれをさらに調節機能（大気中の O_2

表6 自然環境における機能

調節機能	生産機能
1. 有害な宇宙影響に対する保護	1. 酸素
2. 地域的,地球的エネルギーバランスの調節	2. 水資源(飲用,灌漑用,工業用)
3. 大気の化学組成の調節	3. 食料・栄養飲料
4. 海洋の化学組成の調節	4. 遺伝子資源
5. 地域的,地球的気候の調節(水循環を含む)	5. 医療用資源
6. 流出,洪水防止の調節(流域保護)	6. 衣類,自家用織物ための原材料
7. 水−貯水池と地下水の復水	7. 住居,建設,工業的利用の原材料
8. 土壌流出と堆積物の制御	8. 生物化学物質(燃料や薬以外の)
9. 表土形成と土壌肥沃度の維持	9. 燃料・エネルギー
10. 太陽エネルギーの固定,バイオマス生産	10. 飼料・肥料
11. 有機物の貯蔵と再利用	11. 装飾的資源
12. 栄養の貯蔵と再利用	
13. 人為廃棄物の貯蔵と再利用	**情報機能**
14. 生物調節機構の調節	1. 審美的情報
15. 移動や保育地の維持	2. 精神的・宗教的情報
16. 生物(遺伝的)多様性の維持	3. 歴史的情報(文化遺産の価値)
	4. 文化・芸術的な創造的刺激
運搬機能	5. 科学・教育的情報
−空間と適当な基質を供給するために−	
1. 人の住居,先住民の集落	
2. 栽培(農作物生育,動物の畜産,水産)	
3. エネルギー変換	
4. 娯楽,旅行	
5. 自然保護	

de Groot(1992)。

や CO_2 の濃度調節などのような基本的な生態学過程と地球上の生命維持を調節する生態系の容量)、基盤機能(住まいや農業、娯楽などの人間活動を行うための適当な空間と基盤で、穀物を育てるための土壌や降水など)、生産機能(自然によって供給される資源で、食料や工業資材、遺伝的原料などで、飲用水や住居のための木材の生産を含む)、情報機能(精神的なひらめきや、世界の科学的な理解などの認知発達を供給する役割で、野生生物の鑑賞、中世の城のような歴史的景観等の地域を含む)の4つのカテゴリーに整理した。

Maltby ら(1994)は湿地の構造と機能の点から、水文学的、生物学的、化学的、物理的過程を通して生じるさまざまな特性と、それらから生じる人

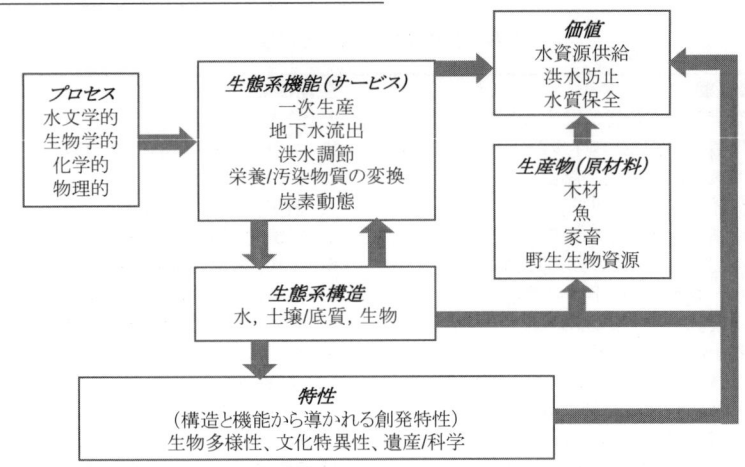

図6 湿地生態系における一般的な機能の相互関係 Maltbyら（1994）。

表7 生物圏の湿地によって遂行される機能のリスト

地下水の復水
地下水の流出
洪水流の改変
堆積物の安定化
堆積物／毒性物質の保持
栄養物の除去と転換
炭素転換
生産物輸送
野生生物多様性／豊富性
野生生物の繁殖
野生生物の移動
野生生物の越冬
水棲生物の多様性と豊富性
文化的遺産
娯楽

間にとっての価値をまとめている（図6）。湿地の機能については表7に挙げたが、次にとくに重要な5つの機能（生産、大気の CO_2 やメタンレベルの調節、地球規模での窒素循環の維持、生態学的記録、洪水の軽減）について具体的に述べる。

5. 生産機能

植物によって獲得された太陽エネルギーは事実上地球上のすべての生命の基礎である。1960年代にIBP（International Biological Program）では、異なる生態系の一次生産の比較がされ、その後の地球スケールでの物質循環モデルに発展した。沼沢池や低湿地（2000g/m²/y）は最も生産力の高い生態系で、熱帯雨林（2200g/m²/y）や農耕地（650g/m²/y）に匹敵する（Whittaker and Likens 1973）。しかも化石燃料や肥料などの人間の手を使っていない（表8）。湿地には広範囲の栄養状態が見出され（Mitsch and

表8 地球上の各種の生態系の面積、植物群集による生産量、現存量

生態系型		面積 ($10^6 km^2$)	純一次生産(g/m^2/年)		世界の一次生産 (10^9ton/年)	世界の植物現存量 (10^9ton)
			範囲	平均		
森林	熱帯雨林	17.0	1,000〜3,500	2,200	37.4	765
	熱帯季節林(雨緑林)	7.5	1,000〜2,500	1,600	12.0	260
	照葉樹林	5.0	600〜2,500	1,300	6.5	175
	夏緑樹林	7.0	600〜2,500	1,200	8.4	210
	北方針葉樹林	12.0	400〜2,000	800	9.6	240
	疎林・低木林	8.5	250〜1,200	700	6.0	50
草原	サバナ(熱帯イネ科草原)	15.0	200〜2,000	900	13.5	60
	温帯イネ科草原	9.0	200〜1,500	600	5.4	14
	ツンドラ・高山草原	8.0	10〜400	140	1.1	5
荒原	砂漠・半砂漠	18.0	10〜250	90	1.6	13
	岩質・砂質砂漠と氷原	24.0	0〜10	3	0.1	0.5
	耕地	14.0	100〜3,500	650	9.1	14
	沼沢・湿地	2.0	800〜3,500	2,000	4.0	30
	湖沼・河川	2.0	100〜1,500	250	0.5	0.05
	陸地合計	149.0		773	115.0	1,837
海洋	外洋	332.0	2〜400	125	41.5	1.0
	湧昇海域	0.4	400〜1,000	500	0.2	0.008
	大陸棚	26.6	200〜600	360	9.6	0.27
	藻場・サンゴ礁	0.6	500〜4,000	2,500	1.6	1.2
	入江	1.4	200〜3,500	1,500	2.1	1.4
	海洋合計	361.0		152	55.0	4
	地球合計	510.0		333	170.0	1,841

生産量・現存量は有機物の量である。
Whittaker and Likens(1975)を一部改変。

Gosselink 2007）、生産力の順位は一般に低湿地＞沼沢地＞高層湿原・低層湿原となり、栄養素の供給の増加は一次生産量を増加させる（表 9）。さらに、冠水期間の長さ、栄養素の酸化的リサイクルを可能にする乾期の存在は生産力の高い生態系を生み出すので、季節的湿地の生産力は恒久的湿地の生産力を上回る（Horne and Goldman 1983）。

湿地は有機物や O_2 を供給し、高い生産力は他の生命に原材料を提供している。湿地の野生動物の生産は 9.0g/m²/y で陸上生態系の約 3.5 倍である（Turner 1982）。湿地での一次生産は漁業や狩猟などに経済的価値と直接結びつき、さらにそこには生育していない漁業生物の生産とも深く結びついている。たとえば、塩生湿地の面積は、メキシコ湾のエビの漁獲と強い相関がある（図 7）。同様に氾濫原の面積と魚の漁獲量も相関があり、漁獲量（kg）＝5.46×氾濫現面積（ha）の関係がある（Welcomme 1986）。陸上

表9 湿地における一次生産

湿地の型	純一次生産量 (g 乾重/m²/年)	現存量 (g 乾重/m²)	ミネラルの循環	氾濫の期間
淡水低湿地				
平均	2,000	46	閉鎖的	長い
富栄養				
縁のヨシ群落	6,000	−	開放的	短い
栄養素による汚染	22,000	20	流入	
貧栄養				
プレーリーの凹地	1,000	−	開放的	長い
淡水沼沢地				
平均	870	52	開放的	さまざま
富栄養	1,750	−	季節的	
貧栄養	250	−	なし	長い
淡水高層湿原				
平均	560	53	閉鎖的	長い
富栄養	1,900	−	閉鎖的	長い
貧栄養	100	3	閉鎖的	長い
淡水低層湿原				
平均			閉鎖的	
富栄養	340	−	閉鎖的	長い
貧栄養	−	−	閉鎖的	長い

Mitsch and Grosselink (1986)を改変。

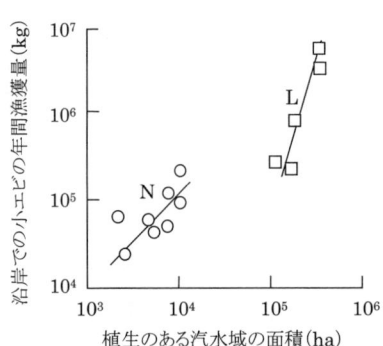

図7 植生のある汽水域の面積と沿岸での小エビの年間漁獲量の関係 L：ルイジアナ、N：メキシコ北東湾 Turner (1982)。Thibodeau and Ostro (1981)。

生態系では一次生産の約半分が分解者に回ることもあるが (Kurihara and Kikkawa 1986)、混交落葉樹林では約1%、草原では約8%が草食者により消費される。泥炭湿地 (Miller and Watson 1983) や塩生湿地 (Wiegertら 1981) では、一次生産の約10%、水生植物群落では、その捕食される割合はさらに大きい (Lodge 1991)。一方、泥炭湿地では定常的な高水位と酸性物質のため分解が進まず、結果的に泥炭が蓄積する (Gorham 19

57、Miller and Watson 1983)。このように、分解者は湿地の重要な機能である野生動物の生産機能と、泥炭の蓄積機能の関係のバランスを左右することになる。

6. 気候調節

　湿地はローカルな気候にも影響を及ぼし、大気中の CO_2 濃度は温室効果を通じて地球の気温の調節に重要な役割を果たしている。植物は直接 CO_2 を吸収し、野生動物など消費者や分解者は CO_2 を大気に戻している。例外的に泥炭湿地は土壌の酸素不足のため植物が分解されず、生産と分解が不均衡となって泥炭が蓄積する。その面積は約 $5×10^8$ ha にもなり（Gorham 1990)、蓄積された泥炭湿地の炭素が分解すると、5,000億 t の炭素が放出されることになる（Dugan 1993)。沼地の CO_2 生産は、高温で低水位の時に増加し（Silvoaら 1996)、泥炭湿地では高温で乾燥した夏に蓄積している CO_2 が放出され、温室効果が加速される（Gorham 1991、Woodwellら 1995)。1980年代には、年間30億 t の石炭が消費され CO_2 となった（Manfred 1982)。その石炭は沼沢地の木材が長い地質年代を経て形成されたもので、過去の湿地植物を燃やすことが温暖化を招いた一因となった。

　メタン（CH_4）は大気中に最も豊富に含まれる温室効果をもつ有機化合物で、近年その濃度が増加する傾向にある。そのメタンの主要な発生源は、湿地、ガス井戸、牛や羊などの反芻動物である（表10)。湿地では、メタンはメタン生成菌によって生成するが、これは年間に大気に放出される全量の1/3〜1/2に及び（Cicerone and Ormland 1988、Whiting and Chanton 1993)、その量は $1×10^{14}$ g 以上である。これらの放出は、主に高緯度地方（50〜70°）の泥炭湿地と赤道上（20〜30°）の沼沢地や低湿地という2つの地球レベルの帯状地帯で行われている。水田からは $2×10^{14}$ g が平均的に放出されている（Aselmann and Crutzen 1989)。貧栄養の泥炭湿地の草本植物は、その通気組織を通じてメタン生成菌が作り出したメタンの60〜90％を土壌から大気に輸送している（Shannonら 1996)。

7. 環境の履歴

　湿地では、植物（花粉、破片、木炭片）や動物（昆虫）遺体の分解が遅く、その崩壊堆積物が蓄積し、占められていた植物種の配列が1,000年を超えて

表10 野外実験で測定された放出速度から外挿した地球規模の湿地のメタン放出

湿地区分	放出速度 (mg CH_4/m^2/day)	面積 ($10^{12}m^2$)	測定期間 (days)	放出量 (Tg/a)
ボッグ	15	1.87	178	5
フェン	80	1.48	169	20
沼地	84	1.13	274	26
低湿地	253	0.27	249	17
氾濫原	100	0.82	122	10
湖	43	0.12	365	2
自然湿地		5.69		80
水田				
1.平均放出速度	310	1.31	130	53
2.温度依存放出速度	300〜1000	1.31	130	92
地面合計		7.00		100〜300

Aselman and Crutzen (1989)。

記録され、植物相と気候変動、洪水、人為的影響等の関係を長期間記録している（Mitchell 1965、Godwin 1981）。その記録は、植生、気候、植生への人為影響、湿地の自然遷移など長期間の研究に重要な情報を与える。

8. 生物圏における窒素循環

窒素は大気中に不活性な窒素ガスとして容積で約78％含まれているが、地殻にはClark数で0.03％ときわめてわずかしか存在しない（宝月1984）。窒素分子の三重結合を切断するためにかなりのエネルギーを必要とするので、窒素源として直接利用できるのは窒素固定生物に限られる（表11）。湿地は、他の生態系と比較して酸化と還元の広い範囲を維持し、窒素化合物や金属元素の化学的な転換の機能を果たしている（Faulker and Richardson 1989）。周囲の環境にある窒素の可給性を反映して、個々の動植物に蓄積している窒素の量は1〜10％の間で変動するが（Gerloff and Skoog 1954、Fitzgerald 1969）、湿地では窒素は有機底質に最も多く蓄積されている。

9. 洪水防止機能

洪水とは大量の降水または融雪水により河川の流量が平常の時より大幅に増加した状態を指すが、そのときの大半の流量は表面流出によるもので、地下浸透は少ない。そのときに水を低湿地、水田、ため池、農業ダムに、一時

2. 湿地の機能の歴史的背景

表11　湿地における窒素固定と脱窒

湿地タイプ		窒素固定		脱窒	
		平均速度 ($g/m^2/y$)	合計 (Tg/y)	平均速度 ($g/m^2/y$)	合計 ($10^{12}g/y$)
温帯	泥炭地	1.0	3.0	0.4	1.2
	氾濫原	2.0	6.0	1.0	3.0
熱帯	泥炭地	1.0	0.5	0.4	0.2
	湿地林	3.5	7.8	1.0	2.2
	氾濫原	3.5	5.2	1.0	1.5
	水田	3.5	5.0	7.5	10.8
合計			27.5		18.9
陸域合計			139		43〜390

Armentano and Verhoeven (1990)。

貯留もしくは下流へ徐々に流すことで洪水を防止することができる。湿地での自然な貯留は、高価なダムや洪水防止技術を必要とせず、15％の湿地面積を有する流域では洪水ピークが60〜65％に低下する（Novitzki 1979）。湿地による自然の洪水防止効果（表12）は、もし満水であれば被害総額は年に1,700万ドルを超える計算になり、原生の湿地には年間ha当たり13,5

表12　ニューイングランドのチャールス川湿地1エカーの利益まとめ

機能	低い推定価値 ($)	高い推定価値 ($)
地価の増加		
洪水防止	33,370	33,370
地域の快適性	150	480
汚染の削減		
栄養塩とBOD	16,960	16,960
有害汚染物質	＋	＋
給水量	100,730	100,730
娯楽と美学		
娯楽	2,145	38,469
小計	153,000	190,009
保護と調査	＋	＋
代償消費と追加要求	＋	＋
未知の利益	＋	＋
視覚的－文化的利益に含まれる合計	153,535	190,009

Thibodeau and Ostro (1981)。

00ドルの洪水予防価値がある（Sather and Smith 1984）。

10. 湿地生態系の機能評価

　ある生態系を評価する場合、生物自身を調査してその生物量や質の生態系構造を把握し、評価する方法と、その生態系を形作る物質循環に注目して生態系機能の変化を把握して評価する方法の 2 通りの考え方がある。前者の評価手法には、生息環境の評価手法として HSI（Habitat Suitability Index）を用いる HEP（Habitat Evaluation Procedure）や、生物種の分布データから評価を行う IBI（Index of Biotic Integrity）があり、後者には新しい機能評価手法として HGM（Hydrogeomorphic Approach）などが知られている（国立環境研究所 2003）。1970 年代から欧米で湿地の評価手法が開発され（Larson and Mazzarese 1994）、さまざまな批判や変更を受け、米国には各州独自の方法を含めて、今では 50 を超える評価法がある（Bartoldus 1999）。HGM アプローチは湿地生態系に特化した機能評価手法で、はじめに対象湿地を水文地形学的（Hydrogeomorphic）に分類した 7 つのクラス（窪地、湖周辺、感潮域、傾斜地、河岸、無機土壌平地、有機土壌平地）に分類する（Smith ら 1995）。各クラスは上位のサブクラスである気候や地質などを基準に分類され、さらに下位のサブクラスは、水の供給様式、傾斜、氾濫原および流域の位置と大きさ、塩分濃度、景観構成要素などを基準にして細分される（Smith ら 1995）。HGM アプローチでは、同一の水文地形学サブクラスは、同等の機能をもつ（Brinson 1993）と定義される。欧州湿地生態系機能解析（FAEWE：Functional Analysis of European Wetland Ecosystems）プロジェクトでは、水文地形学的に均一な天然の地形単位は、土壌・底質も同一であるという原則を採用し（Maltby ら 1994）、米国と異なる欧州の湿地スケールに合わせて水文地形区分（HGMU：Hydrogeomorphic Unit）を小さくし、古くから人間が湿地を管理および改変してきたという背景を反映して、植生を生態系機能の指標に利用していない（McInnes ら 1998）。

　今後、湿地の構造的に貴重な種と、主要種が織りなす生態系機能との双方を評価する手法が必要となる。広域に同じ環境、同じ生息場と評価できるGIS（Geographic Information System）化できる空間に、どのくらいの生

物による物質循環機能が発揮され、どれくらい貴重でかけがえのない貴重種が生息し、開発によってどんな影響があるかを定量的に予測し、これらの環境を保全して行くことが必要とされている(野原 2009)。

引用文献

Armentano, T. V. and Verhoeven, J. T. A. 1990. Biogeochemical cycles: global. In Wetlands and Shallow Continental Water Bodies. Vol. 1. Nature and Human Relationships, ed. B. C. Pattern. The Hague, The Netherlands: SPB Academic Publishing. pp. 281-311.

Aselmann, I. and Crutzen, P. J. 1989. Global distribution of natural freshwater wetlands and rice paddies, their net primary productivity, seasonality and possible methane emissions. J. Atmos. Chem. 8: 307-358.

Bartoldus C. C. 1999. A comprehensive review of wetland assessment procedures: A guide for wetland practitioners. Environmental Concern Inc. pp. 194.

Brinson, M. M. 1993. A hydrogeomorphic classification for wetlands.: Technical report WRP-DE-4. U.S. Army Engineer Waterways Experiment Station, Vicksburg, MS. pp. 79.

Cicerone, R. J. and Ormland, R. S. 1988. Biogeochemical aspects of atmospheric methane. Global Biogeochemical Cycle 2: 299-327.

Dansereau, P. 1959. Vascular aquatic plant communities of southern Quebec. A preliminary analysis. Transactions of the Northerneast Wildlife Conference 10: 27-54.

de Groot, R. S. 1992. Function of Nature. The Netherlands: Wolters-Noordhoff, pp. 333.

Dugan P. ed. 1993. Wetlands in Danger. New York City: Oxford University Press, pp. 184.

Faulker, S. P. and Richardson C. J. 1989. Physical and chemical characteristics of fresh water wetland soils. In Constructed Wetlands for Wastewater Treatment, ed. D. A. Hammer, Municipal, Industrial and Agricultural. Chelsea, Michigan: Lewis Publishers. pp. 41-72.

Fitzgerald, G. P. 1969. Field and laboratory evaluations of bioassays for nitrogen and phosphorus with algae and aquatic weeds. Limnol. Oceanogr. 14: 206-212.

Fujita, H., Igarashi, Y., Hotes, S., Takada, M., Inoue, T. and Kaneko, M. 2009. An inventory of the mires of Hokkaido, Japan-their development, classification, decline, and conservation. Plant Ecol. 200: 9-36.

Gerloff, G. C. and Skoog, F. 1954. Cell contents of nitrogen and phosphorus as a measure of their availability for growth of *Microcystis aeruginosa*. Ecology 35: 348-353.

Godwin, Sir H. 1981. The Archives of the Peat Bogs. Cambridge: Cambridge University Press. pp. 240.

Gorham, E. 1957. The development of peatlands. The Quarterly Review of Biology. 32: 145-66.

Gorham, E. 1990. Biotic impoverishment in northern peatlands. In G. M. Woodwell. ed. The Earth in Transition, Cambrige University Press. pp. 65-98.

Gorham, E. 1991. Northern peatlands role in the carbon cycle and probable responses to climatic warming. Ecol. Appl. 1: 182-95.

宝月欣二 1984. 生物経済学―植物を中心にして―. 基礎生物学選書. 裳華房. pp. 245.

Horne, A. and Goldman, C. 1983. Limnology. McGrow-Hill, Inc., New York. pp. 384.

生嶋 功 1972. 水界植物群落の物質生産. 生態学講座 7. 共立出版. pp. 98.

国立環境研究所 1997. 湿原の環境変動に伴う生物群集の変遷と生態系の安定化維持機構に関する研究. 国立環境研究所特別研究報告 SR-22-1997, pp. 52.

国立環境研究所 2003. 干潟等湿地生態系の管理に関する国際共同研究. 国立環境研究所特別研究報告書. SR-51-2003. pp. 71.

Kurihara, Y. and Kikkawa, J. 1986. Trophic relation of decomposers. In Kikkawa, J. and Anderon, D. J. eds. Community Ecology: Pattern and Process, Melbourne, Blackwell Scientific Publications, pp. 127-60.

Larson, J. S. and Mazzarese, D. B. 1994. Rapid assessment of wetlands: history and application to management. In Global Wetlands: Old and New. Edited by Misch, W. J. Elservier Science. pp. 625-636.

Lodge, D. M. 1991. Herbivory on freshwater macrophytes. Aquat. Bot. 41: 195-224.

Maltby, E., Hogan, D. V., Immirzi, J. H., Tellam, J. H. and van der Peijl, M. J. 1994. Building a new approach to the investigation and assessment of wetland ecosystem functioning : In: Mitsch, W. J. ed. Global Wetlands: Old World and New. Elsevier. pp. 637-658.

Manfred, G. 1982. World Energy Supply. Berlin: Walter de Gruyter & Co.

McInnes, R. J., Maltby, E., Neuber M. S. and Rostrun, C. P. 1998. Functional analysis: transforming expert knowledge into a practical management tool. In: McComb, A. J. and Davis, J. A. eds. Wetlands for the Future. Gleneagles Publishing, Adelaide pp. 407-429.

Miller, G. R. and Watson, A. 1983. Heather moorland in northern Britain. In Warren, A. and Goldsmith, F. B. eds. Conservation in Perspective, Chichester: John Wiley. pp. 101-17.

Mitchell, G. F. 1965. Littleton Bog, Tipperary: an Irish vegetational record. Geol. Soc. Am., Special Paper 84: 1-16.

Mitsch, W. J. and Gosselink, J. G. 1986 Wetlands. 3th ed., John Wiley & Sons, Inc., Hoboken, New Jersey, pp. 920.

Mitsch, W. J. and Gosselink, J. G. 2007. Wetlands. 4th ed., John Wiley & Sons, Inc., Hoboken, New Jersey. pp. 582.

水文・水資源学会 1997. 水文・水資源ハンドブック. 朝倉書店. pp636.

Nohara, S. 1997. Growth characteristics of *Nelumbo nucifera* Gaertn. In response to water depth and flooding. Ecol. Res. 12: 11-20.

Nohara, S. 1996. Growth of the Indian lotus (*Nelumbo nucifera* Gaertn.) and the influence of tuber density on foliage structure and biomass. Jpn. J. Limnology 57: 235-243.

Nohara, S. 1991. A study on annual changes in surface cover of floating-leaved plants in a lake using aerial photography. Vegetatio 97: 125-136.

Nohara, S. and Tsuchiya, T. 1990. Effects of water level fluctuation on the growth of *Nelumbo nucidera* Gaertn, in Lake Kasumigaura, Japan. Ecol. Res. 5: 237-252.

野原精一 2009. 干潟の生息地評価手法と生態系評価手法. 小特集「干潟生態系の環境影響評価技術ガイド」. 環境アセスメント学会誌 7: 55-61.

Novitzki, R. P. 1979. Hydrological characteristics of Wisconsin's wetland and their influences on floods, stream flow and sediment. In Greeson, P. E. and Clark, J. R. eds. Wetland function and Values; The State of Our Understanding. American Water Association, Minneapolis, USA, Assessment. pp. 377-388.

Raunkiaer, C. 1934. The life form of plants and statistical plant geography. Clarendon Press. pp. 632.

Sather, J. M. and Smith, R. D. 1984. An overview of major wetlands functions and values. Report for U. S. Fish and Wildlife Service, FWS./OBS-84/18, pp. 68

Sculthorpe, C. D. 1967. The biology of aquatic vascular plants. Reprinted in 1985, Edward Arnold Ltd., London. pp. 610.

Shannon, R. D., White, J. R., Lawson, J. E. and Gilmour, B. S. 1996. Methane efflux from emergent vegetation in peatlands. J. Ecol. 84: 239-46.

Silvoa, J., Alm, J., Ahlholm, U., Nykanen, H. and Martikainen, P. J. 1996. CO_2 fluxes from

peat in boreal mires under varying temperature and moisture conditions. J. Ecol. 84: 219-28.
Smith, R. D., Ammann, A., Bartoldus, C. and Brinson, M. M. 1995. An approach for assessing wetland functions using hydrogeomorphic classification, reference wetlands, and functional indices.: Technical report WRP-DE-9. U. S. Army Engineer Waterways Experiment Station, Vicksburg, MS. pp. 71.
Thibodeau, F. R. and Ostro, B. D. 1981. An economic analysis of wetland protection. J. Environ. Manege. 12: 19-30.
Tsuchiya, T. 1986. Growth characteristics of floating-leaved plants. Ph. D. Thesis, Tokyo Metropolitan University. pp. 90.
Tsuchiya, T. and Nohara, S. 1989. Growth and life span of the leaves of *Nelumbo nucifera* Gaertn. In Lake Kasumigaura, Japan. Aquat. Bot. 36: 87-95.
Turner, R. E. 1982. Protein yields from wetlands. Wetlands: Ecology and Manegement, Proceedings of the First International Wetlands Conference. New Delhi,, India, Sept. 1980. pp. 10-17.
Welcomme, R. L. 1986. Fish of the Niger system. In Davies, B. R. and Walker, K. F. eds. The Ecology of River Systems, Dordrecht, The Netherlands: Dr. W. Junk Publishers. pp. 25-48.
Whittaker, R. H. and Likens, G. E. 1973. Carbon in the biota. In Woodwell, G. M. and Peacan, E. R. eds. Carbon in the Biosphere, Springfield, VA: National Technical Information Serices. pp. 281-302.
Whiting, G. J. and Chanton, J. P. 1993. Primary production control of methane emission from wetlands. Nature 364: 794-795.
Wiegert, R. G., Pomeroy, L. R. and Wiebe, W. J. 1981. Ecology of salt marshes: an introduction. In Pomeroy, L. R. and Wiegert, R. G. eds. The Ecology of a Salt Marsh, Ecological Studies 38. New York: Springer-Verlag. pp. 271.
Woodwell, G. M., Mackenzie, F. T., Houghton, R. A., Apps, A. J., Gorham, E. and Davidson, E. A. 1995. Will the warming speed the warming? In Woodwell, G.M. and Mackenzie, F. T. eds. Biotic Feedbacks in the Global Climatic System, New York: Oxford University Press. pp. 436.

3. 湿地環境の多様性と植物の生態特性

　湿地環境（ここでの湿地環境は、一時的あるいは永続的に過湿状態にさらされる環境を広く扱うこととする）に生育する維管束植物はその環境に適応したさまざまな生態特性を有している。たとえば、水生植物にみられる異形葉の形成能力、栄養繁殖方法の著しい発達とその多様化、水面や水中における送粉様式の多様化などがその例である。これらには陸生の維管束植物と共通する形質も多く含まれているが、湿地環境において著しく発達したり多様化しているのが特徴である。ここでは、湿地環境の多様性と植物の生態特性との関係について考えてみたい。

1. 湿地環境

　湿地にはさまざまなタイプの環境が存在し、そうした環境の多様性や異質性がその場所に生育する植物の生態特性を規定する大きな要因となっている。湿地環境の類型化については、植生に基づいたさまざまな試みがなされているものの、統一的な整理に至っているとは言い難い。その主な理由として次の4点を指摘することができる。①各植生タイプは極相的平衡状態として存在するのではなく、陸化への遷移のさまざまな途中段階であり、それらは時間的に連続して変化する、②水質、気候、水位変動様式などのさまざまな環境要因に応じて異なった遷移系列が存在している、③各植生タイプ自体が推移帯（エコトーン）的要素を含んでおり、最小の植物コミュニティ単位の認識が困難である、④各植生タイプがしばしばモザイク状に配置するため、高次のグルーピング（ゾーネーション）が困難である。たとえば、冷温帯域での湿原の遷移と熱帯地域における湿原の遷移を同質に捉えることは妥当でないし、植物相がまったく異なる地域の植生や遷移段階の対比は困難である。低層湿原→中層湿原→高層湿原という植物遺体の集積による湿原の遷移系列がヨーロッパでは一般的に認識されているが、気温が高く植物遺体の分解が進みやすい西南日本の湿原ではそのような遷移系列が普遍的とはいえない。また、止水性の湖沼沿岸部における遷移系列と、掃流影響の強い河川氾濫原における遷移系列とは異なっているだろう。

　植生に基づく湿地環境の類型化にはさまざまな問題が内在するが、環境の類型化を行うこと自体は、その場に生育する植物群が共有している諸要因を理解するうえで有用である。ここでは、西日本の湿地環境について、レッドデータブック近畿研究会（2001）の環境区分と筆者のこれまでの調査経験を基に、おおよその類型化を行った（表13）。この区分では、開水面の有無、塩分濃度、湧水の有無、さらに自然環境か人為環境かという点に注目している。また、氾濫原環境についてはゾーネーションを重視し、富栄養湿地、原野・湿原、河畔林・湖畔林に区分した（図8a）。この類型化は以後の議論を明確にするための手段であり、必ずしも普遍的な区分を提案しているわけではないことに注意されたい。河川環境については、下流から上流に遡上するに従って、塩性湿地・マングローブ、富栄養湿地、河原、渓流の順に変

表 13 西日本における主な湿地環境と水位の変動様式

環境区分		水位の変動様式		
		日変動	降雨による一時的変動	季節変動
水域	溜池[1]・水路[1]	無	集水域環境に依存	管理方法に依存して変動
	湖沼・河川			雨季増水・乾季減水
	汽水湖・河川感潮域	有	無	干満差は冬季に最大
	塩性湿地・マングローブ			日長不等がある
湿地	河畔林・湖畔林	無	小	雨季増水・乾季減水
	湿原・原野		中	
	富栄養湿地		大	
	湧水性貧栄養湿地		小	無
	乾田[1]		小	大（夏季湛水・冬季落水）
	湿田[1]			小（周年湛水）
その他	河原		大	水位変動は雨季に頻繁
	渓流			

1) 人為環境。
藤井（2009a）を改変。

化し、中・下流域では川面から陸に向かって富栄養湿地、原野・湿原、河畔林・湖畔林のゾーネーションを認識することが可能である。このような湿性環境のゾーネーションは、水位変動に応じた植物の生育型にもとづいてKeddy（2000）が例示した、aquatic（水生植物帯）、marsh（湿地帯）、wet meadow（湿性草地帯）、shrubs（低木帯）の区分にほぼ対応すると思われる。ただし、これらの各植生帯すべてが常に揃って出現するのではなく、水位変動パターンや川岸の地形などによって一部の植生帯が欠失することもよく起こる（図 8b）。また、ここで区分した環境には地域の違いによる多様性が存在することにも注意が必要である。たとえば、多雪地帯の河川や湖沼では、融雪期の増水が顕著、日本海沿岸の塩性環境では潮位差が小さい、太平洋側の渓流では集中豪雨による水位変動が顕著、などの地域特性を挙げることができる。湧水性貧栄養湿地は、山麓や丘陵の平坦地、崩壊斜面、小崖、溜池の谷頭、堤防下の漏水部などの多様な立地に成立することが特徴で、東海層群、古琵琶湖層群、大阪層群などの砂泥互層が卓越する地域に頻出する。

2. 湿地植物の生態

　表14は湿地の環境要因を整理したものである。これらの環境要因は互いに密接な影響を及ぼしながらその場所の植物の生育や植生を規定する。たとえば、豊富な養分は競争の激化と遷移の促進をもたらすが、攪乱や植食者によるダメージは植物同士の競争緩和や遷移の遅延をもたらすであろう。

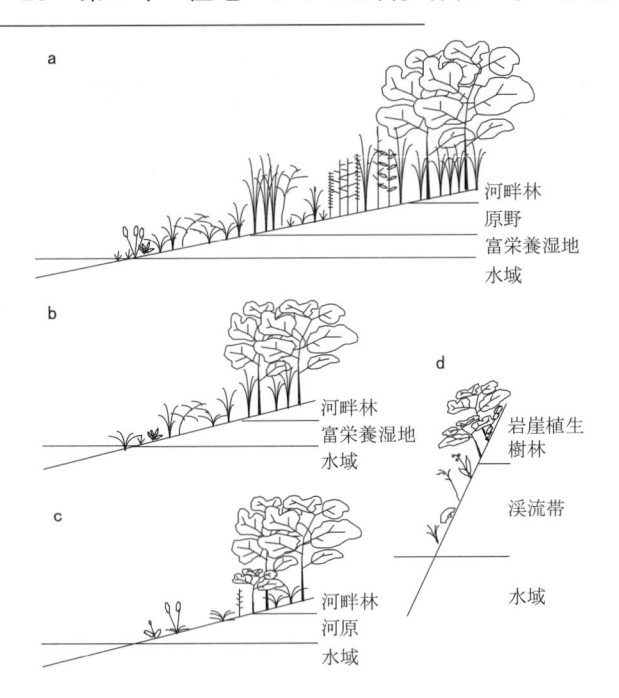

図8　河川における湿地環境のゾーニングの例　a：一般的な氾濫原の植生帯、b：原野環境を欠く氾濫原の植生帯、c：河原環境の植生帯、d：渓流環境の植生帯。水位変動パターンや地形によってさまざまなバリエーションがあるので、必ずしもこれらの例に当てはまらないものがあることに注意。

また、攪乱の主要因である水位変動には表13で示した多様性があり、他の諸要因と複合することで、湿地の複雑な環境が形成されている。それゆえ、湿生植物にはこれらの多様な環境に適応したさまざまな生態特性をみること

表14　湿地における主な環境要因

化学的・物理的要因	水分：土壌水分、湛水の程度および変動性 栄養条件：土壌養分、水質 塩分 攪乱：強さ、継続時間、頻度、規模（面積）
生物的要因	他種との競合、遷移 植食者によるダメージ

Keddy（2000）を参考に作成。

ができる（表 15）。栄養繁殖や閉鎖花は攪乱環境下での確実な繁殖体形成を保証し、埋土種子集団の形成は予測困難な攪乱条件下での個体群の新規形成を担保し、可塑性は変動環境下での個体の維持を確実なものにしていると考えられる。しかしながら、耐性に関する形質を除くと、生態特性（表 15）と環境類型（表 13）との間に厳密な対応関係を見出すことは難しい。この理由は、栄養繁殖、閉鎖花、埋土種子、可塑性などの各形質が、必ずしも異なる適応方向をもっているわけではなく、不安定な湿地環境への適応という共通性をもつことに起因しているのかもしれない。

　湿地に生育する植物にはさまざまな群が認識されており、沈水植物、浮遊（浮漂）植物、浮葉植物、抽水植物のように生育型に基づいた群や、塩生植物、河原植物、渓流沿い植物のように生育環境と生態特性によって認識されている群もある。それぞれの環境下にみられる特徴的な植物群を抽出することは、各環境特性を比較して理解するのに有効である。表 16 に、西日本に特徴的と思われる湿生植物相、および湿生植物群集を整理した。湿地性食虫植物とは、モウセンゴケ類、ミミカキグサ類、イシモチソウなどのように、貧栄養湧水に涵養される湿地に生育する食虫植物群のことで、酸性土壌で植

表15　湿生植物にみられる生態的特性とその具体例

	特性	特徴的な植物の例
栄養繁殖	殖芽・塊茎	エゾシロネ、オモダカ属、ホタルイ属、ハリイ属、ウキヤガラ属など
	地下茎・地下送出枝	シロバナサクラタデ、ハンゲショウ、シロネ属、イヌゴマ、ヨシ属、ガマ属、スゲ属、ウキヤガラ属、ハリイ属、ホタルイ属など多数
有性繁殖	閉鎖花	マルバノサワトウガラシ、アブノメ、キクモ、アゼナなど
休眠種子	埋土種子集団の形成	タコノアシ、ホソバイヌタデ、ミズアオイ、アオガヤツリ類など
可塑性	異形葉	ミズタガラシ、ミズユキノシタ、ミズハコベ、キクモなど
	生長期間や繁殖可能サイズ	ミズワラビ、タネツケバナ、アゼナ属、ヘラオモダカ、ホタルイ、ハリイなど
耐性	乾燥耐性	渓流沿い植物、河原植物
	掃流耐性	渓流沿い植物
	埋積耐性	カワラヨモギ、ツルヨシなど
	塩分耐性	塩生植物、マングローブ植物

表16 湿地環境に特徴的な植物相および植物群集の例とその特性

特徴的な植物群・現象	環境特性	有利と思われる形質	個体群の存続性	生物的環境特性
塩生植物	塩分、波浪、干満	耐塩性、頻繁な冠水・干出への耐性	短期～永続的	排他的環境
マングローブ植物				
湿地性食虫植物	安定した湧水、貧栄養・酸性土壌	貧栄養適応	永続的	
渓流沿い植物	強い掃流、水没・乾燥の頻繁な反復	掃流適応、冠水耐性、耐乾性		
河原植物	頻繁な地形攪乱、水没・乾燥の反復	高い散布力、耐乾性	短期	競合～排他的環境
原野の植物	増水時の攪乱による競争緩和や新規定着場所の出現、富栄養土壌	冠水耐性、埋土種子戦略、栄養繁殖による優占能力、季節的棲み分け	短期～永続的	
渇水時に干出した池底や湖底における繁茂現象	干出による繁茂空間の出現	生長期間の短縮、埋土種子戦略		競合的環境
水田秋植物	稲刈りによる繁茂空間の出現	季節的棲み分け、生長期間の短縮、旺盛な栄養繁殖能力	短期	
水田におけるウキクサ類のフラッシュ現象	代掻きによる繁茂空間の出現			

藤井(2009a)を改変。

生が発達しない裸地的環境を好む。渓流沿い植物とは、水位変動の大きな渓流の渓岩上に生育する植物群で、強い掃流に対して適応性をもった、ヤシャゼンマイ、アワモリショウマ、サツキ、シチョウゲ、ホソバノギク、ミギワトダシバなどがその例である（レッドデータブック近畿研究会 2001）。原野の植物とは、氾濫原の湿性草地に特徴的に出現する希少植物群を指す（梅原・栗林 1991、藤井 1994、具体例については後述）。渇水によって池や湖沼の泥底が干出した際には、アゼナ類、アメリカセンダングサ、オオオナモミ、アオガヤツリ類、テンツキ類などからなる一時的な湿生植物群落が出現する（藤井 2009a）。水田環境においては、田植え直後にアカウキクサ類やウキクサ類のフラッシュ現象をみることができる。また、稲刈り後の晩秋期の水田では、サワトウガラシ類、アブノメ、ホシクサ類、タマガヤツリ、ハリイ、ホタルイ類などの小形で短命な草本の繁茂現象がみられ、水田秋植物（梅本・藤井 2003）と呼ばれている。

　多様な環境と多様な植物群集を統一的に理解することは困難だが、塩分、貧栄養、掃流によるダメージなどの諸要因によって植物の生育が強く抑制さ

れる環境（塩性湿地、マングローブ、湧水性貧栄養湿地、渓流帯）を排他的環境として位置づけた（表16）。一方、植物の生育が抑制されずに遷移が進行しやすいと考えられる環境（富栄養湿地、湿原・原野、河畔林・湖畔林、水田）を、競合的環境として位置づけた（表16）。湖沼や溜池の干出した泥底は一時的な富栄養湿地とみなすことができるので、競合的環境に帰属する。河原は、攪乱の規模や頻度、および攪乱のインターバルによって排他的にも競合的にもなり得ることから、両者の中間に位置づけた。排他的環境では樹木や多年生植物による安定した永続的個体群がよく成立し、マングローブ植物や渓流沿い植物でそのことが顕著である。競合的環境では、遷移初期段階では1年草や短命な多年草の群落が成立するが、遷移の進行に伴ってより安定した大形多年生植物の湿性草原となり、さらに河辺林・湖畔林へと変化してゆく。なお、湖沼や溜池の泥底環境は冠水によって、水田では代かきや稲刈りによって、それぞれの植生遷移の進行がリセットされ、その直後には一時的な湿生植物の繁茂を引き起こす。

3. 水位変動と湛水状態の関係

河川環境に出現する植物群を、水位変動の振幅と湛水状態の2つのパラメータで概念化したのが図9である。水位変動と湛水程度の両方が小さい場合には、遷移の進行と陸化によって樹林化する。一方、水位変動が大きくて湛水程度が小さい場所では、河原植物や渓流沿い植物などが生育する。水生植物は、水位変動が小さくて湛水程度の大きい環境を占める。そして、湿生植物は、水生植物、河原植物、河畔林・湖畔林の3者の中間部分に位置づけることができる。近畿地方の原野環境に

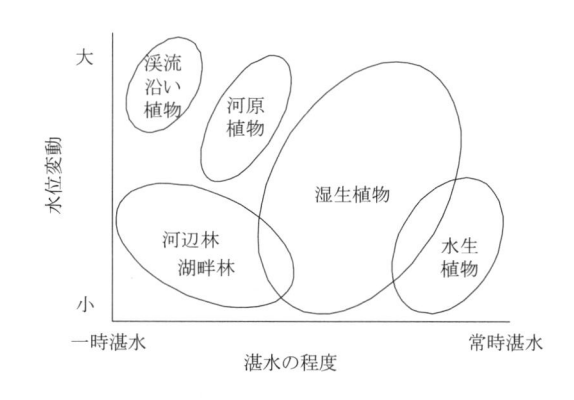

図9　湛水程度と水位変動からみた河川環境に生育する植物群の概念図

生育する湿生植物の中には、琵琶湖・淀川水系に集中した特徴的分布様式を示す希産種（＝原野の植物）が知られている（梅原・栗林 1991、藤井 1994、藤井 2009b）。サデクサ、ナガバノウナギツカミ、ホソバイヌタデ、ノウルシ、タコノアシ、コバノカモメヅル、オオマルバノホロシ、ヤガミスゲ、ミコシガヤ、オニナルコスゲなどがその例だが、これらの植物は琵琶湖・淀川水系では比較的豊富であるにもかかわらず、他水系では非常に稀な植物である（図 10）。氾濫原性希少植物の種数は、その生育環境である湿性草原の面積規模と相関をもつことが報告されている（Keddy 2000）。このことは、氾濫原性希少植物の個体群存続のためには十分に広い面積が必要であることを示唆しており、湖沼の貯水池化などによって水位変動が抑制された場合には、湿性草原面積の減少によって氾濫原性希少植物の減少や絶滅を招く可能性がある。Keddy（2000）は北米のタスケット川におけるハルシャギク属の一種（*Coreopsis rosea*）の地域絶滅が、その例とみなせることを紹介している。国内での湿性草原の面積規模と希少植物の種多様性との関係については十分に検討されていない。近畿地方においては琵琶湖・淀川水系が飛び抜けた流域面積（8,240km^2）を有しており、第 2 位の熊野川水系（2,360km^2）の 3 倍以上である。氾濫原性の希少植物が琵琶湖・淀川水系に集中的に生育することは、梅原・栗林（1991）や藤井（1994）が指摘しているように、水系規模に依存した原野環境の面積によって説明できるかもしれない。

サデクサ　　　　　　　ノウルシ　　　　　　オオマルバノホロシ
Persicaria maackiana　*Euphorbia adenochlora*　*Solanum megacarpum*

図 10　近畿地方における原野の植物の分布　藤井（1994）、藤井（2009b）。

4. 湿地環境と絶滅危惧植物

近年、湿地環境に生息する生物の減少や絶滅がしばしば指摘されるようになった。藤井（1999、2002）は近畿地方の絶滅危惧植物940種類についての危険性を解析し、湿地環境が他の環境に比べて危ういことを示した。高危険度率（藤井1999、説明については図版キャプションを参照）が40％を超える環境は、水域、貧栄養湿地、富栄養湿地、原野、水田、塩湿地、砂浜、山草、カヤ草、里草の合計10環境であるが、このうちの砂浜、山草、カヤ草、里草の4環境を除いた残りの6環境が湿地環境で、その中でも水域と水田の2つがとくに危機的状況に置かれている（図11）。多数の絶滅危惧植物が生育する岩場（200種類）、二次林（362種類）、極相林（177種類）では絶滅の危険性が低い一方で、わずか28種類の絶滅危惧植物しか生育しない水田での危険性が著しく高い。近畿地方では溜池が水域環境の重要な構成要素となっており、危機的とみなされた水田と水域の2環境は人為攪乱と深い関係をもつ。高危険度率がほぼ同程度である富栄養湿地と原野では河川改修およびその関連事業が、貧栄養湿地では丘陵地や低山地の開発事業が、それぞれ主要な減少圧と考えられる。

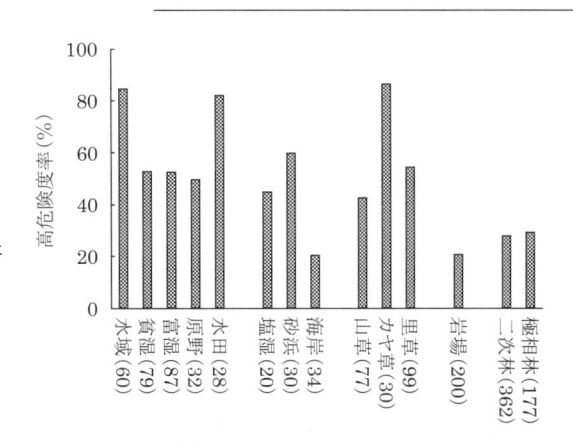

図11　生育環境別にみた近畿地方の絶滅危惧植物の高危険度率　高危険度率は、その環境に生育する絶滅危惧植物のなかで高ランク種（「絶滅」または「絶滅？」とされた種）が占める割合（藤井 1999）。レッドデータブック近畿研究会（2001）を基に作図。

引用文献

藤井伸二 1994. 琵琶湖岸の植物―海浜植物と原野の植物. 植物分類地理 45: 45-66.
藤井伸二 1999. 絶滅危惧植物の生育環境に関する考察. 保全生態学研究 4: 57-69.
藤井伸二 2002. 地方版レッドデータブックの成果と問題点. 種生物学会 編. 保全と復元の生態学―野生生物を救う科学的思考. 文一総合出版. pp. 95-107.

藤井伸二 2009a. 水辺植物の生活史特性と変動環境の進化的理解に向けて—西日本の水湿地環境を例に—. フェノロジー研究 44: 1-7.
藤井伸二 2009b. 植物からみた琵琶湖・淀川水系の特質. 西野麻知子 編. とりもどせ琵琶湖の原風景. サンライズ出版.
Keddy, P. A. 2000. Wetland Ecology, Principales and Conservation. Cambridge University Press, Cambridge.
レッドデータブック近畿研究会 編 2001. 改訂・近畿地方の保護上重要な植物—レッドデータブック近畿 2001—. (財)平岡環境科学研究所.
梅原 徹・栗林 実 1991. 滅びつつある原野の植物. Nature Study 37(8): 3-7.
梅本信也・藤井伸二 2003. 水田秋植物(Autumn paddy ephemeral)に関する一考察. 分類 3: 47-51.

4. 湿地における野生植物の生態：タイヌビエの水田環境への適応機構

　新緑のころ、日本には 170 万 ha もの一時的な人工の湿地が出現する。水田である。水田は、一般の自然湿地と比較すると、毎年決まった時期に田植えのために土壌が攪乱されること、田植えからイネの成熟期まで人為的に湛水されること、さらにイネの生育期間を通じて頻繁に除草されることによって特徴づけられる。これらの耕種作業は、イネの栽培が始まって以来営々とくり返され、水田で生活する植物や動物の分布や生態に大きな影響を与えてきた。

　水田には保全を必要とする希少種を含めて 200 種前後の植物が生育するが、イネ以外の植物は農家にとって望まれない草、すなわち水田雑草として扱われる。水田雑草の中の水田雑草といわれるのは、昔も今もタイヌビエ（*Echinochloa oryzicola*）である。ここでは、これまでに行われたタイヌビエの生態に関する研究から、水田という人が深く係わる湿地に野生植物がいかに適応しているかをみてみたい。

1. 多様な水分環境に生育するヒエ属植物

　日本のヒエ属野生種は、3 種 3 変種に分類されている（表 17）。この中でタイヌビエだけが 4 倍体で他のヒエ属植物は 6 倍体である。イヌビエ（*E. crus-galli* var. *crus-galli*）は、路傍、果樹園、畑地のような乾性地から水路や水田のような湿性地まで幅広い水分環境の立地に分布する変異に富んだ

表17　日本のヒエ属（*Echinochloa*）植物

和名	学名	染色体数	生育地環境
タイヌビエ	E. oryzicola	2n＝36（4倍体）	湿性地（水田に限る）
イヌビエ	E. crus-galli var. crus-galli	2n＝54（6倍体）	湿性地〜乾性地
ヒメタイヌビエ	E. crus-galli var. formosensis	2n＝54（6倍体）	湿性地（水田に限る）
ヒメイヌビエ	E. crus-galli var. praticola	2n＝54（6倍体）	乾性地
ヒエ(ニホンビエ)	E. utilis	2n＝54（6倍体）	畑地（水田で栽培される場合もある）
コヒメビエ	E. colona	2n＝54（6倍体）	湿性地〜乾性地

藪野(2001)、森田(1996)から作成。

植物である。ヒメイヌビエ（*E. crus-galli* var. *praticola*）は、比較的小型で開帳性の草型をもち、主に路傍などの乾性地に生育するが、乾田直播水田内にみられることもある（宮原 1992）。ヒメタイヌビエ（*E. crus-galli* var. *formosensis*）とタイヌビエ（*E. oryzicola*）は、水稲作に高度に適応していて、水田だけに生育する。前者は西日本から東日本の一部、後者は日本全国に分布している。雑草ヒエをノビエともいうが、これらのヒエ属野生種の総称である。また、熱帯および亜熱帯の湿性地から乾性地に生育し、日本では沖縄や小笠原諸島に分布するコヒメビエ（*E. colona*）が、近年、九州の休耕田や畦畔に侵入していることが確認された（森田 1996）。

栽培種のヒエ（ニホンビエ、*E. utilis*）は、戦前まで山間部の重要な畑作物であった。ヒエは、耐冷性が高く移植すれば湛水条件でも生育するため、東北の水田では水温が低くてイネが育たない水口に植えられたり、冷害のときの救荒作物として栽培されることがあった。ヒエの祖先種がイヌビエであることが藪野（Yabuno 1962）による細胞遺伝学的研究から判明している。

ヒエ属植物の水分環境に対する高い適応能力を示す例として浮性ヒエの存在が挙げられる。第3章に述べられている浮イネの栽培地域には浮性をもったヒエ属野生種が生育する。浮性ヒエとして、*E. picta* が東南アジア、*E. stagnina* が東南アジアと西アフリカ、*E. pyramidalis* が熱帯アフリカと熱帯アメリカに分布している（Yabuno 1968、藪野 2001）。*E. picta* と *E. stagnina* の冠水に対する反応が調べられた結果、両種とも1日当たり 8cm の増水に応答して1つの節間が最大 20〜40cm 伸長することが明らかになっている（種坂 1986）。2〜3m にも伸びた稈の内部はスポンジ状になって浮きの役目を果たし（種坂 1986）、各節から萌芽して水面に浮性野生ヒエの群落が形成される（三浦 2003）。

2. タイヌビエの水田環境への適応

　水稲作では、例年同じ時期に同じ耕種操作が行われてきた。除草剤のなかった時代は、田に水を引いて代をかき、田植えを終えると頻繁に草取りし、イネ出穂後にヒエ抜きと呼ばれる除草作業を欠かさなかった。ノビエ、中でもとりわけタイヌビエは、このような毎年くり返される水管理や手取り除草が淘汰圧となって、水田で生活史を成立させるための巧みな性質を獲得している。その性質は、生活史に沿って、種子の生存、嫌気発芽、不斉一発芽、擬態、出穂などの現象として現れる。

(1) 種子の生存

　タイヌビエの種子（小穂）は、登熟時には一次休眠の状態にあり、土壌中で冬期の低温と春期の変温や湛水条件に遭遇して休眠から覚醒する。休眠覚醒した一部の種子は、田植えのころに発芽する。この時に発芽せずに水田土壌中に残存した種子は、夏の高温で二次休眠へ誘導され、冬から春に再び休眠覚醒する（図12）。休眠覚醒の過程では、種子の死滅が起こる。宮原（1972）によれば、種子死滅の起こりやすさは圃場の水分状態で大きく異なり、畑水分状態の乾田では2年目の冬を経過すると埋土種子集団の大部分が死滅するが、湛水状態の湿田では、冬期の種子死滅がほとんど起こらない（図12）。

(2) 嫌気発芽

　代かきが行われた水田では、細かい土壌粒子が土壌の表面や間隙にゆっくり沈降して、透水性が低下する。そのため、水の移動に伴う溶存酸素の供給が妨げられる結果、水田土壌の表層から2～3mmまでの酸化層でも数ppmの酸素濃度であり、その下の還元層では著しい嫌気状態となる。

　タイヌビエは、そのような水田土壌の表層ないし1～2cmの深さから種子発芽し、幼芽が田面水中で伸長して水面に達する。一般に種子の発芽には酸素が要求され、乾性地に生えるヒメイヌビエでは酸素濃度が1%以下では種子の発芽が起こらない。しかし、タイヌビエの種子は窒素中でも空気中と同程度に発芽する。さらに、発芽後、10cmの冠水深でも子葉鞘が伸長し、溶存酸素濃度が高い水面付近で第1葉が展開して水面より抽出する（Yamasueら 1989）。そして、水面から酸素の取り込みが可能になると

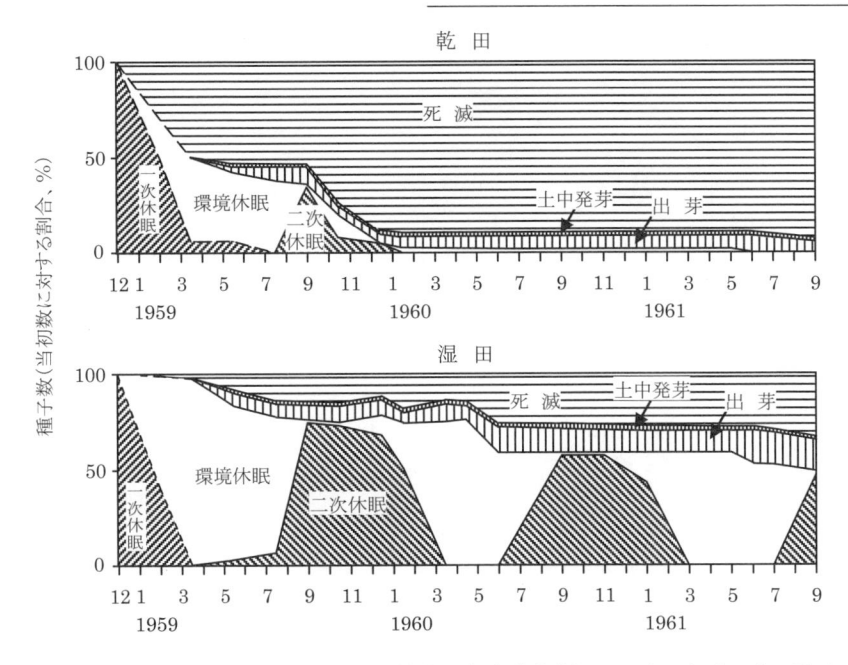

4. 湿地における野生植物の生態　37

図12　湿田（通年湛水状態）と乾田（冬期間畑水分状態）におけるタイヌビエ種子
の生存状態　宮原（1972）。

発根して、水田土壌に活着する。この嫌気発芽と冠水下での幼芽伸長の能力は、タイヌビエが代かき後の水田で発生するための最重要な性質である。
　タイヌビエ種子は、発芽に必要なエネルギーを嫌気呼吸によって得ている（Yamasueら 1987a、Morimoto and Yamasue 2007）。この嫌気呼吸は乳酸発酵系ではなくエタノール発酵系によっており、置床後 12 時間までにアルコール脱水素酵素活性が増大して、発芽直前の置床後 48 時間まで高い活性が維持される（図 13）。好気条件下では、幼根が種皮（頴）から出現する置床後 48 時間以後にチトクローム酸化酵素活性が増大し、アルコール脱水酵素活性は減少する。嫌気条件下では、チトクローム酸化酵素活性の増大は認められず、アルコール脱水酵素活性が高く保たれる（図 14）。発芽時に酸素が豊富にあればエネルギー生産を好気呼吸系にスイッチするが、酸素不足の環境であれば、嫌気呼吸を継続するのである。好気呼吸では、ブ

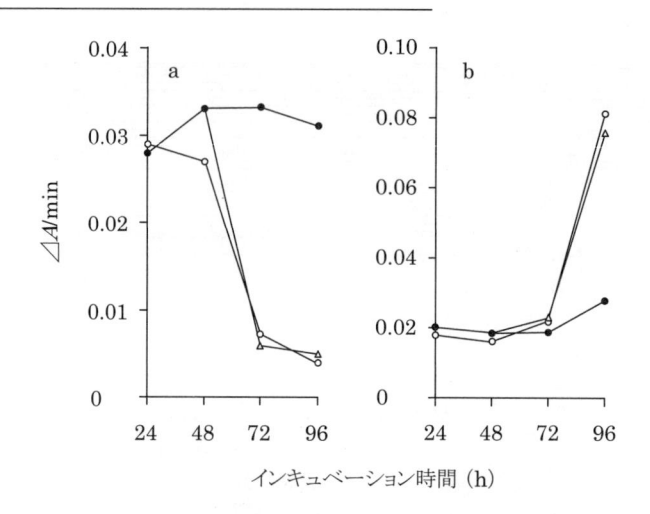

図13 タイヌビエの種子発芽前後におけるアルコール脱水素酵素とチトクロームC酸化酵素の活性 Yamasueら（1987b）。休眠が覚醒した種子を、30℃、明条件下の空気（○）、窒素（●）および窒素→空気（△）の気相中に置床した。置床後48時間を過ぎると幼芽と幼根が種皮から突出して伸長する。

ドウ糖1分子当たり38分子のATPが得られるが、嫌気呼吸によって得られるATPは2分子にすぎない。タイヌビエは、エネルギー生産効率を犠牲にしても入水後水田の嫌気的条件下で発芽する道を選択したと考えられる。

（3）不斉一発芽

農家が水稲耕作中に何回も草取りを行うのは、雑草の発芽が不斉一に起こるからである。タイヌビエ種子は、耕起や代かきあるいは草取りそのものに伴う土壌攪乱に反応して、そのたびに発芽する（図14）。タイヌビエは、このような不斉一発芽を起こす仕組みをもつことで除草によって個体群が全滅する危険を回避している。

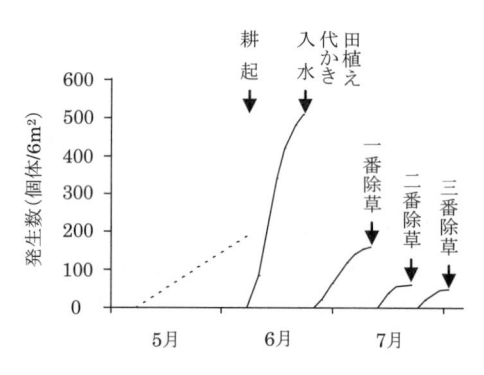

図14 関東の水田におけるタイヌビエの発生消長 荒井（1962）。

4. 湿地における野生植物の生態

　タイヌビエの穂の二次枝梗には上位、中位、下位に種子が着粒し、上位から下位になるにつれて種子重量が小さくなる（図15a）。一次休眠状態の上位、中位、下位種子を冬のうちに水田条件で埋土しておくと、上位種子は4月中旬から5月初旬にかけて一斉に発芽するが、下位種子は一次休眠からの覚醒が遅く7月はじめの土壌表層攪乱後に発芽がピークとなる（図15b）。タイヌビエの埋土種子集団のうちある種子は冬のうちに一次休眠から覚醒し、残りの種子は春の湛水条件下で完全に休眠から覚める（宮原1965）。このことを考えると、実際の水田においても上位種子が春先には休眠から覚醒しているのに対して、下位種子は主に春の湛水条件に遭遇してから休眠覚醒すると思われる。つまり、タイヌビエ一個体内にみられる種子発芽性の変異は、何回もの草取りを回避するために有効な不斉一発芽を起

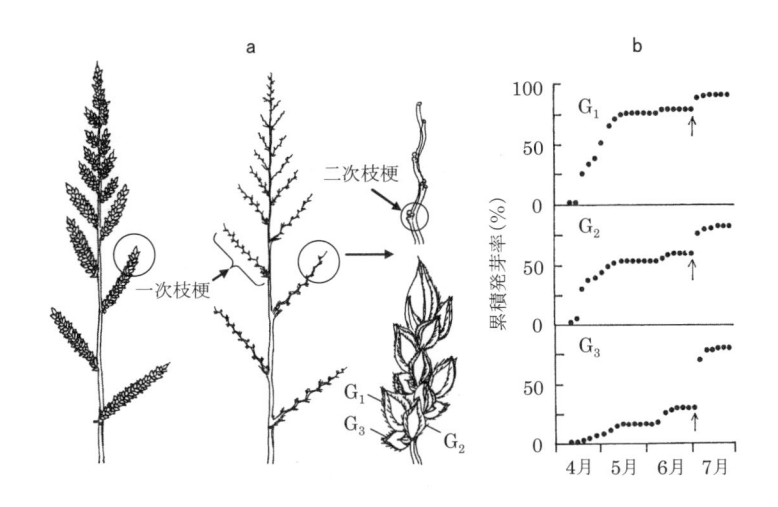

図15　タイヌビエの二次枝梗上に着粒する種子の発芽パターン　吉岡（1988）を改変。a：タイヌビエの穂の模式図。穂の主軸から一次枝梗が、一次枝梗から二次枝梗が分枝し、二次枝梗上の上位（G1）、中位（G2）、下位（G3）に、それぞれ1個の小穂（種子）が着く（弱勢な二次枝梗では下位（G3）種子が着粒しないことがある）。　b：二次枝梗上の上位（G1）、中位（G2）、下位（G3）種子の野外条件での発芽パターン。前年の冬にワグナーポット内の土壌に埋めた種子の発芽を調査した。調査期間中、ポット内は水田状態が維持された。矢印：手取り除草時の攪乱を模した土壌表層の攪拌。

こす仕組みの一つである。

(4) 擬態

　発芽したタイヌビエの個体は草取りから逃れるためのとてもユニークな性質をもっている。イネへの擬態である。タイヌビエの草姿は、幼植物の時代から穂が出る直前までイネに酷似しており、ノビエを見慣れた人でさえ、葉身と葉鞘の境目に葉舌がないことを確かめなければイネとの区別がつきにくい。この擬態性は、手取り除草という選択圧に絶えずさらされることで進化したと考えられる（Yabuno 1966、ハーラン 1984）。

(5) 出穂

　イネに擬態したタイヌビエも出穂すると稈の上位節間が伸長し、穂が水稲群落の上に位置して目立つようになる。全国各地域から採取されたタイヌビエの出穂時期は、それぞれの地域で栽培されるイネ品種の出穂時期とよく一致する。すなわち、水田のイネとその雑草のタイヌビエの出穂期は、平行した地理的傾斜をもっている（盛永・永松 1942、Yabuno 1966、Yamasueら 1981、Nakatani ら 1998）。では、なぜイネとタエヌビエは同じころに出穂するのだろうか。その理由はヒエ抜きのタイミングに関係すると考えられる（Yamasue 2001）。ヒエ抜きは、実った種子が圃場に落ちないようにノビエを抜き取る作業である。タイヌビエは出穂後すぐに開花を開始し、開花から 1 週間たつと種子に発芽能力が備わり始める。開花 2 週間後には種子の脱落性が獲得されて、わずかな衝撃で容易に種子散布される（吉岡 1988）。すなわちタイヌビエは、出穂から 2 週間ヒエ抜きに遭わなければ、翌年の繁殖源である種子を散布することができるのである。稲作農家は、イネ開花後しばらくは、受精に影響が出ることを嫌って水田の中に入るのを避けるという（Harlan 1992）。イネの開花は出穂後すぐに始まる。つまりタイヌビエは、出穂のタイミングをイネに同調させることで、ヒエ抜きから逃れて次世代を確保するために一番安全な出穂時期を選択したのだろう（Yamasue 2001）。

3. 水田環境の変化に伴う優占雑草種の交代

　近年、それまで長い間あまり変わることのなかった水田耕種体系が大きく変化した。これに伴うさまざまな要因の中で、水田雑草種の構成に著しい影

響を与えたものが除草剤である。除草剤が普及する 1950 年代以前にわが国の水田で優占していたノビエは、イネへの擬態性あるいはイネと同調した出穂などの性質をもつことで頻繁な草取りから逃避できるタイヌビエであった。しかし最近の水田では、雑草防除手段がもっぱら除草剤散布となり、手取り除草という人が直接係わる選択圧が失われた結果、そのような性質をもたず、むしろ他の草種との競争に強く変異に富むイヌビエが優占化する傾向になっている（Yamasue 2001）。

引用文献

荒井正雄 1962. 水稲乾田直播栽培における雑草防除(1). 農業および園芸 17: 4-9.

ハーラン，J. R. (熊田・前田訳) 1984. 作物の進化と農業・食糧. 学会出版センター, 東京.

Harlan, J. R. 1992. Crops & Man, American Society of Agronomy. Inc. and Crop Science Society of America Inc., Madison.

Morimoto, K. and Yamasue, Y. 2007. Differential ability of alcohol fermentation between the seeds of flooding-tolerant and flooding-susceptible varieties of *Echinochloa crus-galli* (L.) Beauv. Weed Biol. Manag. 7: 62-69.

Nakatani, K., Tanisaka, T. and Yamasue, Y. 1998. Geographical variation in heading photoperiodic sensitivity of *Echinochloa oryzicola* Vasing., an obligate weed in rice. J. Weed Sci.Tech. 43: 108-113.

三浦励一 2003. 作物になれなかった野生穀類たち. 山口・河瀬 編著. 雑穀の自然史. 北海道大学出版会. pp. 194-205.

宮原益次 1965. ノビエの個生態. 雑草研究 4: 11-19.

宮原益次 1972. 水田雑草タイヌビエ種子の休眠性に関する生理生態学的研究. 農事試研究報告 16: 1-62.

宮原益次 1992. 水田雑草の生態とその防除: 水稲作の雑草と除草剤解説. 全国農村教育協会.

盛永俊太郎・永松土己 1942. 水田野生稗の種生態学的研究 1. 日本各地産系統の出穂期. 育種研究 1: 116-122.

森田弘彦 1996. 九州地方に発生したコヒメビエの小穂と穂の形態と低温での種子の死亡条件から推定した定着不可能地点. 雑草研究 41: 90-97.

種坂英次 1986. ヒエ属多年生稗, *Echinochloa stagnina* (Retz.) P. Beauv.と *E. picta* (Koen.) Michael の浮性. 雑草研究 31: 136-142.

Yabuno, T. 1962. Morphological and cytological studies in the genus *Echinochloa*. Seiken Ziho 6: 66-71.

Yabuno, T. 1966. Biosystematic study of the genus *Echinochloa*. Japan. J. Bot. 19: 277-322.

Yabuno, T. 1968. Biosystematic study of *Echinochloa stagnina* (Retz.) P . Beauv. and *E. pyramidalis* (Lamk.) Hitch. et Chase. Cytologia 33: 508-519.

藪野友三郎 2001. ヒエ属植物の分類と系譜. 藪野 監修, 山口 編. ヒエという植物. 全国農村教育協会. pp. 15-30.

Yamasue, Y., Asai, Y., Ueki, K. and Kusanagi, T. 1989. Anaerobic seed germination for the habitat segregation in *Echinochloa* weeds. Japan. J. Breed. 39: 159-168.

Yamasue, Y., Koda, S., Ueki, K. and Matsunaka, S. 1981. Variations in growth, seed dormacy and herbicide susceptibility among strains of *Echinochloa oryzicola* Vasing. Weed Research (Japan), pp.6-13.

Yamasue, Y., Ueki, K. and Chisaka, H. 1987a. Seed dormancy and germination of *Echinochloa oryzicola* Vasing. —An observation through respiration and several enzyme activities. Weed Res. (Japan) 32: 188-197.

Yamasue, Y. and Ueki, K. 1987b. Seed dormancy and germination of *Echinochloa oryzicola* Vasing. —Substantive evidence for alcohol fermentation at early germination. Weed Res. (Japan) 32: 263-267.

Yamasue, Y. 2001. Strategy of *Echinochloa oryzicola* Vasing. for the survival in flooded Rice. Weed Biol. Manage. 1: 28-36.

吉岡俊人 1988. 水田雑草タイヌビエの不斉一発生に関する種子生態学的研究. 京都大学博士論文.

5. 水生植物の生態と栄養吸収機能

1. はじめに

　生物は生育に必要な元素を外部から取り込み続けなくてはならない。移動出来ない植物にとって、生育環境の栄養事情は運命を左右する重要な決定因子である。植物の生育に必須な元素のうち、炭素のみは大気中の二酸化炭素を供給源とするが、残りの全ては主に土壌を供給源としている。そのため、植物の分布や生態は生育土壌の理化学性と密接な関係をもつ。ここでは湿地土壌中における必須元素の理化学性と、そこに生育する植物の栄養吸収戦略について概説する。

2. 酸素のない湿地土壌

　多様な湿地土壌に共通する決定的な特徴は、土壌中の酸素濃度が非常に低いことである。そのため、土壌微生物は代謝活動に必要な電子受容体として酸素以外の物質を使うことになる。その結果、電子受容体となった物質は還元体に変換されて土壌中に蓄積する。還元体物質（NH_4^+、Mn^{2+}、Fe^{2+}、H_2S など）の過剰供給は、しばしば植物の生育に悪影響を及ぼすが、水生植物はこのような「還元体だらけの土壌」から生育に必要な栄養塩を吸収している（図16）。

3. 栄養吸収には酸素が必要

　先に述べたように、植物は生育に必要な元素の大部分を土壌から吸収している。植物の根細胞膜では、ATP加水分解酵素（ATPase）が H^+ ポンプと

して機能し、細胞内からH⁺を排出している。このため細胞膜を隔てて電気化学的勾配（細胞内が負、電位差は概ね 80 ～ 150mV）ができる。カチオンはこの電気化学的勾配にしたがって根細胞内へ取り込まれる。アニオンは電気化学的勾配に逆らって取り込まなくてはならないため、さらにエネルギーを必要とする。Poorter ら（1991）の草本植物を対象にした研究によると、根の呼吸で得られたエネルギーのうち、じつに 50～70％がイオン吸収のために消費されるという。しかし、水生植物の生育する湿地土壌には酸素がない。酸素を必要としない嫌気呼吸をしたとしても、1 分子のグルコースから作られる ATP の数は好気呼吸の 1/18 になると見積もられる。植物にとって「嫌気呼吸」は、一時しのぎにはなったとしても、無酸素状態が長期に渡った場合、とうてい生きながらえることができない。

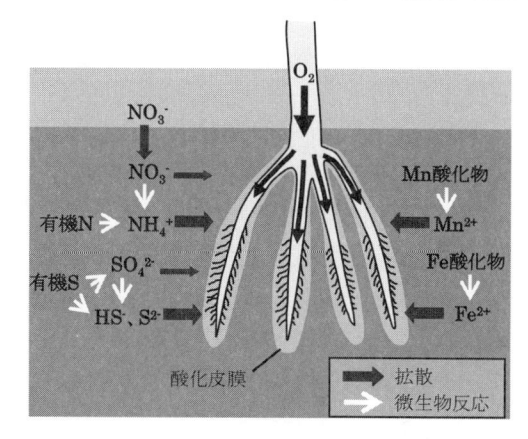

図16　湿地土壌中の栄養塩と植物の根

　この問題に対応するため、水生植物は体内に通気組織を発達させて、地上部から地下部へ酸素を多く含んだガスを送り込んでいる。より還元的な場所を生育地とする植物ほど、より効率的な酸素輸送とエネルギー生産の必要性に迫られる。たとえば、抽水植物ガマ属 3 種では、ガマが水深の浅い場所を好むのに対し、コガマとヒメガマは水深の深い場所でも生育することがわかっている（Inoue and Tsuchiya 2009）が、酸素輸送能力もこれに対応するようにガマよりコガマとヒメガマの方が高い（Tornbjerg ら 1994、Sorrell ら 2000）。この 3 種について、栄養状態を同じにした嫌気的環境と好気的環境で生育させた場合で、根呼吸特性を比較した実験がある。ガマは呼吸速度曲線を変化させないが、コガマとヒメガマは嫌気的環境下で成育した個体の方が、全体的に高い呼吸曲線を描く（Matsui and Tsuchiya

2006、図 17)。同時に、コガマとヒメガマは嫌気的環境下の方が高い成長速度（それぞれ 59.5％、38.6％）を示すことから、この 2 種が嫌気的環境下でも十分に呼吸エネルギーを生産して、生育や光合成に必要な栄養を吸収していることがわかる。

4. 還元体だらけの湿地土壌
(1) 窒素

野外に生育している植物に窒素を与えると、成長が改善されることが多い。このことは、植物にとって窒素が生育を制限する重要な元素であることを示している。しかし、植物体の窒素含有量は、0.5〜5.0％とそれほど多くはない。それなのに、植物の生育に大きな影響を及ぼしているのは、窒素が植物の機能を担う酵素の基本構成元素だからである。

土壌中で、植物が吸収することができる窒素化合物は、NO_3^-、NH_4^+、アミノ酸の 3 つとされている。還元的な湿地土壌中では、NO_3^- は微生物によって還元され、NH_4^+ が蓄積する。一方、流動している表層水中や、土壌表層部の酸化層では、微生物による硝化反応によって NO_3^- が生成する。また、水生植物の根からは酸素が土壌中へ漏れ出しており、これによって作られた酸化層の部分にも NO_3^- の生成がみられる。

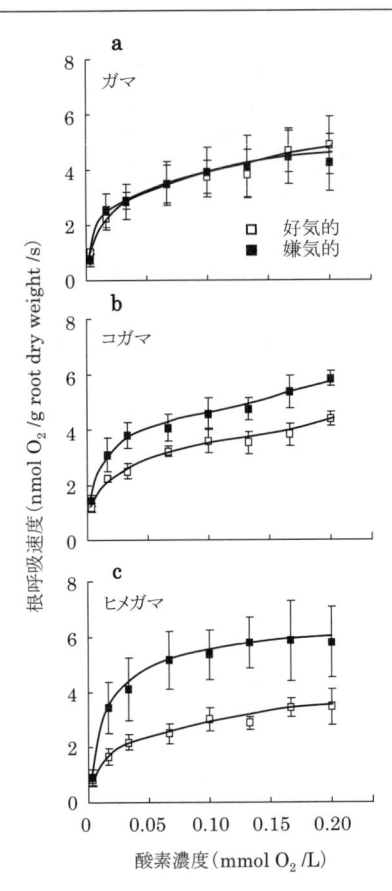

図17 ガマ属 3 種の根呼吸曲線 Matsui and Tsuchiya (2006)。(a) ガマ (b) コガマ (c) ヒメガマ 好気的環境下（0.19mmol O_2/L）と嫌気的環境下（0.02mmol O_2/L）で水耕栽培した個体について測定。平均値±SE（N＝4）。

5. 水生植物の生態と栄養吸収機能

　土壌中に NH_4^+ が優先しがちな場所を生育地とする水生植物の中には、NH_4^+ を好んで使うものが見られる。ヨシ、ガマやホテイアオイなどは NO_3^- よりも NH_4^+ を多く与えられたほうが高い成長速度を示す。植物にとって、窒素源としての NH_4^+ と NO_3^- とでは何が異なるのだろうか？

　正に帯電している NH_4^+ は、電気化学的勾配に従って根の細胞に取り込まれる。取り込まれた NH_4^+ は有機体として同化される。NH_4^+ 同化にかかるエネルギーコストは植物が利用しているエネルギー全体の約 25％である（Bloom ら 1992）。一方、NO_3^- を吸収する場合、細胞膜間の電気化学的勾配に逆らって取り込み、さらに細胞内で一度 NH_4^+ に還元してから同化しなくてはならない。NO_3^- から NH_4^+ への還元は硝酸還元酵素によって行われるが、これにかかるエネルギーコストは、根で行った場合は全体の約 15％、葉で行った場合は約 2％である（Bloom ら 1992）。このことから、NH_4^+ を優先的に利用することはエネルギー的に効率が良く、成長の促進が見られても良さそうである。しかし、NH_4^+ を多く吸収すると、根の細胞内のイオンバランスがくずれてしまう。豊富な NH_4^+ 下で栽培した植物の根細胞を調べると、その他の必須カチオン（K^+、Ca^{2+}、Mg^{2+}）の含有量が減少し、アニオン（Cl^-、SO_4^{2-}、PO_4^{3-}）の含有量が増加していることが多い（Britto and Kronzucker 2002）。とくに K^+ の欠乏は多くの NH_4^+ 処理植物に顕著に見られる。カリウムが欠乏すると酵素活性や光合成活性、タンパク質合成、浸透調整など、植物の生命維持に欠かせない多くの機能を失う。その結果、葉にクロロシス（葉色の退色）が現れ、根の成長が止まり、植物全体の成長速度が低下し、場合によっては枯死することになる。

　豊富な NH_4^+ 環境下で旺盛な成長を見せる水生植物は、これらの問題に対して何らかの対策をとっていると思われるが、その詳細なメカニズムについてはほとんど明らかにされていない。しかし、高濃度の NH_4^+ 環境下で高い根呼吸速度を示すことや、地下部の含有糖類量が減少していることから（Britto and Kronzucker 2002）、高濃度の NH_4^+ に対する耐性にはエネルギー代謝が関わっていることが示唆される。

　植物種による NH_4^+ 耐性能力の違いは湿地生態系の植物の分布に反映される。たとえば、イネ科の抽水植物である *Glyceria maxima* とヨシでは、

Glyceria が水深の浅い場所を好むのに対し、ヨシは水深の深い場所でも生育することができる。*Glyceria* にはマスフロー機能（圧力差による酸素輸送機能）がなく、ヨシにはマスフロー機能があることから、根への酸素輸送、つまり根呼吸エネルギーの生産はヨシのほうが効率的に行うことができると考えられる。Tylová ら（2008）の研究によると、*Glyceria* は、高濃度の NH_4^+ 処理下（179μM NH_4^+-N）で成長速度を16%低下させたが、ヨシは成長速度を維持し続けた。さらに *Glyceria* が根細胞中の K^+ と Mg^{2+} をそれぞれ46%と35%減少させていたのに対し、ヨシにはそのような変化はみられなかった。この2種については、実際の生育環境と地下部への酸素輸送能力、NH_4^+ に対する耐性能力との間に対応関係がみられる。

(2) マンガン、鉄

土壌の還元が進行すると、NO_3^- に続いて Mn（VI）や Fe（III）が還元されるようになる。Mn は土壌中で主に酸化物として存在するが、還元されると植物に吸収されやすい Mn^{2+} となる。Mn は葉緑体などの構成元素であるが、植物体中の含有量は0.1%以下と、その必要量は多くない。しかし、湿地土壌中では Mn^{2+} の濃度が植物の吸収に適した濃度の10倍以上になることも少なくない。過剰な Mn^{2+} に対する水生植物の防御機構の一つとして、根の表面でブロックすることが挙げられる。水生植物の体内では、空隙を通じて地上部から地下部へ酸素が輸送されているが、この酸素の一部は根の表面を介して外部へ漏れ出している。漏れ出した酸素は根の表面で Mn^{2+} を酸化物に酸化し、酸化物皮膜を作って Mn^{2+} の細胞内への進入を抑制している。しかし、Mn^{2+} が豊富にある場所に生育している水生植物の体内から高濃度の Mn が検出されることから（Ernst 1990）、酸化皮膜の効果は十分ではなく、必要以上の Mn が取り込まれていると考えられる。多くの場合、葉の老齢とともに Mn 含有量が増すことが知られている。

Fe は土壌中で主に酸化鉄として存在するが、還元されると植物に吸収可能な Fe^{2+} として遊離してくる。より還元的な湿地土壌では Fe^{2+} の濃度が数 mM にまで増加する。Fe は呼吸鎖をつかさどる酵素などの構成元素であるが、Mn と同様、植物体中の含有量は0.1%以下と、その必要量は多くない。Fe^{2+} を過剰に吸収すると、根の呼吸速度が低下し、葉にクロロシスが現れ、

光合成活性が低下する。水生植物の根から漏れ出している酸素は根近傍で Fe^{2+} を酸化し、過剰な Fe^{2+} の吸収を抑制している。水生植物の根の表面を観察すると、赤褐色の酸化鉄皮膜がパッチ状に分布しているのを確認することができる。Van Bodegom ら（2001）のイネを対象としたモデル計算によると、根から漏出された酸素の約 80％が Fe^{2+} の酸化反応に使われるという。

水生植物の根からの酸素漏出は植物種によって異なる。たとえば、同じガマ属に属する 3 種、ガマ、コガマ、ヒメガマで酸素漏出速度を測定すると、ヒメガマが最も高く、ガマ、コガマと続く（Inoue and Tsuchiya 2008）。さらに、ガマとコガマが暗条件下に比べて、明条件下で酸素漏出速度が増加するのに対し、ヒメガマにはそのような変化は見られない（図18）。

植物は Fe^{2+} の吸収を生理的に制御することができないので、根表面の酸化皮膜でブロックされなかった Fe^{2+} は植物体へ取り込まれることになる。その結果、水生植物の体内からは高濃度の Fe が検出されることが多い。過剰に吸収した Fe^{2+} に対する耐性機構としては、根からシュートへの Fe の移動を抑制することや、老齢葉に蓄積して排出することなどが知られている。

(3) 硫黄

土壌にある物質で、Fe の次に還元されやすいのは SO_4^{2-} である。SO_4^{2-} が還元されると HS^- や S^{2-} となる。SO_4^{2-} は海水に多く含まれるため、沿岸域にある塩生湿地やマングローブ域の土壌中には HS^- や S^{2-} が蓄積していることが多い。植物は SO_4^{2-} の吸収を生理的に制御することができるが、HS^- と S^{2-} については制御することができない。S はアミノ酸やタンパク質合成に使われる必須元素だが、植物体中の含有量は約 0.1％と必要量は多くない。過剰に HS^- や S^{2-} が供給されると、光合成活性や根の好気呼吸が

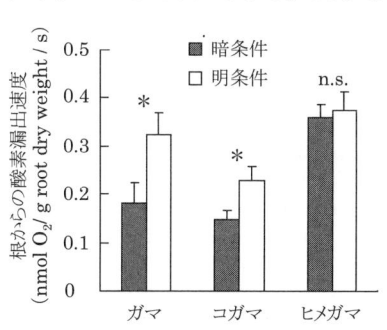

図18 ガマ属 3 種の根からの酸素漏出速度 Inoue and Tsuchiya（2008）。明条件下（850μmol photon/m/s）と暗条件下（0μmol photon/m/s）で測定。
平均値±SE（N＝4）＊P＜0.05

低下する。S^{2-}は土壌中の Fe^{2+} や Cu^{2+}、Mn^{2+} と結合し、硫化物となって沈殿する性質をもつ。この、硫化物生成は植物への S の過剰供給を緩和する効果があるが、逆に Fe^{2+} 欠乏の要因となり、植物にクロロシスが現れることもある。

塩生湿地などに生育する水生植物の多くは体内に S を蓄積している。イネ科植物の *Spartina* 属は、体内で硫黄化合物ジメチルスルホニオプロピオナート（DMSP）を合成する（Steudler and Peterson 1984）。DMSP は化学的に不安定な物質であり、揮発性のジメチルスルフィド（DMS）とメタンチオールに分解して大気へと放出する。このことから、水生植物による DMSP 合成は S 過剰に対するシンクとして機能していると考えられている。

5. 多様な植物でにぎわう湿地生態系

湿地生態系は、冠水状態や、それに付随する栄養状態が時間的にも、空間的にも変動する場所である。僅か数 cm の土壌の盛り上がりが、実生の定着を可能にするかどうかを決めることもある。隣同士でも、栄養事情は全然違うのである。このため、それぞれの栄養事情に対応した多様な植物が湿地生態系を彩っている。

引用文献

Bloom, A. J., Sukurapanna, S. S. and Warner, R. L. 1992. Root respiration associated with ammonium and nitrate absorption and assimilation by barley. Plant Physiol. 99: 1294-1301.

Britto, D. T. and Kronzucker, H. J. 2002. NH_4^+ toxicity in higher plants: a critical review. J. Plant Physiol. 159: 567-584.

Ernst, W. H. O. 1990. Ecophysiology of plants in waterlogged and flooded environments. Aquat. Bot. 38: 73-90.

Inoue, M. T. and Tuchiya, T. 2008. Interspecific differences in radial oxygen loss from roots of three *Typha* species. Limnology 9: 207-211

Inoue, T. and Tsuchiya, T. 2009. Depth distribution of three *Typha* species; *Typha orientalis* Presl, *Typha angustifolia* L. and *Typha latifolia* L. in an artificial pond. Plant Spec. Biol. 24: 47-52.

Matsui, T. and Tuchiya, T. 2006. Root aerobic respiration and growth characteristics of three Typha species in response to hypoxia. Ecol. Res. 21: 470-475.

Poorter, H., Remkes, C. and Lambers, H. 1990. Carbon and nitrogen economy of 24 wild species differing in relative growth rate. Plant Physiol. 94: 621-627.

Sorrell, B. K., Mendelssohn, I. A., Mckee, K. L. and Woods, R. A. 2000. Ecophysiology of wetland plant roots: a modeling comparison of aeration in relation to species distribution. Ann. Bot. 86: 675-685.

Steudler, P. A. and Peterson, B. J. 1984. Contribution of gaseous sulphur from salt marshes to the global sulphur cycle. Nature 311: 455-457.

Tornbjerg, T., Bendix, M. and Brix, H. 1994. Internal gas transport in *Typha latifolia* L. and *Typha angustifolia* L. 2. Convective throughflow pathways and ecological significance. Aquat. Bot. 49: 91-105.

Tylová, E., Sreinbachová, L., Votrubová, O., Lorenzen, B. and Brix, H. 2008. Different sensitivity of *Phragmites australis* and *Glyceria maxima* to high availability of ammonium-N. Aquat. Bot. 88: 93-98.

Van Bodegom, P., Goudriaan, J. and Leffelaar, P. 2001. A mechanistic model on methane oxidation in a rice rhizosphere. Biogeochemistry 55: 145-177.

6. 水生植物の光合成

　水生植物の光合成特性の研究は陸生植物に比べると遅れていたが、1980年代より水生植物の炭酸固定機構を中心に活発に研究が進められ、多くの興味深い知見が得られている。ここでは、これらの知見を中心に水生植物の光合成の特徴を述べる。対象は淡水性の維管束植物とし、完全に水中に没した状態で生育する沈水植物と陸上でも水中でも生育できる水陸両生植物とする。また、水辺に生育する抽水および浮葉植物についても簡単にふれたい。

1. 光合成に影響する水中の環境要因

　沈水植物の光合成に及ぼす水中の環境要因として、光、水温、溶存 CO_2 および O_2 濃度、pH 等を挙げることができる。光は水中に入ると吸収され、水深が深まるとともに光強度は低下する。また植物による被陰作用も大きい。このため、沈水植物の光-光合成曲線は上位葉では陽葉、下位葉では陰葉の特徴を示す。水温は葉の炭酸固定に関わる酵素反応に影響を及ぼす。水に対する CO_2 と O_2 の溶解度は温度により変動し、このことが初期炭酸固定酵素リブロースビスリン酸カルボキシラーゼ／オキシゲナーゼ（Rubisco）のカルボキシラーゼ反応とオキシゲナーゼ反応の活性比に影響する。陸生 C_3 植物のように、CO_2/O_2 分圧比が低下するとカルボキシラーゼ反応に対するオキシゲナーゼ反応の活性比が増大し、光呼吸が活発となる。

　水中の炭酸種は pH によりその形態を変える（図 19）。低 pH（酸性側）では炭酸は遊離炭酸（CO_2）として存在するが、pH の上昇とともに重炭酸イオン（HCO_3^-）が増加しはじめ、高 pH（アルカリ性側）では炭酸イオン（CO_3^{2-}）が増大する。沈水植物の多くは CO_2 を光合成の炭素源としており、

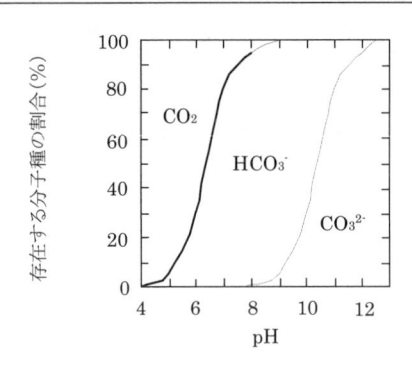

図19 純水（20℃）の pH と炭酸の状態　Osmond ら（1982）を一部改変。

水中の pH はこれらの植物の光合成に大きく影響する。空気と平衡状態にある水中の溶存 CO_2 および O_2 濃度は、それぞれ約 0.01mM、0.24mM である。しかし、気相と異なり、水中の溶存 CO_2 および O_2 濃度は環境により大きく変動し、CO_2 濃度はほとんど 0 から 0.35mM（14mg/L）まで、O_2 濃度はほとんど 0 から 0.5mM までの幅をもつ（Bowes 1987）。水生植物が繁茂した水中では、光合成と呼吸作用の結果、溶存 CO_2 および O_2 濃度は 1 日の中で反対の変動パターンを示す。

　気中と比べると、水中における CO_2 の拡散抵抗は 10^4 倍高い。これは沈水植物の光合成の制御要因となり、沈水植物の光合成速度が陸生植物に比べ低いことの原因の一つと考えられている。葉の表皮には気孔を欠くか、気孔があっても機能せず、体表から直接 CO_2 を吸収する。効率的に溶存 CO_2 を吸収するために、沈水生植物の葉は一般に細切された葉や薄い葉をもち、体積に対する表面積の割合を大きくしている。また表皮に葉緑体を発達させているものが多く、CO_2 の拡散距離を低める意味をもつと考えられている。

2. 沈水植物における炭酸固定機構

　沈水植物においても水中の CO_2 をいかに効率よく固定するかは重要である。沈水植物の多くは C_3 光合成を行い、陸上植物のように光呼吸が働いていると考えられている。この結果、沈水植物でも低 CO_2/高 O_2 分圧環境下では光呼吸が高まり、光合成効率が低下する。一方、ある種の沈水植物では陸上の C_4 植物や CAM 植物に類似した炭酸固定を行うことが明らかとなっている。

　トチカガミ科のクロモ（*Hydrilla verticillata*）は冬期には CO_2 補償点が高く C_3 光合成を行っているが、夏期には CO_2 補償点が低くなる（表 18）。これは、夏期の高水温下でホスホエノールピルビン酸カルボキシラーゼ

（PEPC）を初めとする C_4 光合成酵素の活性が高まり、C_4 様の炭酸固定を行うためである。陸上の C_4 植物の葉では、2種類の光合成細胞（葉肉細胞と維管束鞘細胞）が分化しクランツ型葉構造を示すが、クロモの葉で

表18 クロモの PEP-カルボキシラーゼ活性と CO_2 補償点に及ぼす生育条件の影響

処理	PEP-カルボキシラーゼ活性 (μmol/mg Chl/h)	CO_2補償点 (μL/L)
冬期に採取した植物	18.0	130
夏期に採取後、水温12℃、日長10時間で3週間育成	43.9	50
夏期に採取した植物	149.5	25
冬期に採取後、水温27℃、日長14時間で3週間育成	168.7	8

Holadayら(1983)をもとに作成。

はクランツ型葉構造を欠き、単一種の葉肉細胞で C_4 光合成代謝を働かせている。夏期の高温で、沈水植物が繁茂した水中では CO_2 の枯渇と O_2 濃度の上昇が起こり、C_3 光合成にとっては不良な環境となる。これに対し、クロモは C_4 様の CO_2 濃縮機構を働かせるようになると考えられている（Bowes 1987）。C_4 代謝の発現レベルは同一クローンの群落内でも異なり、植物の密度が低い群落周辺部に比べ、密度が高い群落内部でより強く C_4 様の特性を表す。

シダ植物の *Isoetes* 属（ミズニラの仲間）やオオバコ科の *Littorella* 属は、CAM（Crassulacean Acid Metabolism）に類似した光合成代謝を働かせている（Keeley 1998a）。*Isoetes howellii* では CAM に関わる酵素の活性が高く、夜間水中の CO_2 を PEPC により固定して体内にリンゴ酸として蓄える。日中リンゴ酸の脱炭酸により体内に CO_2 を発生させ、生じた CO_2 を C_3 回路により再固定して炭水化物を合成する（図20）。*I. howellii* は季節的に生ずる水たまり等に生育しており、水草が繁茂している水中では溶存 CO_2 濃度は活発な光合成のため日中低下し、夜間は呼吸のため上昇する。一方、溶存 O_2 濃度はこれとは反対の変動パターンを示す。このように *I. howellii* は他の植物が利用できない夜間の CO_2 を固定でき、その量は全 CO_2 固定量の 1/3〜1/2 に達する。なお、この植物は気中葉も発生させることができ、この葉は C_3 型の光合成を行う。

フサモ類（*Myriophyllum*）では、クロモのように、冬場に生育している個体に比べ夏場に生育している個体は CO_2 補償点が低い。この光呼吸の抑

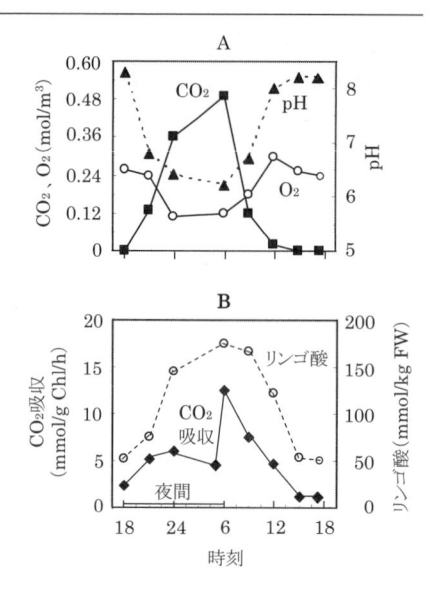

図20 *Isoetes howellii* が生育している水中の CO_2 濃度、O_2 濃度および pH の日変化（A）と葉における CO_2 吸収速度とリンゴ酸含量の日変化 Keeley（1998a）を一部改変。

制は、光合成の炭素種として水中の重炭酸（HCO_3^-）を用いることにより、Rubisco に対する無機炭酸の供給を促進しているためであるという。この CO_2 濃縮の仕組みは単細胞藻類のそれに近いと考えられている（Bowes 1987）。

水底には生物の遺体等が堆積しており、一般に CO_2 濃度が高い。多くの沈水植物は多かれ少なかれこれらの CO_2 を根より吸収する能力をもち、光合成の炭素源として利用している。

3. 水陸両生植物の光合成特性

水陸両生植物とは、完全に水没した状態から完全に水中から脱した陸生状態まで生育することができる植物をいう。したがって、その光合成は水中と気中というまったく異なった環境の中で行われる。水陸両生植物は、同一の個体でもそれぞれの環境に適応した異形葉を形成することができる。気中葉は陸生植物の葉のように表皮には気孔が発達し、表面をクチクラが覆っている。一方、水中葉は沈水植物の葉のように、表皮には気孔やクチクラは発達していない。光合成能は水中葉に比べ気中葉が高い。当初、水陸両生植物の光合成型は C_3 型であると考えられていたが、少なくとも陸生状態で C_4 光合成を行う水陸両生植物が見出されている。

カヤツリグサ科、ハリイ属の *Eleocharis vivipara* は北米南東部のクリーク等の水辺に生育する水陸両生植物であるが（図21）、陸生型では C_4 型、水生型では C_3 型の葉の構造と光合成代謝特性を示す（Ueno 2001）。陸生型の葉では放射状に配列した葉肉細胞と、葉緑体とミトコンドリアを多量に

6. 水生植物の光合成

含む大型の維管束鞘細胞が発達しており（陸生 C_4 植物のクランツ型葉構造）、C_4 光合成酵素の活性も高い。しかし、水生型の葉では維管束鞘細胞が小型化するとともに葉肉細胞が大きく発達し、C_4 光合成酵素の活性は C_3 植物のレベルまで低下する。$^{14}CO_2$ を含む気中と水中で光合成を行わせると、それぞれ C_4 型と C_3 型に特徴的な光合成中間代謝産物の標識パターンを示す。光合成型の変換は、葉の形態分化と光合成酵素遺伝子の発現調節により行われており、水生型にアブシジン酸を処理することにより C_3 型から C_4 型の変換を誘導することができる。同一の個体でも水中葉は C_3 型、気中葉は C_4 型、水面に浮かんだ葉は C_3 型と C_4 型との中間的な特徴を示す。

図21 *Eleocharis vivipara* の陸生型（左）と水生型（右）

　E. vivipara と近縁な *E. baldwinii* も異葉性を示すが、陸上では C_4 型、水中では C_3-C_4 中間型の光合成を行う（Ueno 2004）。一方、*E. retroflexa* ssp. *chaetaria* は陸上でも水中でも C_4 型の光合成を行う（Ueno ら 1998）。この植物では、水中葉でも気中葉のようにクランツ型構造をもつ。これらのハリイ属の 3 種が、なぜ水中でそれぞれ異なった光合成型を働かせているのかはよくわかってないが、その理由の一つとして生育している水中の環境、とくに CO_2 濃度環境の違いによるものと考えられている。3 種の水生型では *E. baldwinii* が最も成長が旺盛で、水中の CO_2 濃度の変化に対応して C_3 型と C_4 型との中間的な炭酸固定機構を柔軟に働かせているものと考えられている。

　イネ科の *Neostapfia*、*Orcuttia*、*Tuctoria* の 3 属でも C_4 型の水陸両生植物が報告されている（Keeley 1998b）。これらの陸生型の葉はいずれもク

ランツ型であるが、水生型の葉ではクランツ型を示すものから、水中環境に適応して変形した形態を示すものまで種により変異がある。しかし、陸生型、水生型いずれも C_4 型の炭酸固定を行う。このように、水生型では葉の内部構造と炭酸固定機構との関係は複雑である。

4. 抽水植物と浮葉植物の光合成特性

抽水植物や浮葉植物の光合成は、基本的には気中で光合成を行う陸上植物と大きく変わるわけではない。ただし、浮葉植物の葉では、ほとんどの気孔は表側に分布している。一般にこれらの植物のバイオマスは高いといわれている。表 19 に、これらの植物における最大光合成速度と光合成の光飽和点を示す。この表に挙げた植物のうち、C_4 植物はパピルスとイヌビエである。最大光合成速度にはかなりの幅があるが、これらの C_4 植物以外では、ガマが C_3 植物であるにもかかわらず高い光合成速度を示す。一方、高い生産力を示すホテイアオイの光合成能はそれほど高くはない。抽水植物では通気組織が発達しており、地上部の葉から根部へ O_2 が、反対に根部から葉へ CO_2 が輸送される。ガマでは葉の細胞間隙の CO_2 濃度は 2〜4％に達し、

表19　抽水および浮葉植物における最大光合成速度と光合成光飽和点

	種名		最大光合成速度 ($\mu mol/m^2/s$)	光飽和点 ($\mu mol/m^2/s$)
抽水植物	*Cyperus papyrus* (C_4)	パピルス	17	1,100
			35	2,000
	Echinochloa crus-galli (C_4)	イヌビエ	43	–
	Phragmites australis	ヨシの仲間	20	–
			15	1,200
	Typha latifolia	ガマ	43	–
			–	660〜1,100
浮葉植物	*Nymphaea tuberosa*	スイレンの仲間	27	1,370
	Nuphar variegatum	コウホネの仲間	5	500
	Alternanthera philoxeroides	ツルゲイトウの仲間	25	1,500
	Eichhornia crassipes	ホテイアオイ	21	–
			11	1,500
	Lemna minor	コウキクサ	10	650
			–	600

Longstreth(1989)をもとに作成。

CO_2/O_2 濃度比は一般の陸生 C_3 植物の 100 倍近くもある（Longstreth 1989）。また，*Nuphar luteum* では葉の細胞間隙の CO_2 濃度は 0.6％という。一般に抽水植物が高いバイオマスを示すことの理由として，①葉面積指数（LAI：群落中に存在する葉の総面積をその土地の面積で割ったもの）が高く（ガマやヨシ類で 5 くらい），光合成に適したキャノピー構造をもつこと，②葉内部細胞間隙の CO_2 濃度が高いこと，③少なくとも生育期間中は光合成に適した水分，温度，光条件の下で生育することが指摘されている（Longstreth 1989）。

C_4 植物は，C_3 植物に比べると気孔開度が低下して葉内 CO_2 濃度が低くなっても高い光合成能を維持でき，乾燥ストレスに対して有利な特性をもつ。水辺では，水分条件は光合成を抑制する要因とはならない。このため，水辺の環境は C_4 植物にとって有利であるとは思えないが，上記の水陸両生植物やイネ科のヒエ属，キビ属あるいはキシュウスズメノヒエなどのように，水辺や湿地に生育する C_4 種もみられる。とくにカヤツリグサ科の C_4 種には湿潤環境を好むものが多く，他の C_4 植物とは異なった生態的特性をもつ。この理由はよくわかってないが，窒素利用効率のような水分条件とは異なった要因が関わっているのかもしれない（Ueno ら 1992）。

引用文献

Bowes, G. 1987. Aquatic plant photosynthesis: strategies that enhance carbon gain. In Crawford, R. M. M. ed., Plant Life in Aquatic and Amphibious Habitats. Blackwell, Oxford. 79-98.

Holaday, A. S., Salvucci, M. E. and Bowes, G. 1983. Variable photosynthesis/photorespiration ratios in *Hydrilla* and other submersed aquatic macrophyte species. Can. J. Bot. 61: 229-236.

Keeley, J. E. 1998a. CAM photosynthesis in submerged aquatic plants. Bot. Rev. 64: 121-175.

Keeley, J. E. 1998b. C_4 photosynthetic modifications in the evolutionary transition from land to water in aquatic grasses. Oecologia 116: 85-97.

Longstreth, D. J. 1989. Photosynthesis and photorespiration in freshwater emergent and floating plants. Aquat. Bot. 34: 287-299.

Osmond, C. B., Winter, K. and Ziegler, H. 1982. Functional significance of different pathways of CO_2 fixation in Photosynthesis. In Lange, O. L. et al. eds., Encyclopedia of Plant Physiology New Series Vol. 12B, Springer, Berlin. pp. 479-547.

Ueno, O. and Takeda, T. 1992. Photosynthetic pathways, ecological characteristics, and the geographical distribution of the Cyperaceae in Japan. Oecologia 89: 195-203.

Ueno, O., Takeda, T., Samejima, M. and Kondo, A. 1998. Photosynthetic characteristics of an amphibious C_4 plant, *Eleocharis retroflexa* ssp. *chaetaria*. Plant Prod. Sci. 1: 165-173.

Ueno, O. 2001. Environmental regulation of C_3 and C_4 differentiation in the amphibious sedge

Eleocharis vivipara. Plant Physiol. 127: 1524-1532.

Ueno, O. 2004. Environmental regulation of photosynthetic metabolism in the amphibious sedge *Eleocharis baldwinii* and comparisons with related species. Plant Cell Environ. 27: 627-639.

7. 水生植物の生存戦略

　水生植物を定義することは難しい（Sculthorpe 1967、Tiner 1991）。38億年前に海で誕生したと考えられる生命から、7億年前には緑藻類が進化していたと考えられる。陸上植物は、淡水で生活していた緑藻の仲間であるシャジクソウ植物から誕生したと考えられ、胞子による繁殖、乾燥を防ぐための防御、体内で物質を輸送するための組織（維管束）などの形質を獲得した。これらの形質をもった植物の化石は5億年前にさかのぼれ、やがて維管束植物が陸上で繁栄することになった（戸部 1994）。水生植物とは、陸上生活に適応した維管束植物の中から、再び水中、あるいは水辺にその生活圏を広げた植物群であるということができる。

　Cook（1999）は、有胚植物（embryo-bearing plants、コケ植物、シダ植物、種子植物を含む植物群）の中で、植物体の光合成を行う部分が、年間で5～6週間以上水中または水面にあって生活する植物を「水生植物」と名付けている。これら水生植物は103科、440属に属し、その種数は種子植物の中の約2%である。植物進化の歴史で、陸上で生活している陸生植物が水中へ進出、定着を試みた回数は、形態学的、系統進化学的な解析から、少なくとも221回に及ぶと推定されている（表20）。

表20　水生植物の属する科、属の数と推定される陸上から水中への進入回数

分類群	科の数	属の数	進入回数
コケ植物	11	22	10～19以上
シダ植物	9	11	7
種子植物	83	407	204～271以上
合計	103	440	221～271以上

Cook(1999)より改変。

1. 生殖様式

　水生植物には、無性的な繁殖が発達している例が非常に多い。水生植物が生活する水環境では、水、炭酸ガスの豊富さに加え、過剰な光強度や温度変化が緩和され、生活環境が陸上にくらべて安定していることが、無性生

殖を発達させた要因と考えられている（Sculthorpe 1967）。球茎（corms）、根茎（rhizomes）、匍匐枝（stolons）、そして殖芽（turions）などの無性増殖器官に加え、機械的強度が減少した栄養器官が、波、風、水流や生物的干渉により断片化されて新たな個体に再生する場合もみられる。これらの無性的な繁殖は、水生植物の強い散布力を支えている。このような無性生殖により形成される水生植物集団の遺伝的多様性が、どのように維持されているかは興味ある問題となっている（Philbrick and Les 1996）。

一方、水生植物の有性生殖にも特徴がみられる。水生植物には花を水上に持ち上げて開花するものが多く、受粉やその後の受精には、柱頭が水に濡れることを避ける必要があるためと考えられる。また、陸生植物で見られない受粉様式として、水媒（hydrophily）を獲得したものが、水生植物の約 5％にあたる 9 科（双子葉植物 7 科、単子葉植物 2 科）130 種ばかり知られている。水媒花の花粉では、その外膜が著しく退化している場合や欠失しているもの、また花粉が巨大化しているものなどがある。これは、陸生植物と異なり、堅い外膜で雄性配偶子を乾燥などから保護する必要がなくなったからと考えられている（Philbrick and Les 1996）。

2. 種子発芽

有性生殖による繁殖様式で、種子発芽の特性は生存戦略において大変重要である。水生植物の種子発芽に特徴があることは、古くから指摘されてきた（中山 1969）。ハス種子に代表されるような強靱な種皮を備えて、長い寿命を有するものもある。一般の植物組織の含水量は 80％前後に達するが、種子では含水量が 10％程度と低くなることで長い寿命を維持しており、このような強い乾燥耐性を示す種子は、オーソドックス種子（orthodox seeds）と呼ばれている。これに対して、水生植物には、乾燥すると発芽能を急速に失うレカルシトラント種子（recalcitrant seeds）がみられる。これは水生植物種子の湿潤な環境への適応であると捉えることができる。

イネの種子が嫌気的環境でも発芽することは有名である。水中や湿潤な土壌は、一般に嫌気的環境にあり、水生植物の種子にも低酸素分圧下、又無酸素条件でも発芽するものがあり、水田雑草といわれる野生植物に多くの例が

みられる（Morinaga 1926）。

3. 成長の制御

イネの幼葉鞘を含む多くの水生植物で、エチレンの伸長促進作用が発見され（Ridge 1987）、また炭酸ガスがエチレン作用に相加的に働く例も知られている（表21）。このようなエチレンに対する反応性を、水生植物は生存戦略として巧みに利用している。イネの節間成長や幼葉鞘の伸長成長でみられるように、水中での拡散速度の低下に起因して生ずるガス環境の変化（低酸素分圧、エチレンや炭酸ガスの蓄積）に応答して、成長速度が加速され、水生植物は水面上に体の一部を出すことができる（Jackson 1985）。このことは、水没を回避するための、水生植物が獲得した適応戦略と考えられる。

一方で、陸生植物の根が冠水した場合に、水上にある葉柄で上偏成長が誘導される。これは、水面下にある根でエチレンの前駆体である ACC（1-aminocyclopropane-1-carboxylic acid）が酸素不足により蓄積し、これが道管を通って水上まで運ばれ、エチレン生成が上昇して、その結果として上偏成長が誘導されることによる（Jackson 1985）。これに対して、水生植物の一つである *Rumex palustris* の葉柄では、水没することで下偏成長が誘導され、葉が立ち上がる（Voesenek ら 2006）。この現象も組織内でのエチレン濃度の上昇が引き金になっている。冠水で誘発されたエチレンによる成長促進が、水生植物と陸生植物の葉ではまったく逆の方向に動く成長運動となって現れることになる。イネなどの例を含めたこれらの現象は、水生植物が水中環境で生活する中で、葉を水面に出すための適応戦略と考えることができる。

4. 体内の通気機構

水中にある植物体の生存を維持するためには、体内での通気を確保しなければならない。水生植物には通気組織（aerenchyma、lacunae）が発達しているが、その度合いは空隙率（porosity、間隙体積/組織体積）により評価することができる。陸生植物の空隙率は1～7％程度、水生植物の空隙率は10～40％程度を示すものが多い。通気組織は、その形成過程の違いから、破生通気組織と離生通気組織に分けられる。陸生植物であっても冠水処理

表21 水中で伸長成長の促進が見られ水生植物組織の低酸素、エチレン、炭酸ガスに対する反応性

種名	伸長器官	水中[1]	低酸素[2]	エチレン[3]	炭酸ガス[4]
Alisma plantago-aquatica L.(サジオモダカ)	葉柄	+			
Apium nodiflorum (L.) Lag.	葉柄	+			
Berula erecta (Hudson) Coville	葉柄	+			
Callitriche platycarpa Kock	節間	+		+	
Callitriche stagnalis Scop.	節間	+			
Caltha palustris L.(ミズハコベ)	葉柄	+			
Echinochloa crus-galli L.(イヌビエ)	幼葉鞘	+	+	+	
Epilobium hirsutum L.	節間	+			
Geum rivale L.	葉柄	+			
Hydrocharis morsus-ranae L.	葉柄	+		+	
Menyanthes trifoliata L.(ミツガシワ)	葉柄	+			
Nasturtium officinale R. Br.(オランダガラシ)	節間	+			
Nymphaea alba L.	葉柄	+			
Nymphoides peltata (Gmel.) O. Kuntze(アサザ)	葉柄	+		+	
Oenanthe crocata L.	葉柄	+			
Oenanthe fistulosa L.	葉柄	+			
Orysa sativa L.(日本型)	幼葉鞘	+	+	+	+
〃 (浮イネ)	節間	+	+	+	+
Potamogeton distinctus A. Benn.(ヒルムシロ)	節間	+	+	+	+
Potamogeton pectinatus L.(リュウノヒゲモ)	節間	+	+	+	+
Ranunculus flammula L.	葉柄	+		+	
Ranunculus lingua L.	葉柄	+		+	
Ranunculus repens L.	葉柄	+		+	
Ranunculus sceleratus L.	葉柄	+		+	
Regnellidium dphyllum Lindm.	葉柄	+		+	
Sagittaria pygmaea Miq.(ウリカワ)	葉柄	+	+	+	+
Sagittaria sagittifolia L.	葉柄	+			
Sagittaria aginashi Makino(アギナシ)	葉柄	+	+		
Trapa natans L.(オニビシ)	胚軸	+	+		

1) 水中で伸長成長が促進されるもの
2) 酸素濃度が低い環境で伸長成長が促進されるもの
3) エチレンにより伸長成長が促進されるもの
4) 炭酸ガスによりエチレンの伸長促進効果が増長されるもの
Ridge (1987) より改変。

(嫌気処理) により、破生通気組織の形成が誘導される場合があり、その誘導にエチレンが関与している例が知られている。水生植物には離生通気組織の発達が著しいが、その形成機構に関する研究は少ない (Evans 2003)。

通気組織中での気体の移動は、拡散(濃度勾配)と体積流(圧力勾配)

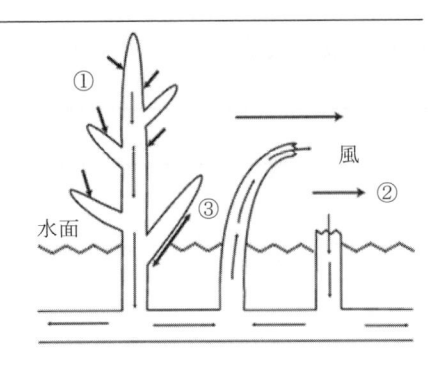

図22 水生植物体内の体積流による通気機構　①蒸気圧による正圧の発生　②ヴェンチェリ効果による負圧の発生　③体表面での体積流

によって支配されている（図22）。圧力勾配の形成は、クヌーセン領域（Knudsen regime）以下の小さな穴を介して大気につながった通気組織内での水蒸気による正圧の発生が主要因と考えられる。一方、通気組織を通して外部に気体が抜ける開口部で、大気の流速（風）の違いがあると、ヴェンチェリ（Venturi）効果により減圧が生ずる（Colmer 2003）。また、水面に出た部分と水没した部分の体表に気相が生じた場合には、炭酸ガスと酸素の体積流が発生することも提唱されている（Raskin and Kende 1985）。

このような通気組織を通してのガス交換により根に運ばれる酸素が、根の先端まで効率良く運ばれるための構造が、水生植物の根の基部から先端まで発達している場合がある。それは、リグニンやスベリンなどが沈着した厚壁細胞を含む下皮／外皮（hypodermis/exodermis）で、根の放射的酸素漏出（radial oxygen loss、ROL）を防ぐ物理的障壁として働いている。根先端まで運ばれた酸素は、下皮／外皮を欠く根端部（先端から20〜30mm付近まで）で外部に漏出し、還元的状態にある土壌を酸化する。根端まで運ばれた酸素が、土壌環境の改変にも寄与していることになる（Colmer 2003）。

5. 代謝的適応

水生植物の中には、水中での嫌気的環境を回避するための機構だけでなく、限定された期間ではあるにしても成長をするなど積極的な代謝活性を持続するための代謝的適応を獲得したものがいる。とくに、沼沢植物（march plants）には強い嫌気ストレス耐性を示すものが知られている（Braendle and Crawford 1987）。

このような強い嫌気ストレス耐性の獲得には、低酸素分圧下でのエネルギー代謝の維持が重要な問題となる（Sachs and Vartapetian 2007）。嫌気

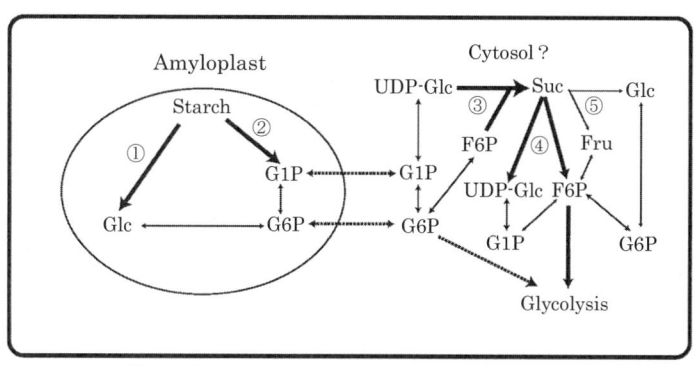

図23 ヒルムシロ殖芽細胞内での嫌気条件下でのエネルギー代謝調節　アミロプラスト内の貯蔵デンプンから解糖系への糖の供給に係わる代謝図。①デンプン加水分解（α-アミラーゼなど)、②デンプン加リン酸分解（フォスフォリラーゼ)、③スクロースリン酸合成酵素、④スクロース合成酵素、⑤インベルターゼ　G1P：glucose 1-phosphate、G6P：glucose 6-phosphate、F6P：fructose 6-phosphate、UDP-Glc：UDP-glucose

ストレス耐性の強い植物組織では、パスツール効果が抑制されるとの仮説がある（Crawford 1978)。しかし、ヒエ（Kennedyら 1992)、リュウノヒゲモ（Summersら 2000)、ヒルムシロやウリカワ（Ishizawaら 1999、Satoら 2002）のように無酸素条件でも成長する能力を有する植物組織では、むしろ解糖系が活性化されている。最終的産物として、エタノールが生産されることは共通しているが、アラニンなど他の代謝産物の蓄積が起こる場合も知られている（Gibbs and Greenway 2003、Vartapetianら 2008)。これらの代謝経路の活性化が無酸素中でも維持されることで、好気条件に比べて ATP の生産量は著しく低下するものの、高いエネルギー充足率（energy charge）が維持されている（Ishizawaら 1999)。この解糖系の活性化は、低酸素刺激により誘導される遺伝子の発現が伴って起こり、貯蔵デンプンの分解と、その分解産物によるショ糖の合成と分解の活性化があるとの指摘がある（図23、Haradaら 2007)。

嫌気ストレス耐性を獲得するうえでもう一つの重要な鍵は、細胞質の pH

の維持機構にある。一般に植物組織が嫌気条件にさらされると、細胞質 pH の酸性化が起こり、このことが細胞死に至る主な原因と考えられている（Greenway and Gibbs 2003）。強い嫌気ストレス耐性を示すリュウノヒゲモ（Dixon ら 2006）やヒルムシロ（未発表データ）では、無酸素中でも細胞質の pH は 7.5〜7.0 付近に維持されることが示されている。この pH 安定化機構についてはまだ明らかでない（Felle 2005）。

引用文献

Braendle, R. and Crawford, R. M. M. 1987. Rhizome anoxia tolerance and habitat specialization in wetland plants. *In* Crawford R. M. M. ed. Plant Life in Aquatic and Amphibious Habitats. Blackwell Scientific Pub., Oxford. pp. 397-410.

Colmer, T. D. 2003. Long-distance transport of gases in plants: a perspective on internal aeration and radial oxygen loss from roots. Plant Cell Environ. 26: 17-36.

Cook, D. K. 1999. The number and kinds of embryo-bearing plants which have become aquatic: a survey. Perspectives in Plant Ecology, Evolution and Systematics 2/1 79-102.

Crawford, R. M. M. 1978. Metabolic adaptations to anoxia. *In* Hook, D. D. and Crawford, R. M. M. eds. Plant Life in Anaerobic Environments. Ann Arbor Science Pub. INC, Ann Arbor. pp. 119-136

Dixon, M. H., Hill, S. A. Jackson, M. B., Ratcliffe, R. G. and Sweetlove, L. J. 2006. Physiological and metabolic adaptation of *Potamogeton pectinatus* L. tubers support rapid elongation of stem tissue in the absence of oxygen. Plant Cell Physiol. 47: 128-140.

Evans, D. E. 2003. Aerenchyma formation. New Phytol. 161: 35-49.

Felle, H. 2005. pH regulation in anoxia plants. Ann. Bot. 96: 519-532.

Gibbs, J. and Greenway H. 2003. Mechanism of anoxia tolerance in plants. I. Growth, survival and anaerobic catabolism. Fun. Plant Biol. 30: 1-47.

Greenway, H. and Gibbs, J. 2003. Mechanism of anoxia tolerance in plants. II. Energy requirements for maintenance and energy distribution to essential processes. Fun. Plant Biol. 30: 999-1036.

Harada, T., Satoh, S. Yoshioka, T. and Ishizawa, K. 2007. Anaxia-enhanced expression of genes isolated by suppression substractive hybridization from pondweed (*Potamogeton distinctus* A. Benn.) turions. Planta 226: 1041-1052.

Ishizawa, K. Murakami, S., Kawakami, Y., and Kuramochi, H. 1999. Growth and energy status of arrowhead tubers, pondweed turions and rice seedlings under anoxic conditions. Plant Cell Environ. 22: 505-514.

Jackson, M. B. 1985. Ethylene and responses of plants to soil waterlogging and submergence. Ann. Rev. Plant Physiol. 36: 145-174.

Kennedy, R. A. Rumpho, M. E. and Fox, T. C. 1992. Anaerobic metabolism in plants. Plant Physiol. 100: 1-6.

Morinaga, T. 1926. Germination of seeds under water. Amer. J. Bot. 13: 126-140.

中山 包 1969. 発芽生理学 第19章 水生植物種子の発芽. 内田老鶴圃新社. pp. 310-320.

Philbrick, C. T. and Les, D. H. 1996. Evolution of aquatic angiosperm reproductive systems. BioScience 46: 813-826.

Raskin, I. and Kende, H. 1985. Mechanism of aeration in rice. Science 228: 327-329.

Ridge, I. 1987. Ethylene and growth control in amphibious plants. *In* Crawford, R.M.M. ed. Plant Life in Aquatic and Amphibious Habitats. Blackwell Sci Pub., Oxford. pp.53-76.
Sachs, M. M. and Vartapetian, B. B. 2007. Plant anaerobic stress I. Metabolic adaptation to oxygen deficiency. Plant Stress 1: 123-135.
Sato, T., Harada, T. and Ishizawa, K. 2002. Stimulation of glycolysis in anaerobic elongation of pondweed (*Potamogeton distinctus*) turions. J. Exp. Bot. 53: 1847-1856.
Sculthorpe, C. D. 1967. The Biology of Aquatic Vascular Plants. Edward Arnold Ltd. London (Reprint 1985 by Koeltz Scientific Books D-6240 Konigtein/ West Germany)
Summers, J. E., Ratcliffe, R. G. and Jackson, M. B. 2000. Anoxia tolerance in the aquatic monocot *Potamogeton pectinatus*: absence of oxygen stimulates elongation in association with an unusually large Pasteur effect. J. Exp. Bot. 51: 1413-1422.
Tiner, R. W. 1991. The concept of a hydorphyte for wetland identification. BioScience 41: 236-247.
戸部 博 1994. 植物自然史. 朝倉書店.
Vartapetian, B. B. Sachs, M. M. and Fagerstedt, K. V. 2008. Plant anaerobic stress II. Strategy of avoidance of anaerobiosis and other aspects of plant life under hypoxia and anoxia. Plant Stress 2: 1-19.
Voesenek, L. A. C. J., Colmer, T. D., Pierik, R., Millenaar, F. F. and Peeters A. J. M. 2006. How plants cope with complete submergence. New Phytol. 170: 213-226.

8. マングローブの生態

1. マングローブとは

　マングローブは、熱帯から亜熱帯沿岸の河口部デルタ域で海水の干満の影響を受ける潮間帯に生育する、塩耐性の強い樹木群の総称である。典型的なマングローブ（狭義のマングローブ、True mangrove）といわれる種はヒルギ科（ヤエヤマヒルギなどの *Rizophore* sp.）、クマツヅラ科（ヒルギダマシなどの *Avicennia* sp.）、センダン科（ホウガンヒルギなどの *Xylocarpus* sp.）、シクンシ科（ヒルギモドキなどの *Luminetuera* sp.）、ハマザクロ科（ハマザクロ（別名マヤプシキ）などの *Sonneratia* sp.）、ヤブコウジ科（ツノヤブコウジなどの *Aegiceras* sp.）などに属する50～60種であり、マングローブ林の内陸側周辺で生育する塩生植物（広義のマングローブ、Mangrove associates）を含めると、約100種が世界に分布する。東南アジア沿岸に分布する種数が多いことから、マングローブはこの地域で発生して世界全体に広がっていったと考えられている。マングローブ林内での各樹種は、微地形の地面高に対応して分布する（McKee 1995）。0.1m

程度の地面高差でも、生育する樹種が異なる場合もある。単純でなだらかな地形における自然植生では、潮位の影響を大きく受ける海側から、その影響の小さい陸側に向かって、等高線に沿って特定の場所に特有の種が帯状に群落を形成する。このような分布特性は、地面高により異なる滞水時間、pHや塩分濃度などの土壌特性、および樹種によって異なる塩耐性の程度などに起因する。

　マングローブの生育する土壌は、塩分濃度が高いことに加えて、泥状で通気性が著しく悪い。しかしマングローブ樹の最大蒸散速度は熱帯樹木のそれと同等であり（Larcher 1995）、マングローブ林の CO_2 吸収フラックスは最大 $30\mu molCO_2/m^2/s$ になり、活発に光合成を行なっている（Monji ら 1996、Kitaya ら 2001c）。一般の陸上植物ではとうてい生育できないような潮間帯で旺盛に生育するためには、マングローブは塩耐性に加えて嫌気的な根圏環境に対応する嫌気耐性機能を備えなければならない。塩水を含む水ポテンシャルの低い土壌から吸水するため、マングローブは他の塩生植物同様、ポリオール化合物やアミノ酸などの有機物を体内に蓄積して浸透ポテンシャルを低め、植物体の水ポテンシャルを土壌水のそれ以下に維持できる（Larcher 1995）。しかし根圏の高濃度の塩水は、マングローブの気孔コンダクタンスを低下させ、蒸散を抑制する（たとえば、Ball 1996）ので、地下の淡水や降雨・河水で希釈された海水が利用できる場所では、マングローブの成長が促進されるという報告は多い（たとえば、Sternberg and Swart 1987）。その他、細胞生理学的な観点からは、他の塩生植物同様、塩によって誘導・生成されるタンパク質による浸透圧調節や代謝系保護、ナトリウムイオンの細胞内への流入抑制、および液胞への集積などが塩耐性に寄与する。数種のマングローブでは、塩を集積した老化葉を脱落させることにより、塩を体外に排出する。

　塩耐性のための機能の一つに、過剰に吸収した塩分を葉から排泄するための、塩腺と呼ばれる器官を持つ樹種（ヒルギダマシやツノヤブコウジなど）がある。塩腺は多細胞構造であり、葉内細胞と原形質連絡でつながり、葉内細胞内のNaClを除去して葉面に排出する（口絵1）。

2. マングローブ植物の気根のガス交換機能

一般にマングローブの生育土壌は通気性が悪いので、泥中の吸収根に O_2 を供給するため、多くの樹種では気根を地上に露出している（口絵 2）。泥中の吸収根では、塩分濃度の高い土壌から水分を吸収するために多くのエネルギーを必要とし、そのために吸収根では O_2 を消費して呼吸活性を高く維持する必要がある。このことも、マングローブが塩耐性を獲得するための重要な機能の一つである。

気根の機能については従来から、皮目と呼ばれる表面の小さな穴を通して大気中の O_2 を根に拡散させることが知られていた（Scholander ら 1955）。気根が露出している場合、大気、気根内空隙、根内空隙の O_2 分圧の勾配に従って、大気から根へ O_2 が拡散する。また湛水時、根内の CO_2 が水に溶解するため、根内の空隙気体が減圧され、干潮時に気根が露出すると、空気が一気に根に進入する。近年、数種マングローブの気根で、日中に光合成反応が行なわれていることが実証された（矢吹ら 1990、Kitaya ら 2001d）。これは、泥中の根の呼吸で発生した CO_2 が気根で同化され、その時に発生する O_2 が再び根の呼吸に使われるというガスの循環再利用機能があることを意味している。このような気根での光合成による O_2 生成機能は、気根が水没している時でも日射があれば、泥中の吸収根に O_2 を供給でき、吸収根の呼吸に貢献している。潮位は地面高によって異なるので、樹種ごとの地面高に応じた分布特性は、気根の O_2 供給能力の程度に関連することも考えられる。一般に気根の光合成活性は、地面高の低い海側に生育するハマザクロやヒルギダマシの直立気根で高く、次いでフタバナヒルギやオオバヒルギの支柱根が高く、内陸側や地面高の高い場所に出現するオヒルギの屈曲膝根やホウガンヒルギの板根はほとんど光合成活性を示さない。

3. マングローブ幼植物の胚軸の機能

マングローブ実生幼植物の生存率や成長も、微地形に大きく依存する（たとえば、Komiyama ら 1996）。実際、干潟の傾斜地での数種マングローブを用いた植林実験の結果、地面高によって各樹種の生存率および成長に大きな差が生じた（Kitaya ら 2001a）。気根同様、実生胚軸の持つ O_2 供給機能に関連すると考えられる。

ヒルギの仲間など多くのマングローブ樹種の種子は、樹上において胚の一部を伸長させた状態で成熟する。落下後、この胚の伸長部分の上端から発芽し、下端付近から発根して、この伸長部分は実生の胚軸となる（口絵3）。

このような種子は胎生種子と呼ばれ、胎生種子が落下して土壌に接すると、数日で根を伸ばし、同時に茎を伸長させる。落下時に土壌に突き刺さる胎生種子は比較的少なく、多くの胎生種子は水平に着地したり、水面を漂って干潮時に着地する。このような場合、胎生種子は発根後、胚軸を鉛直に立ち上げる。このようにして実生の初期段階で植物高を確保する戦略も、塩水に浸かるマングローブ植物の塩耐性および嫌気耐性の間接的な一手段と考えられる。胎生種子の胚軸も気根と同様に光合成機能を持っており、発根後のマングローブ幼植物の根の吸水能力を高く維持するために、根の呼吸に必要なO_2を供給している（Kitayaら 2001b）。

実生胚軸の水没および遮光は水上にある葉の気孔コンダクタンスを低下させ、長期の水没および遮光は、実生の生存および成長を著しく抑制する（Kitaya 2007）。この現象は胚軸から根への O_2 供給の抑制が原因である。ヤエヤマヒルギの実生胚軸の総光合成速度は光合成有効光量子束密度（PPFD）の増加に伴って増大し、PPFD 300～400μmol/m²/sで光飽和点に達した。光飽和点での胚軸の総光合成速度は、暗黒下での胚軸からの CO_2 放出速度の75％であった。オオバヒルギの胚軸および根に O_2 センサを取り付けて、胚軸表面の遮光および水没による通気抑制が胚軸・根内 O_2 濃度におよぼす影響を調べた。その結果、胚軸内 O_2 濃度は、根に向かって低下していく分布を示した（図24）。

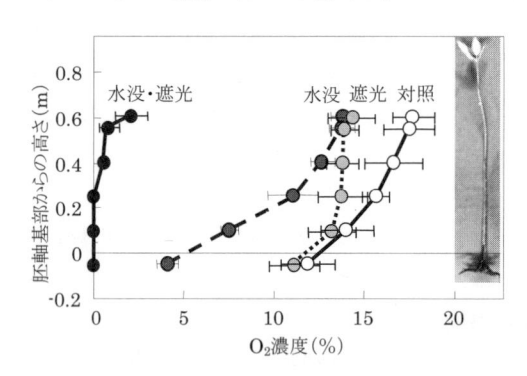

図24 オオバヒルギ実生の胚軸内 O_2 濃度におよぼす水没および遮光処理の影響　処理開始から3時間後の測定値を示す。気温および水温：28℃、相対湿度：65％、明期の光合成有効光量子束密度：300μmol/m²/s

胚軸および根内 O_2 濃度は、遮光処理、水没処理それぞれによって低下した。遮光水没処理を同時に行なった場合、胚軸下部および根内の O_2 濃度は 0.2％に低下した。遮光処理、水没処理および遮光水没処理 2 日後の葉面コンダクタンスはそれぞれ、無処理対照区の 61％、54％および 13％に低下した。また 2 週間後の実生生存率は、対照区 100％、遮光処理区 100％、水没処理区 80％および遮光水没処理区 0％であった。

　ヒルギ科マングローブのように、比較的大きな胚軸を持つ実生苗について、植林後の苗の生存率を高め、さらにその成長を促進するためには、図 25 に示すような胚軸のガス交換機能を高く維持する必要がある。そのためには、定植時に胚軸部分を土中に深く埋設しないこと、胚軸部分が長期間水没しないようにすること、および胚軸の遮光の原因となる水の汚濁、胚軸表面の汚れ、海藻やフジツボなどの付着がないようにすることが重要である。

4. マングローブ林の役割、およびその現状と将来

　幅数十 m から数 km、長さ数 km から数十 km にわたって沿岸域に広がるマングローブ林は、波による侵食から海岸線を保護する天然の防波堤の役割を担っている（たとえば、Mazda ら 2007）。バングラディッシュでは毎年のように、サイクロンに伴う高波による大きな被害が報道されるが、被害を大きくする原因の一つとして、海岸線にあったマングローブ林の消失が挙げられている。

　マングローブ林内あるいはその周辺の土壌にはマングローブの落葉や朽ち木、川の上流から運ばれ

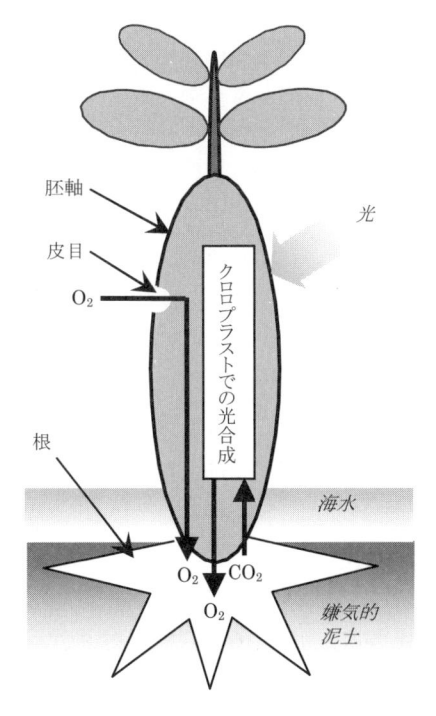

図25　マングローブ実生胚軸のガス交換機能

る有機物が堆積し、その一帯は有機質に富む栄養豊富な水域になっている。したがって、藻類をはじめ、貝類、甲殻類、およびそれらを補食する魚類の採餌やとくに稚魚の生育の場として、周辺海域の水産資源の保護に重要な役割を担っており、周辺住民にとっては大切な漁業の場である。また数種のマングローブは、民間薬として利用されており、今後、医薬原料としての利用が期待されるなど、有用遺伝子資源としても重要である。他方、マングローブは地域の重要な木材資源であり、土木建築資材としての利用のみならず、良質な木炭の材料である。

　樹高数 m から数十 m の樹体を柔らかな泥土上で支持するため、また O_2 供給器官として発達した気根組織を持つため、マングローブは根系が発達している。そのため、マングローブ林の地下部のバイオマス量は、地上部バイオマス量と同等かそれ以上である。さらに嫌気的な土壌にはマングローブ由来の有機物が多く堆積しており、マングローブ林の地下部は地上部同様、炭素のシンクとして重要である。地球環境保全の観点において、マングローブ林の炭素固定能力や物質循環機能は、まだ十分には解明されておらず、今後、海洋生態系への物質供給や、温暖化効果ガス等の削減に対するマングローブ林の寄与を定量化する必要である。

　このように多くの利点を持つマングローブが、最近、乱伐や無秩序な開発により、東南アジアをはじめ世界各地で急激に減少してきている。そのため生態系の破壊のみならず、海岸線の侵食（口絵 4）や高潮による洪水などが発生しやすくなっており、当該地域のみならず、地球規模の環境破壊に繋がることが懸念される。

　たとえばタイでは、1960 年から 1990 年までの 30 年間にマングローブ林が半減した。マングローブ林消失の原因として、木材および木炭材料としての乱伐あるいは盗伐、錫鉱石採掘のための皆伐などが挙げられる。近年マングローブ林破壊の原因として注目されているのが、水産養殖池、とくにエビ養殖池の開発である。1986 年までに、タイのマングローブ林の約 30％が、水産養殖池に転用されている。前述のようにマングローブ林内土壌は有機質が多いため、管理が不十分であると水質悪化や病気の発生により、数年で使用できなくなる。そうなると養殖業者は、別の新しい池を造成する。その他、

マングローブ林の内陸側では、農地への変換、宅地や道路の建設によって破壊されるマングローブ林も少なからずある。また、原油の流出や水質汚濁などの海洋汚染によって、マングローブの樹勢が弱くなり、枯死に至る場合もある。

　マングローブ林が破壊されると、その土壌の化学的、物理的条件は急激に変化する。たとえば錫鉱石の採掘跡は、表土に含まれていた有機質が流亡し、栄養分の乏しい砂質土壌になる。またマングローブ伐採後に土壌が干上がり乾燥すると、その表面に塩分が集積し、著しく高塩分濃度になる。またもともと嫌気条件下で存在していた硫化物が酸化されて硫酸を生成し、強い酸性を示す場合も多い。あるいはアルカリ塩の集積により、強アルカリになる場合もある。このような貧栄養、高塩分濃度、強酸性、強アルカリ性などを示す土壌がマングローブの成長を妨げ、マングローブ林の再生を困難にしている。

　ベトナム戦争時に完全に破壊されたホーチミン市近郊のマングローブ林は、その後の総面積約 200km^2 におよぶ大規模な植林活動とともに、政府による伐採規制により、現在では大面積のマングローブ林に育っている。すでに15年以上経過しているフタバナヒルギの植林地では、樹高が 10～20m になっている。これらマングローブ林は、完全に破壊された跡地に再生させた事例として世界的に高く評価されており、国連教育科学文化機関（UNESCO）による生態系・生物多様性保全と地域社会の持続可能な自然資源利用の両立を図るための「人間と生物圏計画（Man and the Biosphere Programme）」において、2000年に生物圏保護区域に指定されている。この地域におけるマングローブの植林面積の増加は、周辺海域の漁獲量を顕著に増加させ（Hong 1996）、またそれに関連して、干し魚などの水産加工工場もできている。マングローブの植林が、湿地生態系の保全を通して、地域住民に対して社会経済的に貢献する事例である。

　マングローブ林は地球規模の環境変動を和らげる緩衝帯であり、また沿岸域における海洋生態系と陸上生態系のインターフェースとしても重要である。人間活動によるマングローブ林生態系の劣化は現在も進行しており、さらに最近では、地球温暖化に伴う急激な海面上昇がマングローブの生育可能な干

潟面積を縮小する懸念があり、海岸侵食がそれに拍車をかけている。健全な沿岸域生態系を修復するため、マングローブ林の再生は、それゆえ緊急の課題である。

引用文献

Ball, M. C. 1996. Comparative ecophysiology of mangrove forest and tropical lowland moist rainforest. In: Mulkey, S. S., Chazdon, R. L., Smith, A. P. eds., Tropical Forest Plant Ecophysiology, Chapman and Hall, New York. pp. 461-496.

Field, C. D. 1995. Journey amongst mangroves. The International Society for Mangrove Ecosystems, Okinawa, Japan. pp. 140.

Hong, P. N. 1996. Restoration of mangrove ecosystems in Vietnam. In: Restoration of mangrove ecosystems, Field, C. ed., International Society for Mangrove Ecosystems, Okinawa, Japan. pp. 76-96.

Kitaya, Y. 2007. Hypocotyls play an important role to supply oxygen to roots in young seedlings of mangroves. In "Greenhouse gas and carbon balances in mangrove coastal ecosystems", Tateda, Y. ed., Gendai-Tosho, Tokyo. pp. 109-117.

Kitaya, Y., Jintana, V., Piriyayotha, S., Jaijing, D., Yabuki, K., Izutani, S., Nishimiya, A. and Iwasaki, M. 2001a. Early growth of seven mangrove species planted at different elevations in a Thai estuary. Trees-Struct. Funct. 16: 150-154.

Kitaya, Y., Sumiyoshi, M., Kawabata, K. and Monji, N. 2001b. Effect of submergence and shading of hypocotyls on leaf conductance in young seedlings of a mangrove *Rhizophora stylosa*. Trees-Struct. Funct. 16: 147-149.

Kitaya, Y., Yabuki, K., Aoki, M. and Supappibul, K. 2001c. Photosynthesis and evapotranspiration of the mangrove forest in eastern Thailand. Mangrove Science 2: 11-17.

Kitaya, Y., Yabuki, K., Kiyota, M., Tani, A., Hirano, T. and Aiga, I. 2001d. Gas exchange and oxygen concentrations in pneumatophores and prop roots of four mangrove species. Trees-Struct. Funct. 16: 155-158.

Komiyama, A., Santiean, T., Higo, M., Patanaponpaiboon, P., Kongsangchai, J. and Ogino, K. 1996. Microtopography, soil hardness and survival of mangrove (*Rhizophora apiculata* BL.) seedlings planted in an abandoned tin-mining area. For. Ecol. Manage. 81: 243-248.

Larcher, W. 1995. Physiological Plant Ecology. 3rd Edition, Springer-Verlag, Berlin, Heidelberg, pp. 506.

Mazda, Y., Wolanski, E. J. and Ridd, P. 2007. The role of physical processes in mangrove environments: Manual for the preservation and utilization of mangrove ecosystems. Terrapub, Tokyo. pp. 593.

McKee, K. L. 1995. Seedling recruitment patterns in a Belizean mangrove forest: effects of establishment ability and physico-chemical factors. Oecologia. 101: 448-460.

Monji, N., Hamotani, K., Hirano, T., Yabuki, K. and Jintana, V. 1996. Characteristics of CO_2 flux over a mangrove forest of southern Thailand in rainy season. Journal of Agricultural Meteorology 52: 149-154.

Scholander, P. F., Van Dan, L. and Scholander, S.I. 1955. Gas exchange in the roots of mangroves. Am. J. Bot. 42: 92-98.

Sternberg, L. S. L. and Swart, P. K. 1987. Utilization of fresh water and ocean water by coastal plants of southern Florida. Ecology 68: 1898-1905.

矢吹万寿・北宅善昭・杉 二郎 1990. マングローブ気根のガス交換機能に関する研究(2). 生物環

境調節 28: 99-102.

第2章 湿地の土壌資源

1. 湿地土壌の物理的・化学的特性

　本節では、水田を中心とした湿地土壌の物理的・化学的特性について解説するとともに、関連する診断法、問題土壌に対する対策についても述べる。

1. 立地環境と土壌タイプ

　湿地土壌は、海岸平野（デルタ）や河川の氾濫原、谷底平野、さらには台地上の排水不良な低地等に分布し、停滞水や地下水位の状況に対応した土壌断面を示す。土壌断面と地形等から推定される生成因子とを組み合わせた特徴から、湿地土壌は沖積土、停滞水成土、泥炭土等として分類される（永塚 2007）。

2. 有機物の集積・分解と還元の発達

（1）有機物の集積と分解

　野外の湛水条件では、水生植物や藍藻類等による炭酸同化作用によって、大気および土壌有機物由来の CO_2 が同化され、水田での付加量は 125～150g DM/m^2 と推定されている（Saito and Watanabe 1978）。さらに、水田では収穫後の稲わらと刈り株（合計 500～600kg DM/m^2）が大量にすき込まれる。一方、水生植物による灌漑水中の窒素吸収、藍藻生育に伴う空中窒素固定による窒素付加も生じる。系外からの有機物補給に加えて、土壌系内の代謝回転において、微生物は有機物を分解しつつ新たな微生物バイオマスを形成し、この菌体が有機物として土壌に供給され、次の分解過程で無機態窒素の給源となる（Gaunt ら 1995、Reichardt ら 2000）。

　土壌に供給される有機物は、その源をたどると植物が光エネルギーを使って C、N、O、H 等が平衡に逆らって濃縮されたものなので、高い自由エネルギーをもっている（Bolt ら 1978）。そして、微生物は有機物を分解する過程で獲得したエネルギーを ATP の形で蓄え、菌体合成や代謝に利用する（Gaunt ら 1995）。とくに、好気的微生物による有機物分解では、自由エ

ネルギーの低い酸素に電子を供与するので生成エネルギーが大きい。一方、酸素は呼吸における電子受容体として機能するとともに、酸化酵素による酸素付加反応によって芳香族等を有する複雑な有機物を酸化する機能もある。したがって、比較的簡単な構造の有機物の分解速度は嫌気的環境と好気的環境で変わらないが、複雑な高分子有機物の分解は嫌気的環境では抑制され（Kristensen ら 1995）、これが湿地環境において有機物が蓄積する大きな原因となっている。

(2) 有機物分解に伴う土壌の還元化

湛水あるいは降水によって土壌間隙が塞がれると、土壌中への酸素の拡散が極端に低下し、やがて好気的微生物は自らの代謝で酸素を消費し尽くし、次第に嫌気的微生物による有機物分解（発酵）が中心になる。微生物は自由エネルギーの低い（酸化還元電位（Eh）で示すと Eh の高い）物質から順次電子受容体として利用する。すなわち $O_2 > NO_3^- > Mn^{4+} > Fe^{3+} > SO_4^{2-} > HCO_3^-$ の順に微生物の呼吸に利用される。あるエネルギー順位の電子受容体が微生物によって利用され、還元されると次第に還元物質の量が増え酸化還元電位が低下し、徐々に次のエネルギー順位の物質が利用される（Gao ら 2002、Essington 2004）。この現象は、高井（1978）によって湛水土壌における逐次還元過程として表 22 のように整理された。この還元過程では、多様な微生物によって、図 26 のように有機物は二酸化炭素、有機酸、メタンに分解され、また pH は 6.5～7.0 付近で安定化する（高井 1980）。なお、

表22 湛水土壌中の還元過程と微生物代謝

湛水後の経過日数	物質変化	反応の起こる土壌Eh/V	CO_2生成	微生物の代謝形式	有機物の分解形式
初期	分子状酸素の消失	+0.6～+0.3	活発に進行する	酸素呼吸	好気的・半嫌気的分解過程（第1段階）
	硝酸の消失	+0.4～+0.1	活発に進行する	亜硝酸型および脱窒型の硝酸還元	
	Mn(II)の生成	+0.4～-0.1	活発に進行する	Mn(IV, III)の還元	
	Fe(II)の生成	+0.2～-0.2	活発に進行する	Fe(III)の還元	
	S(II)の生成	0～-0.2	活発に進行する	硫酸還元	嫌気的分解過程（第2段階）
後期	CH_4の生成	-0.2～-0.3	緩慢に生成するか、停滞ないし減少する	メタン発酵	

木村(1989)。

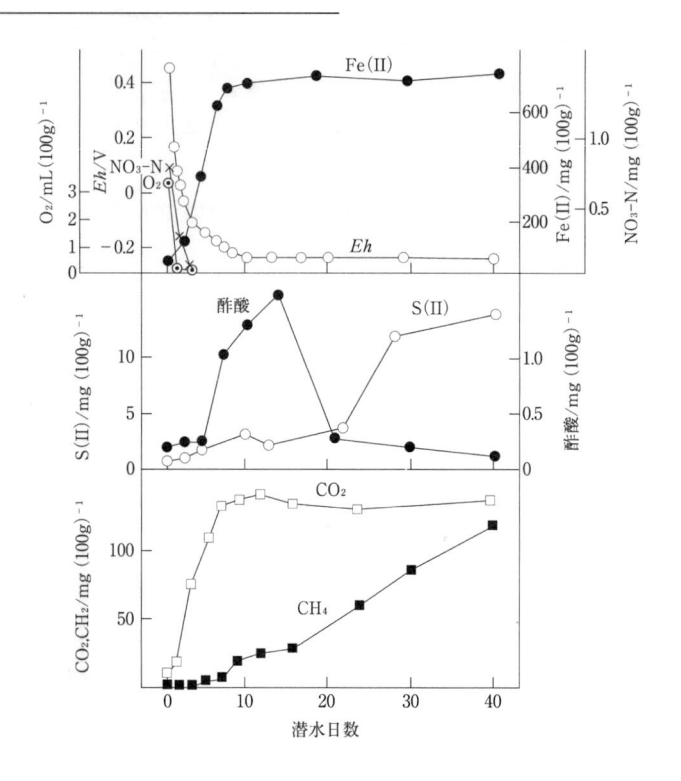

図 26 湛水土壌における還元の発達とそれに伴う代謝産物の生成　高井（1980）。

分解生成物のうち、有機酸や芳香族カルボン酸は水稲根の生育を阻害し（瀧島 1963、田中 2002）、その結果根周囲の鉄酸化帯の維持が阻害され、Fe^{2+}、S^{2-}の根への侵入により根腐れ症状を引き起こすと考えられている（瀧島 1963）。

　湛水土壌の酸化還元電位の決定には、多くの元素が関与するが、土壌中存在量の多い鉄の酸化還元系による影響が大きい。微生物による還元反応を受けやすい遊離酸化鉄（非晶質鉄）は、還元されると Fe^{2+} を経て $Fe_3(OH)_8$ に変化するが（岡崎・佐藤 1989）、pH7 付近では土壌溶液中の炭酸ガスと反応し $FeCO_3$ が安定に存在する（山根 1974）。湛水土壌の Eh と pH の関係は pH によって変化するが、それは $Fe-CO_2-H_2O$ 系の溶解度積で説明で

きる（山根 1974）。なお、さらに還元が進行すると $H_2S-SO_4^{2-}$ 系などが酸化還元電位を決定するようになる。

(3) 落水による酸化還元環境の制御

水田を落水すると空気が進入して土壌は酸化的になるが、再湛水すると再び還元状態となる。このように湛水土壌の酸化還元状態を制御するには落水操作が有効であり、水稲の生育制御においても中干しは重要である。暗渠を設置すると、Fe^{2+} の流亡あるいは落水期間中の酸化（Shiratori ら 2007）がおきる。そして、Fe^{2+} の流亡は Fe^{3+} 量（酸化容量）の減少をもたらし、酸化は Fe^{3+} の増加、すなわち酸化容量の増加をもたらす。一方、暗渠設置で落水期間中の土壌有機物の酸化分解が促進され、易分解性有機物（還元容量）の減少が見られる。還元容量の減少が酸化容量の減少よりも大きければ、メタン生成量が低下する（Furukawa ら 2008）。このように水田では暗渠設置で長期的に酸化還元環境を変えることが可能である。

3. 土壌養分の可給化および不可給化

(1) 窒素（N）

土壌中の含窒素有機物が微生物分解を受けるとアンモニア態窒素（NH_4^+）を生じる。これを窒素無機化と呼ぶ。無機化窒素の給源は、腐植物質と微生物バイオマス（Shibahara and Inubushi 1997）であろうと考えられている。湛水土壌では好気的土壌とは異なり硝酸化成作用が進みにくいので、NH_4^+ 態で安定に存在するが、図 27 に示すように Eh の高い土壌表層の酸化層では微生物による硝酸化成作用が進行し、表層直下の還元層に移動した硝酸態窒素（NO_3^-）は微生物の脱窒作用を受けて N_2、N_2O として大気中に揮散される。

(2) リン（P）

土壌を湛水し培養するとリン酸が可給化されることは湛水土壌の重要な特徴である。これは非晶質の鉄が還元され Fe^{2+} として溶解し、同時に土壌中にリン酸が溶出するという現象である（Patrick Jr. 1964）。この現象について、古川（1984）は溶出リン酸の一部は土壌成分（$Al(OH)_3$）に吸着され、落水後は酸化により生成した非晶質の $Fe(OH)_3$ に吸着・熟成され、次の湛水時にこの非晶質鉄が再度還元されてリン酸の給源になるサイクルを推定し

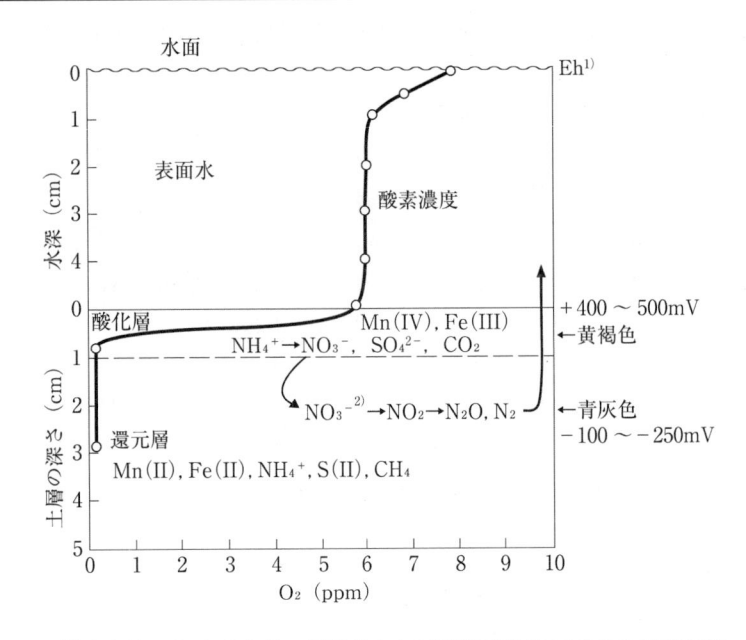

図27　湛水土壌における酸素の層別分布と無機態酸化還元成分の安定形態　高井（1978）。

ている。
(3) 硫黄 (S)
　硫黄は湛水によって還元が進行すると硫化物となって沈澱するが、硫化物生成に必要な Fe^{2+} 等が不足すると硫化水素（H_2S）による根腐れ等を生じる。このため硫酸根肥料の施用を控える傾向にあったが、その結果可給態Sが不足する土壌が一部の地域で生じた。これらの土壌では還元の進行でSが硫化物として沈澱するとSが水稲に吸収されず、S欠乏による生育障害をきたすことが報告されている（辻 2000）。

(4) ケイ酸 (Si)
　湛水条件では粘土鉱物からのケイ酸溶出が進む。ところが、溶出ケイ酸は中性付近では大部分が中性分子で粘土鉱物表面に吸着するので、土壌溶液中の濃度が高まると溶出が抑制されるが、水稲のようにケイ酸を多量に吸収する作物（50～100kg Si/10a/作）の存在下では、土壌溶液中ケイ酸濃度が減

少するので、平衡が移動してケイ酸の溶出が継続する（住田 1992）。
(5) 微量要素
亜鉛（Zn）やモリブデン（Mo）は、鉄が少ない土壌では還元が進行すると S^{2-} と化合して硫化物として沈澱するので、欠乏をきたす恐れがある（Ponnamperuma 1972）。一方、有害重金属のカドミウム（Cd）は、Ehが-130〜-160mV では CdS として沈澱するので、水稲による吸収を抑制することができる（伊藤・飯村 1975）。

4. 湿地土壌の物理的特性
(1) 通気性
湿地土壌では、土壌水分が増加して気相率が低下すると、酸素の拡散が抑制され、作物生育を阻害する（長谷川 1994）。また、土壌深度が同じでも地下水位が高まると酸素拡散速度（Oxygen Diffusion Rate、ODR）が顕著に減少することが報告されている（Jury and Horton 2004）。酸素供給と生育不良との関連が密接であることについては、安田（1972）がインゲンマメで、阿江・仁紫（1983）がダイズを対象に、栽培土壌の ODR を計測し、通気性が重要であることを示している。

(2) 透水性、易耕性
還元条件で生成する Fe^{2+} は Fe^{3+} に比較して水和されやすく（本村 1970）、そのため土壌水の流動性を低下させ、透水性、易耕性等の物理的特性に悪影響を与える。このため水田では、畑転換時の排水性向上と易耕性確保のため、暗渠間隔を狭くする等の操作により、排水と土壌乾燥がもたらす田面の亀裂形成を促進させ、Fe^{2+} の酸化を図ることが有効である。

5. 湿地土壌の物理的・化学的状態の診断
(1) 通気性
通気性は、気相率（容量割合）、酸素濃度（強度因子）、相対ガス拡散係数あるいは酸素拡散速度（酸素の移動性）で各々示すことができる。

i) 酸素濃度

O_2 濃度は根の呼吸速度に影響を与える。呼吸が低下し始めるときの O_2 濃度（COC）や呼吸が最大値の半分になる O_2 濃度（HRC）は作物種で大きな差があるが、各々約 10%、2% とされている（長谷川 1994）。通常、O_2

濃度はクラーク電極（酸素を還元する電圧を外部から与えるセンサ）あるいはガルバニ電池（外部電池が不要なセンサ）で測定される。両者ともガス透過性の隔膜を通過した酸素が白金電極上で還元される際の電流値を O_2 濃度（ppm、%）で表示する。

ii) 酸素の土壌中拡散速度（ODR）

ODRは酸素の根域への移動性を表しており、測定では白金電極（太さ0.7mm、長さ4mm）を土壌に挿入し、電圧0.65V、加電時間4分の条件で電極における O_2 の還元で生じる電流を測定する（長谷川ら 2002）。ODRで $20×10^{-8}μg\ cm^{-2}\ min^{-1}$ 以下では作物生育に悪影響があるとされる（小川 1972）。

iii) 相対ガス拡散係数（D/D_0）

土壌と大気とのガス交換の大部分はガス拡散によるが、気相率の変化により土壌中のガスの拡散係数（D）は自由空間のガス拡散係数（D_0）より小さくなる。その比率（D/D_0）を相対ガス拡散係数と呼び、作物の生育に必要な通気性として 0.005〜0.020 以上が必要とされている（長谷川ら 2002）。

(2) 酸化還元電位（Eh）

土壌の通気性が良好で酸化的な場合、電極において電荷の授受をするイオン種の濃度が低いので Eh 測定値は安定しないが、湛水土壌では Fe^{2+}/Fe^{3+} 等のイオン濃度が電位を安定させるに十分な濃度なので、土壌の酸化還元状態の良い指標となる。測定では、白金電極を土壌に差し込み、比較電極との間に生じる電位差（mV）を測定する。比較電極として銀塩化銀電極（Ag/AgCl）を用いた場合、計測値から 199mV（25℃）を引くと水素電極基準の標準電位（Eh）が得られる。Eh が 414mV 以上を酸化的（Oxic）、120〜414mV を準酸化的（Suboxic）、120mV 以下を嫌気的（Anoxic）と表現することもある（Essington 2004）。準酸化的領域では NO_3^- および Mn^{4+} の還元が、嫌気的領域では Fe^{3+}、SO_4^{2-}、HCO_3^- の還元が起きる。

(3) 鉄の酸化還元形態（遊離酸化鉄、活性二価鉄）

土壌の酸化還元状態を把握する際、遊離酸化鉄量（還元反応を受けやすい酸化鉄の量）と活性二価鉄量を知ることが重要である。野外の土壌断面等で定性的に還元状態を診断する際には、α・α'ジピリジル試薬を土壌に塗布し

赤紫色となれば活性二価鉄が存在すると判定する（ペドロジスト懇談会 1984）。また、実験室で定量する場合には、遊離酸化鉄については、ハイドロサルファイト（$Na_2S_2O_4$）で還元された Fe^{2+} を EDTA で捕捉し発色させる浅見・熊田法（志賀 1970）が良く利用され、活性二価鉄については pH2.8 の 1M 酢酸ナトリウム溶液で抽出した Fe^{2+} を測定する方法が一般的である（本村 1970）。対象土壌の酸化還元状態については、遊離酸化鉄量、活性二価鉄量、Eh、pH から総合的に診断することができる。

（4）土壌の易耕性に関連した物理性（塑性限界、液性限界）

易耕性、すなわち土壌水分を変えたときの外力に対する土壌の変形の抵抗性は、土壌水分と密接な関係があり、これをコンシステンシーと呼ぶ。水を加えながら土を練り返すと次第に塑性を示すようになるが、その水分を塑性限界（W_P）、さらに水を加えていくと流動性を示すが、その水分を液性限界（W_L）と定義し、コンシステンシーの重要な指標である（河野・古賀ら 2002）。現場の土壌水分を W としたとき、コンシステンシー指数は（W_L-W）/（W_L-W_P）と定義され、0〜1 の値をとる。この指数が 1 に近づくと水田が畑地化し易耕性が向上したと判定する。

6. 問題となる湿地土壌と対策

（1）泥炭土壌

泥炭土壌は有機物含量が 65％（w/w）以上あり、軟弱な地盤、無機養分の不足、窒素供給の過多等の特徴を有する。対策として、日本では排水による地盤の安定化が図られるが、泥炭の分解速度の速い熱帯では泥帯土壌を持続的に利用するには排水水位を浅くして水稲栽培を導入する等の開発上の工夫が必要である（久馬 2001）。日本では北海道に広く分布する泥炭地において、客土による無機養分の補給と窒素供給の抑制、不足するリン酸、カリ、ケイ酸の施肥による補給が中心的な対策であり、生産力増強に功を奏した。

（2）酸性硫酸塩土壌

海岸付近の堆積土壌や干拓地では海水中の硫黄（S）に由来するパイライト（FeS_2）を含む土壌が広く見られ、陸化して酸化されると pH3 前後の酸性硫酸塩土壌となるので土壌改良を必要とする。このような土壌を改良する際の順序は、酸化促進後に生成した SO_4^{2-} を水で洗浄し、その後石灰で中和

する。

(3) ヨウ素（I）過剰による障害

水田を新たに造成すると湛水還元条件で多量のヨウ素（I）が溶出し水稲にヨウ素過剰を生じる場合がある。これは、開田赤枯れ病と呼ばれるが、可溶化したヨウ素は下層に溶脱されるので、この障害は 2～3 年で解消するとされる（川口 1978）。

(4) 硫化水素による障害

土壌中の鉄含量が少ない、いわゆる老朽化水田では還元が発達すると、生成した硫化水素が水稲根の養分吸収を阻害する。この現象は「秋落ち」とも呼ばれ、含鉄資材の施用が有効であるが、窒素欠乏の場合には窒素追肥によって水稲根からの酸素分泌を促進することも有効である（山根 1981）。

引用文献

阿江教治・仁紫宏保 1983. ダイズ根系の酸素要求特性および水田転換畑における意義. 土肥誌 54: 453-459.
Bolt, G.H. and Bruggenwert, M.G.M. 1978. Soil Chemistry Part A. Basic Elements (2nd Edition). (岩田進午・三輪睿太郎・井上隆弘・陽 捷行 訳. 土壌の化学. 1980. 学会出版センター, 東京.) pp.175-180.
Essington, M.E. 2004. Oxidation reduction reaction in soils. in 'Soil and water chemistry, an integrative approach'. CRC Press. London. pp.445-472.
古川秀顕 1984. 水田におけるリン酸の挙動－主として室内実験からの接近－. 日本土壌肥料学会編. 水田土壌とリン酸－供給力と施肥. 博友社, 東京. pp.5-58.
Furukawa, Y., Shiratori, Y. and Inubushi, K. 2008. Depression of methane production potential in paddy soils by subsurface drainage systems. Soil Sci. Plant Nutr. 54: 950-959.
Gao, S., Tanji, K.K., Scardachi, S.C. and Chow, A.T. 2002. Comparison of redox indicators in a paddy soil during rice-growing season. Soil Sci. Soc. Am. J. 66: 805-817.
Gaunt, J.L., Neue, H.U., Cassman, K.G., Olk, D.C., Arah, J.R.M., Witt, C., Ottow, J.C.G., Grant and I.F. 1995. Microbial biomass and organic matter turnover in wetland rice soils. Biol. Fertil. Soils 19: 333-342.
長谷川周一 1994. 作物の水・酸素要求に対する土壌の供給力. 土壌の物理性 69: 55-66.
長谷川周一ら 2002. 土壌空気. 土壌物理学会編. 新編土壌物理用語事典. 養賢堂, 東京. pp.66-68.
川口桂三郎 1978. 水田における微量元素の過剰と欠乏. 川口桂三郎 編, 水田土壌学. 講談社, 東京. pp.322-325.
木村眞人 1989. 土壌中の生物と元素の循環. 季刊化学総説 4: 127-146.
河野英一・古賀潔ら 2002. 力学性. 土壌物理学会編. 新編土壌物理用語事典. 養賢堂, 東京. pp.76-90.
Kristensen, E., Ahmed, S.I. and Devol, A.H. 1995. Aerobic and anaerobic decomposition of organic matter in marine sediment: Which is faster? Limnol. Oceanogr. 40: 1430-1437.
久馬一剛 2001. 湿地林下の有機質土壌, 熱帯土壌学, 名古屋大学出版会. 名古屋. pp.227-263
伊藤秀文・飯村康二 1975. 土壌の酸化還元状態の変化と水稲のカドミウム吸収応答. 土肥誌 46:

82-88.

Jury, W.A. and Horton, R. 2004. Soil Physics (6th edition). (取出伸夫 監訳 2006. 土の通気, 土壌物理学―土中の水・熱・ガス・化学物質移動の基礎と応用. 築地書館, 東京). pp.199-222.

本村 悟 1970. 水田土壌中の 2 価鉄の定量法. 土壌養分測定法委員会 編. 肥沃度測定のための土壌養分析法. 養賢堂, 東京. pp.316-324.

永塚鎮男 2007. わが国における土壌の生成分類学的特徴ならびに分布. 日本ペドロジー学会編. 土壌を愛し, 土壌を守る. 博友社, 東京. pp.47-51.

小川和夫 1972. 土壌の通気性 第 4 章 土壌空気. 土壌物理性測定法委員会 編. 土壌物理性測定法. 養賢堂, 東京. pp.270-277.

岡崎正規・佐藤幸夫 1989. 水和酸化物. 季刊化学総説 4: 67-80.

Patrick, Jr., W.H. 1964. Extractable iron and phosphorus in a submerged soil at controlled redox potentials. 8th.Inter.Congress of Soil Science. Bucharest, Romania 66: 605-609.

ペドロジスト懇談会 1984. 土壌調査ハンドブック. 博友社, 東京. pp.156.

Ponnamperuma, F.N. 1972. The chemistry of submerged soils. Adv. Agron. 24: 29-96.

Reichardt, W., Inubushi, K. and Tiedje, J. 2000. Microbial processes in C and N dynamics. in "Carbon and nitrogen dynamics in flooded soils" IRRI, Philippines. pp.101-146.

Saito, M. and Watanabe, I. 1978. Organic matter production in rice field flooded water. Soil Sci. Plant Nutr. 24: 427-440.

Shibahara, F. and Inubushi, K. 1997. Effect of organic matter application on microbial biomass and available nutrients in various types of paddy soils. Soil Sci. Plant Nutr. 43: 191-203.

志賀一一 1970. 遊離酸化鉄. 土壌養分測定法委員会 編. 肥沃度測定のための土壌養分析法. 養賢堂, 東京. pp.324-330.

Shiratori, Y., Watanabe, H., Furukawa, Y., Tsuruta, H. and Inubushi, K. 2007. Effectiveness of a subsurface drainage system in poorly drained paddy fields on reduction of methane emissions. Soil Sci. Plant Nutr. 53: 387-400.

住田弘一 1992. 寒冷地水田における土壌のケイ酸供給力と水稲のケイ酸吸収特性. 東北農試研報 85: 1-46.

高井康雄 1978. 湛水下の土壌における酸化還元過程. 川口桂三郎 編. 水田土壌学. 講談社, 東京. pp.23-55.

高井康雄 1980. 水田土壌の動態に関する微生物学的研究Ⅰ. 肥料科学 3: 17-55.

瀧島康夫 1963. 水田特に泥炭質土壌中における生育阻害性物質の行動に関する研究. 農技研報 B13: 117-252.

田中福代 2002. 水田への麦わら施用に伴う芳香族カルボン酸の生成と水稲の生育抑制機構に関する研究. 九州沖縄農研報 40: 33-78.

辻 藤吾 2000. 水稲の初期生育抑制障害発生に伴う水田土壌中の硫黄含量の変化とその実態. 土肥誌 71: 472-479.

山根一郎 1974. たん水土壌中の土壌溶液の pH. 土肥誌 45: 303-305.

山根一郎 1981. 第 4 章 耕地土壌の特性. 耕地の土壌学. 農文協, 東京. pp.87-120.

安田 環 1972. 土壌空気に関する研究(第 3 報)白金電極法による酸素拡散速度(ODR)の測定法とその作物培地への応用. 土肥誌 43: 23-230.

2. 湿地土壌の微生物

1. はじめに

「第 2 章 1. 湿地土壌の物理的・化学的特性」をもとに、ここでは過湿条件下の土壌に特徴的な微生物の種類とその作用を解説する。まず、過湿環境により引き起こされるどのような変化が土壌中に生息する微生物に最も影響を与えるのかについて述べたうえで、わが国でなじみ深い湿地である水田を例として、湛水条件下の土壌中で生じる微生物のさまざまな活動とそれに伴う物質形態変化を紹介する。さらに、過湿環境が作物に及ぼす影響と土壌微生物との関わりをいくつかの例を挙げながらみていく。

2. 土壌微生物にとって過湿環境とは？

土壌は固相、液相、気相の三相よりなり、固相以外が孔隙である。過湿、すなわち水が加わると液相が増えて気相が減少する。気相が減少することにより酸素濃度が減少し、土壌微生物、とくに好気性の微生物には大きな影響を与える。また、気相の減少に伴う液相の増加は、土壌と大気との間のガス交換を低下させ、酸素濃度の減少をさらに進める要因となる。気相率の減少により大気のガス拡散係数（D_0）に対する土壌のガス拡散係数（D）の比（D/D_0）が低下し、その値が 0.02 以下になると土壌中の酸素濃度の低下が起きるとされている（波多野 2005）。

このような土壌中の酸素濃度の低下は土壌微生物にどのような変化をもたらすであろうか。図 28 は、5 段階の酸素分圧下の気相中で風乾水田土壌の懸濁液を培養し、生育する細菌を酸素に対する感受性で類別し、それぞれの細菌群の構成比率を示したものである（長塚・古坂 1977）。酸素濃度が大気中の濃度の 1/100

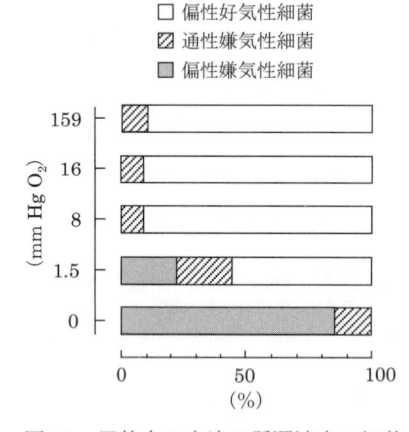

図 28　風乾水田土壌の懸濁液中の細菌群の比率に及ぼす酸素分圧の影響　長塚・古坂（1977）。

□ 偏性好気性細菌
▨ 通性嫌気性細菌
▓ 偏性嫌気性細菌

（酸素分圧が 1.5mm Hg）に低下するまでは、わずかな通性嫌気性細菌以外は偏性好気性細菌が大部分を占め、酸素濃度の低下が細菌群構成に及ぼす影響はみられない。酸素分圧が 1.5mm Hg に低下すると偏性嫌気性細菌の生育が認められ、無酸素状態では偏性嫌気性細菌がほとんどを占めた。すなわち、酸素濃度が大気の 1%以下になると嫌気性微生物の活動が始まる。

　なお、酸素濃度の低下には孔隙中の液相・気相の比率だけではなく、土性や土壌中の有機物量、温度も影響する。水はけの良い砂質の土壌と比べると、保水性の良い粘土質の土壌では酸素濃度が低下しやすい。また、微生物の基質となる易分解性の有機物量を多く含む土壌や、温度が高い場合には、微生物の活動が活発になり、酸素消費に伴う濃度の低下が顕著になる。ちなみに、水で飽和した 3mm 以上の土壌団粒の中心部は無酸素状態となることが知られており（木村 1991）、極端な過湿条件ではなくても、通常の降雨や灌水により土壌中の微視的な部位における酸素濃度の低下は容易に起こりうるといえる。

3. 湛水に伴う微生物の活動と土壌の還元化

　上に述べたように、過湿条件による酸素濃度の低下が土壌中の微生物の活動に大きな影響を与える。ここでは、最も極端な過湿条件である、湛水された土壌中における微生物の活動について、水田土壌を典型的な代表例として紹介し、湿地土壌で働く微生物の種類やその作用の特徴を述べたい。微生物の活動による土壌の還元化の進行と、それに伴って生じるさまざまな物質変化を理解することは、過湿環境が作物の生育に及ぼす影響を考えるうえで、きわめて重要である。

　水田はよく管理された人工の湿地環境である。耕起後、代かきにより水田に水が張られ、作土の表面が田面水に覆われると、上述のように大気からの酸素の供給が大きく減少するとともに、湛水代かき後も土壌の孔隙等にわずかに残存する酸素が好気性微生物の活動により消費される。田面水からも酸素は供給されるものの、湛水された土壌では、このように酸素の消費が供給を上回り、作土は無酸素状態となる。酸素が消失した後は、本章第 1 節で述べられているように、微生物は酸素の代わりに、硝酸塩、二酸化マンガン、酸化鉄、硫酸塩、炭酸塩（二酸化炭素）を順次呼吸のための電子受容体とし

て利用するとともに、土壌が還元化し、酸化還元電位が低下する。この過程は水田土壌の逐次還元過程といわれる。このような水田作土の還元化は、強い酸化物質による有機物（還元的な物質）の酸化から、弱い酸化物質による有機物の酸化へ、エネルギー的に有利な反応から不利な反応へ逐次的に進行することにより起こる。このような土壌の還元化に伴って、さまざまな土壌中の物質が還元され、その形態が変化する。硝酸イオンは主に分子状窒素（窒素ガス）、マンガンや鉄の酸化物はMn^{2+}やFe^{2+}、硫酸イオンは硫化水素、二酸化炭素はメタンへと還元される。硝酸は硝酸還元菌や脱窒菌、マンガンや鉄の酸化物はマンガン還元菌および鉄還元菌、硫酸は硫酸還元菌、二酸化炭素はメタン生成古細菌といった、通性あるいは偏性の嫌気性微生物に（口絵 5）より、それぞれの還元が行われる。なお、マンガンや鉄については、微生物の代謝産物による間接的な還元および化学的還元も起きる（Kimura 2000）。

　以上は有機物を酸化する物質（電子受容体）についての変化であるが、酸化を受ける有機物（炭素化合物）については嫌気的な分解過程を経る。図29 にその概略を示すように、多糖、タンパク質、脂質などのポリマーは加水分解を受けて、単糖、アミノ酸、グリセロール、脂肪酸等のモノマーになり、酸生成作用によりモノカルボン酸（有機酸）やアルコールへと分解され、さらに水素生成酢酸生成反応により水素、二酸化炭素、酢酸等が生じ、最終的にメタンへと変換される。これらの過程には発酵性微生物等の多種多様な嫌気性微生物が関与し、一部では栄養共生的な関係のもとで代謝が進行し、メタン生成古細菌の作用によりメタンが生じる。なお、図 29 の分解過程は還元が最も進んだ場合であり、硝酸塩やマンガン・鉄の酸化物など、より酸

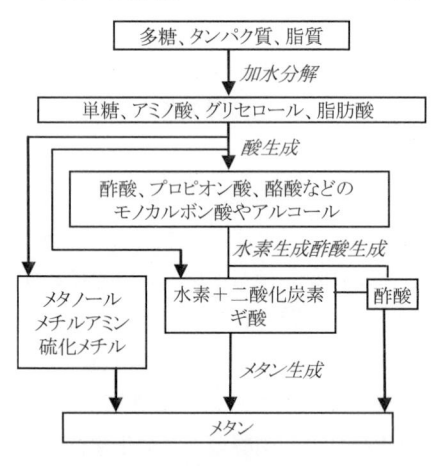

図29　有機物の嫌気分解過程　浅川（1997）。

化的な電子受容体が土壌中に存在する場合にはそれらを用いた嫌気呼吸により有機物は代謝され、二酸化炭素へ無機化される。

4. 過湿環境あるいは土壌の還元化が作物へ及ぼす影響と土壌微生物との関係

過湿条件あるいはそれに伴う土壌の還元化は、作物の生育に好ましくないさまざまな影響を及ぼす場合がある。ここでは、作物養分、有害物質、有害微生物（病原菌）に注目し、土壌微生物が関わるいくつかの例を挙げてみていく。

（1）作物養分の損失、非有効化

還元条件下の土壌ではアンモニア態窒素は安定であるが、本章第 1 節で述べられているように、硝酸態窒素は容易に脱窒菌の作用により窒素ガスや亜酸化窒素などの気体状の窒素へと還元される。すなわち、硝酸性の窒素肥料を施用した場合や、アンモニア性の窒素肥料を施用した場合でも酸化的な条件下や部位で酸化を受けて（硝化作用）、硝酸態となって存在すると、施肥窒素がガス状の窒素態として失われ、肥料としての効果が低下する。水稲栽培では、1930 年代にわが国で塩入と青峰が、水田におけるこのような脱窒現象を初めて明らかにするとともに、施肥窒素の損失を防ぐための技術（深層施肥法あるいは全層施肥法）を開発し、広く普及している。なお、脱窒過程の中間産物である亜酸化窒素は温室効果ガスであるとともにオゾン層を破壊する作用を有する。湛水され十分に還元が進んだ水田では、亜酸化窒素は窒素にまで還元されるとともに、水への溶解度が高いため発生することは少ないが、高水分条件下の畑土壌では脱窒による亜酸化窒素の生成が多いため（犬伏 1999）、環境への負荷の観点からも、過湿条件における窒素施肥には注意が必要である。湛水土壌では酸化還元電位、畑土壌では酸素濃度が、これらの硝酸態窒素の還元過程の進行の指標となりうる（伊藤・荒木 1984）。

一方、アンモニアが亜硝酸を経て硝酸へと酸化される硝化過程を担う硝化菌（アンモニア酸化菌と亜硝酸酸化菌）は好気性微生物であり、酸素濃度の低下によりその活性は低下する（甲斐 1981）。過湿環境で好硝酸性作物を栽培する場合には、この点を考慮に入れ、窒素施肥を行う必要がある。

わが国では米の生産調整に伴い、水田が畑に転換され、転作作物としてダイズが夏期に作付けされることが多い。排水性の悪い転換畑ではダイズは湿害を受け、根粒による窒素固定活性も低下するが（第4章参照）、根粒着生とそれに伴う作物への窒素供給は湿害を軽減する効果がある（杉本・佐藤 1990）。同様の効果はアルファルファでも認められており（沢田 1973）、過湿環境でのマメ科植物の生育に窒素栄養の面で根粒菌が一定の役割を果たしているといえる。根粒菌は好気性の細菌であるため、過湿に伴う土壌の還元化は生育・生存には不利に働くと考えられるが、田畑輪換圃場ではダイズ作後3年間の水稲作によっても、土着ダイズ根粒菌の菌数は低下せず（図30）、湛水条件下の生残性は高い（浅川・池田 1990）。なお、これらの土着ダイズ根粒菌の分離株は脱窒能を有していた（Asakawa 1993）。ダイズ根粒菌以外の根粒菌にも脱窒能は広く認められており、還元化した土壌中での根粒菌の生残性に硝酸呼吸（脱窒）による生育が寄与している可能性が示されている。

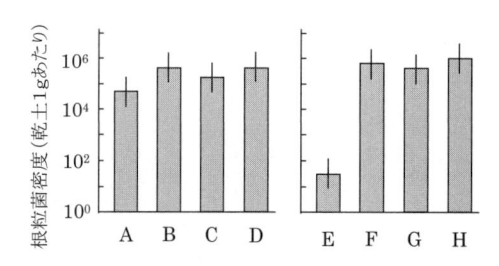

本章第1節で述べられているように、還元化により、マンガンや鉄は水溶性の二価イオンの形態となり、酸化物よりも溶解性が増すため、水の下方への浸透に伴って溶脱されやすくなる。とくに、砂質など水の浸透性の良い土壌では、欠乏状態となりうる。逆に、低温や有機物に乏しい条件下で還元が進まない場合には、鉄の溶解度が上昇せず、欠乏の可能性が指摘されている（吉田 1986）。

図30　田畑輪換圃場の土壌中のダイズ根粒菌数。各試験区の作付歴　A：水稲-水稲-水稲-水稲-水稲-水稲-ダイズ-ダイズ-ダイズ　B：水稲-水稲-水稲-水稲-水稲-水稲-水稲-ダイズ-水稲　C：水稲-水稲-水稲-ダイズ-水稲-水稲-ダイズ-水稲-水稲　D：水稲-水稲-水稲-水稲-水稲-ダイズ-水稲-水稲-水稲　E：水稲-水稲-水稲-水稲-水稲-水稲-水稲-水稲-水稲　F：ダイズ-水稲-ダイズ-水稲-ダイズ-水稲-ダイズ-水稲-ダイズ　G：ダイズ-ダイズ-水稲-ダイズ-ダイズ-水稲-ダイズ-ダイズ-水稲　H：ダイズ-ダイズ-ダイズ-水稲-ダイズ-ダイズ-ダイズ-水稲-ダイズ　下線部の栽培時に調査。縦線は95％信頼区間。浅川・池田（1990）。

また、土壌の還元化に伴って、硫黄は硫化水素へ還元され、通常は土壌中に多量に存在する鉄と反応し硫化鉄（FeS）となり不溶化することにより、作物への有効性が低下し、欠乏の可能性がある。しかし、わが国では、肥料、化石燃料の燃焼、海水などから大気・灌漑水を通じて供給される硫黄の量が多いため、通常では問題にならない。

(2) 有害物質の生成

　上に述べたように、マンガンや鉄は還元により水への溶解度が増加するため、作物に過剰害が起きることがある。イネは鉄とマンガンの排除能をもつが（吉田 1986）、水稲における鉄やマンガンの過剰害も知られている（本村 1978、河森 1978）。

　硫酸還元により生じる硫化水素は作物に有毒で根に障害を起こす。老朽化水田における水稲の硫化水素害「秋落ち」が有名である。この生育障害は、1940年代に中国・四国地方の砂質水田に硫安を多量に施用した際、根腐れにより水稲の生育が後期（秋）に不良となり（秋落ち）、大きな問題となった。この現象は、もともと鉄含量が少なく砂質で透水性の高い水田では還元化と溶脱により土壌中の鉄が減少し（老朽化水田）、硫酸還元により生じた硫化水素が十分不溶化されず残るために起きるもので、前述の塩入がこのメカニズムを明らかにした。かつて老朽化水田（秋落ち水田）はわが国の代表的な不良水田であったが、含鉄資材の施用、鉄が豊富な土壌の客土、硫酸イオンを含む肥料の施用制限等により改良され、現在では問題となっていない。

　わら等の生の有機物が土壌に大量に施用されると、図29に示す嫌気分解過程の中間代謝産物である有機酸が蓄積し、作物の生育を阻害する場合がある。寒冷地の水田に稲わらや麦わらを施用すると、酢酸やプロピオン酸等の揮発性脂肪酸が水稲の生育に対する阻害濃度（mMのレベル）以上に集積する例があり、低温条件で揮発性脂肪酸の分解が生成よりも遅いことが原因とされる。一方、暖地の水田ではこのような揮発性脂肪酸の集積はまれであるが、麦わら施用水田では水稲の初期生育の抑制がしばしばみられる。このような水田から図31に示す芳香族カルボン酸が検出された。これらの有機酸の水稲に対する阻害濃度はμMのレベルであり、揮発性脂肪酸と比べきわめて低い。

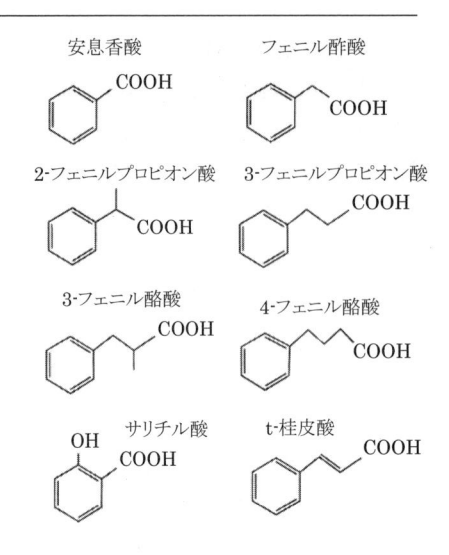

図31 麦わら施用水田で検出された芳香族カルボン酸 田中（2001）。

(3) 有害生物（病原菌）の発生

水稲には連作障害はないため、湛水の利点として土壌病害の抑制が挙げられることが多い。実際、湛水処理や田畑輪換は土壌中の病原菌や線虫の防除に効果があり、タバコ立枯病（田中ら 1975）、ナス半身萎凋病（橋本 1983）、コムギ眼紋病・コムギ立枯病（尾崎 1990）などで発生の抑制が確認されている。しかし、イネと同様に湛水土壌に栽培されるクワイ（嘉儀ら 1983）やレンコン（西沢 1960）には、*Fusarium* 属や *Pythium* 属病原菌による連作障害が知られており、湛水処理や過湿条件が必ずしも植物病原性微生物に抑制的な作用をもつわけではない。疫病菌（*Phytophtora*）や *Pythium* 菌による病害は多湿条件下で発生が助長されることが知られており、病害発生を抑制するためには良好な排水性を保つことが推奨される。過湿環境が作物の病原菌と病害発生に及ぼす影響には、病原微生物の生理・生態的特性が大きく関わっているとともに、当然のことながら作物体の健全性（湿害による被害程度）も関与しており、作物と病原菌ごとにこれらの点を検討する必要がある。

5. おわりに

「4.」に述べたように、過湿環境下の土壌では微生物活動の結果として作物の生育に害作用が生じる場合がある。脱窒抑制や秋落ち水田の改良の場合のように、それぞれの現象のメカニズムの解明に基づいて個別の対策技術が実用化されている例もあるが、多くの場合これらの害作用は「3.」で述べたように、多種多様な微生物の複雑な共同あるいは相互作用により生じている。

そのため、個々の作用に変化を加えるとそれ以外の微生物活動に影響し、新たな問題が発生することも考えられる。作物生育の改善のために湿地土壌の改良を行おうとする場合、この点にも注意が必要であろう。

引用文献

Asakawa, S. 1993. Denitrifying ability of indigenous strains of *Bradyrhizobium japonicum* isolated from fields under paddy-upland rotation. Biol. Fertil. Soils 15: 196-200.

浅川 晋 1997. メタン生成に関与する土中微生物. 岩田進午・喜田大三 監修. 土の環境圏. フジ・テクノシステム, 東京. pp.300-307.

浅川 晋・池田一徹 1990. 田畑輪換圃場における土着ダイズ根粒菌の生残性. 土肥誌 61: 411-412.

橋本光司 1983. ナス半身萎ちょう病の生態と防除. 植物防疫 37: 111-116.

波多野隆介 2005. 土壌の構造と機能. 三枝正彦・木村眞人 編. 土壌サイエンス入門. 文永堂, 東京. pp.177-191.

犬伏和之 1999. 地球温暖化と土壌微生物. 日本土壌微生物学会 編. 新・土の微生物(4)環境問題と微生物. 博友社, 東京. pp.117-144.

伊藤秀文・荒木浩一 1984. 土壌の硝酸態窒素の形態変化に及ぼす酸化還元電位および酸素濃度の影響. 野菜試報 A12: 119-129.

嘉儀 隆・田中 寛・草刈真一・中曽根 渡 1983. フザリウム属菌によるクワイの赤枯病. 大阪農技セ研報 20: 11-18.

甲斐秀昭 1981. 土壌中における窒素の動態. 土壌微生物研究会 編. 土の微生物. 博友社, 東京. pp.352-372.

河森 武 1978. 水田土壌中におけるマンガンの意義. マンガンの過剰と欠乏. 川口桂三郎 編. 水田土壌学. 講談社, 東京. pp.304-309.

木村眞人 1991. 土壌中の微生物とその働き(その 2)微生物にとっての土壌環境. 農土誌 59: 553-557.

Kimura, M. 2000. Anaerobic microbiology in waterlogged rice fields, J.-M. Bollag & G. Stotzky (ed.), Soil Biochemistry vol.10, 35-138, Marcel Dekker, New York, Basel.

本村 悟 1978. 水田土壌中における鉄の意義, 鉄の過剰と欠乏. 川口桂三郎 編. 水田土壌学. 講談社, 東京. pp.299-304.

長塚 隆・古坂澄石 1977. 土壌懸濁液系の細菌相と酸素分圧. 土と微生物 19: 11-17.

西沢正祥 1960. 蓮根の腐敗病に関する研究. 九州農試彙報 6: 1-75.

尾崎政春 1990. 北海道におけるコムギ眼紋病の発生の現状と当面の対策. 植物防疫 44: 210-213.

沢田泰男 1973. 水田転換畑土壌の微生物性と牧草生育, とくに湿害との関連について. 土肥誌 44: 377-382.

杉本秀樹・佐藤 亨 1990. 水田転換畑におけるダイズの過湿障害(第 4 報)障害発生時における根粒の役割について. 日作紀 59: 727-732.

田中福代 2001. 水田への麦わら施用に伴う芳香族カルボン酸の生成と水稲の生育抑制機構に関する研究. 土肥誌 72: 335-336.

田中行久・三宅三恵子・赤沢俶紀・山中道勇・贄田博躬 1975. 土壌病害のたん水による防除. 土と微生物 17: 17-28.

古田昌一 1986. 稲作科学の基礎. 村山 登・古田よし子・長谷川周一・末永一博 共訳. 博友社, 東京.

3. 湿地土壌の生産性と持続性

1. 土壌の生産性と持続性

　土壌は作物を生産する能力、すなわち肥沃度をもっている。土壌には多数の生物が生存し、有機物の生産、分解、生元素の循環を通じて、作物の養分を満足させることのできる十分な養分と水を蓄える機能が備わっている。この土壌の能力は肥沃度、機能は生産機能と呼ばれている。肥沃な土地は、過去に栄えた文明の地でも明らかなように沖積平野やデルタに位置し、今日でも水利、交通の便に恵まれた平坦なデルタや沿岸低地は肥沃な水田地帯でもある。東南アジアでは灌漑排水等の基盤整備を高めることにより、この地での食料生産がいっそう期待されている。わが国では水田農業確立として、土地利用型農業の生産性を高めることが最重要課題となっている。一方、土壌のもつ能力とさまざまな機能は森林、草地、農地など陸域生態系の一次生産を支えるサブシステムとして評価され、物質循環を通じ陸域生物の生命と地球環境の保全にも大きく貢献している。そこで、本節ではまず土壌の生産機能の面から湿地土壌の特性を眺めてみたい。

　陸域生態系の地表面は地殻の岩石圏の最上部（母材）に降雨、気温、風などの気象要因と生物、地形、水これに時間の長さと植生の因子が加わり成熟した土壌生態系として地表面を覆う。人類は有史以来、衣食住を豊かにするためにこの成熟した土壌に働きかけて、食糧、資源を生産し、この行為を拡大してきた。陸域生態系の一部が農地に変えられ、こうして人が関与する農業生態系が誕生する。本来の土壌生態系は新たに誕生した農業生態系の一部として引き継がれた。その後、農業が発達するに伴い土壌生態系の機能は、土壌の生産能力のみが強調され、過度な生産行為がしばしば土壌の生産能力、機能を著しく低下させ、農民の生活をも脅かすようになった。すなわち、農業という行為を通じて、人は土壌生態系に対して、土壌養分の消耗－放棄－新たな開拓地への移動をくり返す歴史をたどってきた。

　土壌は本質的に再生不可能な資源といわれ、とくに人為的要因の負荷の大きい畑作農業、畑土壌、台地の土壌でその傾向が強まっている。加えて、人口扶養の大きい東南アジアの丘陵や湿地林の土壌は長い時間の風化作用を受

けて粘土の洗脱（レシベ作用：粘土の粒子が破壊されることなく下層へ移動する作用）が進んだアルティソル（Ultisols）が農耕地の多くを占めている。この土壌は激しい塩基の溶脱のため土壌の肥沃度は劣り、粘土が少なく土の凝集力も劣り降雨による水食を受けやすい性質をもつ。したがって、森林の伐採跡地で見られる破滅的な土壌侵食を引き起こす。アジア地域全体では土壌の侵食量が年間 80 億 t と見積もられているように、アジアの土壌にはアルティソルが 35％分布し、東南アジアでは 64％を占める。土壌の生産力が局部的あるいは全面的に失われることを土壌の退化という。土壌退化の最大の要因は言うまでもなく水食であり、アジアが最も多い。

　一方、低地の土壌（沖積低地土壌）は灌漑排水の整備にもよるが、河川の氾濫や灌漑により養分の天然供給力が高く、また土壌が水で飽和される期間が長いために光、水、養分が十分に得られ水中には多くの独立栄養細菌、藻類、湿性植物が繁殖する。水面下の土壌生態系には複雑な食物連鎖を通じて生元素の物質循環が形成される。また、そこでは有機物の生成速度が微生物による分解速度よりもはるかに大きいためにこれらの遺体は土壌有機物として蓄えられる。これら土壌生態系を構成する要因が低地土壌の肥沃度を高く維持するのに役立っている。したがって、地形的要因によってもたらされた低地の土壌は畑土壌（台地土壌）に比べ作物の生産性は高く、湿地を代表する稲作は食糧生産の持続システムとして注目されている。

　世界人口の 1/3 はこの土壌に食料を依存している。世界には低地土壌が 5 億 8,800 万 ha（全陸地面積 130 億 ha の約 4.5％）あり、その約 54％の 3 億 1,600 万 ha が潜在的に耕作可能な面積である。このうち約 60％の 2 億 ha がアジアに分布し、熱帯アジアでは陸地面積の 17％を占める。また、低地土壌が持続的な利用を可能にしている大きな要因として、侵食抵抗性が高いことも挙げられる。

2. アジアの湿地土壌の分布と分類

　湿地とは湿っている土地のことをいい、地形的には陸域との境界にある水辺であり、淡水や海水で冠水され、あるいは不定期に水で覆われる低地である。そこは魚介類や野生生物の生息地であり、人にとっても、侵食防止、水質改善、洪水調整機能、景観美など豊かな暮らしを保障する重要な役割を担

っている。ここでは、水生植物や土砂の堆積、陸地化をたどる遷移の過程において、地下水位の高低、堆積物の分解程度、温度など環境要因により影響を受け、また沖積平野、扇状地、段丘・台地上の低湿地、海岸平野、デルタなど地形因子によりさまざまな断面をもった湿地の土壌が形成される。本節で湿地土壌の分類に明確な定義が与えられていないので、農業的利用地に限定して低地土壌として考えることにした。また、湿地土壌を土壌の生成・分類上から水成土壌（hydrogenic soils）として扱うことにした。さらに、湿地条件下で形成される土壌で湿潤な植生下に形成されるポドソル土壌、高地湿草地土壌は、農業的利用が少ないことから除いた。その低地土壌を水との関係から地下水位が高く、氾濫、湛水により、土壌断面の一部が長い期間に水で飽和される土壌とした。

　アジアに多い低湿地土壌についてみると、地域に限られた母材、地形、水分などの影響を強く受けて生成した土壌としての特徴をもち、生成分類学的にはこれらの土壌は後述する成帯内性土壌である。FAO/Unesco の土壌分類では、フルビソル（Fluvisols、57,357,000 ha）、グライソル（Gleysols、37,084,000 ha）、ヒストソル（Histisols、24,829,000 ha）と呼ばれている。河成あるいは海成の現世堆積物に由来し低湿な土地条件下で出現する。これらの多くはデルタ地帯に分布し、その土壌は後背地の地質や堆積物の影響を受け、大部分は肥沃な水田として 19 世紀以降の農業開発で低地の農地化が進んだ。現在、多くの地域の植生被覆はすでに失われ、東南アジア各国の穀倉地帯となっている。フルビソルは沖積堆積物よりなり、土壌化の進行していない若い沖積地の土壌（沖積土、Alluvial soils）で、わが国の土壌分類では灰色低地土 Grey lowland soils、褐色低地土 Brown lowland soils に相当する。グライソルは表面近くまで常時ないし一時的に湛水し、強い還元状態下で形成された斑紋または還元層をもつ土壌をいい、グライ土 Gley soils といわれる。ヒストソルは有機質土壌で、いわゆる泥炭土 Peat soils や黒泥土 Muck soils に分類される。この他に、排水の悪い急峻な土地の下部や台地上の窪地、低位段丘地の土壌は地質学的に若い堆積物を母材としており、未発達な土層分化を示す特有な土壌が形成される。その土壌は分類上、カムビソル（Cambisols、USDA soil Taxonomy の分類ではインセプティソル

（Inceptisols））として区分され、一般に自然肥沃度は高く東南アジアでは広く水田として利用されている。

　肥沃度的には台地の土壌に比べると低地の土壌は有利といえるが、低地土壌の肥沃度は一様でない。堆積物組成が後背地の地質や風化の過程、河川の状況等により、堆積過程が大きく影響を受けることから、同じ沖積平野でも地形により土壌の粘土組成、鉱物組成、化学組成が異なる。後述する土壌の排水性にも大きく影響する。風化の進んだ台地土壌は低活性型の粘土鉱物（1：1型粘土、カオリナイト）を主成分としているのに対して、低地土壌は2：1型粘土、いわゆるカチオン交換容量の大きいモンモリロナイト系の高活性粘土を多く保有しており、この点からも低地の土壌は肥沃度的に有利な条件をもつ。

3. 日本の湿地土壌と分類

　「豊葦原瑞穂の国」からイメージされる国土は、稲作に適した多湿な土地が広がる原風景であろう。朝鮮半島から九州北部の玄界灘沿岸の平野に伝わった稲作は、北陸を経て北東北に伝わるのに100年はかからなかったといわれ、各地に古い水田の遺跡が見つかっている。低地土壌の特徴は河川の氾濫と堆積物の程度、流域の地形がその後の土壌生成に強く作用する。氾濫のくり返しで土砂が堆積し、小高くなった地形を自然堤防という。ここには集落が開け、土壌は砂地で排水がいいことから、野菜産地となっている。洪水で溢れた水は自然堤防から離れたところに長く停滞し、湿地をつくる。これを後背湿地という。後背湿地は自然堤防の砂質に対して、粒径の細かいシルトや粘土が堆積し水はけの悪い、いわゆる沼地を形成する。この沼地帯には水生植物が繁殖するが、やがて土砂や植物が堆積し次第に浅くなり、湿原をへて陸地化していく。わが国のこうした沖積平野の後背低湿地、沼沢性の低湿地を水田として利用するために、江戸時代以降、新田開発が盛んに行われた。現在の稲作地帯の多くは肥沃な湿地の農地開発として開かれてきた。

　南北に3,000kmと長いわが国には、気候、地形、地質が複雑で変化に富んだ自然条件を反映して多種多様な土壌が分布している。国際的な土壌分類体系（世界土壌照合基準：World reference Base for Soil、WRB）に基づいて、わが国の土壌は10土壌大群、31土壌統、116土壌亜群にまとめられて

いる。土壌地理学的概念から、地球上のそれぞれの地域で、気候や地形などを反映して特徴のある帯状の分布を成帯性土壌（Zonal soils）という。わが国の土壌ではポドソル性土壌（Podozols）、褐色森林土（Brown forest soils（Cambisols））、赤黄色土（Red and yellow soils（Acrisols））の3つに相当する。一方、局所的に母材や地形、水分などの影響を強くうけた特徴ある土壌を成帯内性土壌（Intrazonal soils（間帯土壌ともいう））という。WRB との照合では正確な対比は困難であるが、ペドロジスト二次案では黒ボク土（Ando soils（Andosols））、停滞水成土（Gley soils）、沖積土（Alluvial soils（Fluvisols））、泥炭土（peat soils（Histsols））、暗赤色土（Dark red soils（Luvisols））の5つがこれに相当する（日本ペドロジー学会編 2007）。このうち、停滞水成土は台地、丘陵地、山地の台地上で、雨水が土層内に停滞し、グライ化作用を受けている。低地の大部分は沖積土、泥炭土であり、大部分は水田として利用されている。この他、成帯性土壌にも成帯内性土壌にも含まれない土壌を非成帯性土壌 Azonal soils といい、アメリカ農務省 USDA の農業地理学的土壌分類（Soil Taxonomy）では若い沖積土の低地はこれに区分される。わが国の農耕地土壌分類でおなじみの灰色低地土、褐色低地土はこれに対応する。いずれにしろ低地の沖積土 Fluvisols である。

（1）沖積土（Alluvial soils）

沖積地や扇状地の低地にみられる土壌で、平野部の後背湿地、山麓や山間の低地など、排水の悪い低地に分布する。地質学的には沖積世約 1 万年前から現在までの時代に、河川の氾濫などで土砂や有機物が堆積した若い土壌で現在ある沖積地は、今から 2,000 年前頃には、形成されたといわれる。その土壌の性質は母材の影響が強く、地下水や表面水、母材の透水性によって、地形的に特徴ある断面をもった土壌がみられる。

（2）泥炭土（Peat soils）

後背湿地などの排水不良地に分布する。湿地の植物遺体が識別できる程度に嫌気的に分解した泥炭層からなる。泥炭地の発達過程によって、湖沼周辺の挺水植物や浮葉植物遺体の集積を経て、ヨシ、ハンノキなど大型の植物遺体から成る低位泥炭土（Low-moor peat soils）、低位泥炭土が厚くなり陸

化しヌマガヤ、ワタスゲなどの遺体が堆積した中間泥炭土（transitional peat soils）、泥炭地の表面がまわりの水面よりも高く貧栄養化でミズスゲを主体とした高位泥炭土（Hight-moor peat soils）に分類される。植物遺体が識別できない程に分解した黒色の粘土質物質を黒泥（Muck）といい、これを主体とした土壌を黒泥土（Muck soils（Histsols））という。

(3) グライ土 (Gley soils)

排水の悪い沖積平野に分布する。地下水の高い低地は酸素不足で鉄やマンガンが還元され、生成するフェロジック水酸化鉄（$Fe_3(OH)_8$）により土層が青〜緑灰色を呈する。この土層はグライ層とよび、このグライ層が浅い位置で出現する土壌をグライ土という。グライ土は重粘質の雨水が停滞しやすいところに発達し、表層に腐植が蓄積し下層がグライ化した停滞水グライ土（Stagnogleys）と酸化と還元のくり返しがみられる水分環境で下層に酸化鉄の斑紋と還元斑がモザイク状に生じる疑似グライ土（Pesudogleys）に分けられる。

(4) 灰色低地土 (Gray lowland soils)

平坦な沖積地、扇状地、谷底平野に広く分布する土壌で、グライ土より地下水が低い。おおむね全層が灰色、灰褐色を呈している。下層に鉄やマンガンが酸化沈殿した斑紋を形成する。土性は強粘質、粘質、壌質、砂質で変化が大きい。灰色低地土壌は全国に広く分布し、全耕地面積の 20％以上を占める。

(5) 褐色低地土 (Brown lowland soils)

沖積低地のうち、自然堤防や砂州の上などの微耕地の排水良好なところに分布する。地下水が浅いため土層が酸化し、土色はほぼ全層が褐色を呈する。

以上のように北海道、東北、関東、北陸ではグライ土、泥炭土、黒泥土のような湿地型の土壌が分布し、東海、近畿、中国四国、九州では灰色低地土、褐色低地土、黄色土のような酸化型の土壌が分布する。上記の泥炭土、グライ土は地下水の作用を強く受けて生成されたものでこれを地下水湿性水田土壌という。また、灰色低地土、褐色低地土は排水のいい乾田の土壌で、灌漑水による水田土壌化作用を強く受けて生成した灌漑水湿性水田土壌としてあつかわれる。

4. 湿地土壌の生産力評価

　低地の大部分を占めるわが国の水田土壌は約80％が褐色低地土、灰色低地土、グライ土、黒泥土、泥炭土の低地土壌であり、残りの約20％は台地や丘陵地に分布する多湿黒ボク土や黄色土が主要な土壌である。これら土壌が占める水田面積は全体で2,887千haとなっている（表23）。わが国の耕地土壌の分類は上述のUSDAに準拠し、1959年から全耕地を対象に包括的な土壌調査「地力保全基本調査事業」が行われた。土壌の分類は基本的単位として母材、堆積様式が類似し、ほぼ同じ断面形態を「土壌統」に分け、土壌統のうち共通点をもつ一連の土壌統をまとめて土壌群とする。土壌統は生産力的な差異によりさらに細分され、16土壌群−60土壌統群−320土壌統、約4万7,000の土壌区に分けられた。同時に作物別に全国共通の基準を用いて、耕地土壌の生産力を分級（土壌生産力可能性分級、農林水産省農蚕園芸局 1983）した。土壌生産力可能性分級では生産力の阻害要因を明らかにし、その程度や種類によってI等級からIV等級に区分している。表土の厚さ、耕うんの難易、土地の湿・乾など13の基準項目別に要因項目と等級を決める判定指標を定め、数値表示「簡易分級式、例：IIpfIIIrIn」により生産力の分級が行われた。例では、耕耘の難易（p）と自然肥沃度（f）はII

表23　水田土壌の種類と不良土壌の等級別面積割合

土壌群	面積(ha)	不良土壌の割合(%)[1]		国際的分類の対比[2,3]	
		III	IV	WRB照合	Soil Taxonomy (USDA)
黒ボク土 (Andosols)	17,169	77.4	1.3	Andosols	Andisols
多湿黒ボク土 (Wet Andosols)	274,319	37.2	1.3	Fulvic Andosols	Andisols
黒ボクグライ土 (Gleyed Andosols)	50,760	57.4	0.1	Gleyic Andosols	Andisols
褐色森林土 (Brown Forest soils)	6,640	66.1	0	Cambisols	Inceptisols
灰色台地土 (Glay Upland soils)	79,236	44.7	2.0	Gleysols、Planosols	Ultisols, Inceptisols
グライ台地土 (Gley Upland soils)	40,227	69.2	0.2	Gleysols、Planosols	Inceptisols
黄色土 (Yellow soils)	144,304	29.4	0.6	Cambisols、Acrisols	Ultisols
暗赤色土 (Dark Red soils)	1,770	8.1	0	Luvisols	Ultisols, Alfisols
褐色低地土 (Brown Lowland soils)	141,813	29.1	0.3	Fluvisols Luvisols	Entisols、Inceptisols
灰色低地土 (Glay Lowland soils)	1,056,571	26.2	0.4	Fluvisols、Gleysols	Inceptisols
グライ土 (Gley soils)	889,199	51.8	0.1	Gleysols	Entisols、Inceptisols
黒泥土 (Muck soils)	75,944	42.6	0	Histosols	Histosols
泥炭土 (Peat soils)	109,465	53.0	0	Histosols	Histosols
計	2,887,417	38.9	0.4		

1) 生産力等級別分布割合：1等級0.1%（土壌悪化の危険性なし）、2等級60.6%（土壌悪化の危険性多少存在する）
2) 日本ペドロジー学会編（2007）、3) 中井信・小原洋・戸上和樹（2006）。

等級「土壌悪化の危険性が多少存在する」、酸化還元性（r）はIII等級「土壌悪化の危険性がかなり大きい」、養分の豊否（n）はI等級「土壌悪化の危険性なし」である。不良土壌といわれる阻害要因III等級、IV等級「耕地としての利用はかなり困難」の土壌は作物を栽培するには何らかの改善が必要となる。これとは別に、53の作物について農作物環境指標（農業環境技術研究所土壌管理科 1986）が示され、作土の厚さ、土性、透水性、塩基含有量など19の要因項目が指標化され、作物別に土壌環境改善の目標値が提示されている。前出の土壌生産力可能性分級によれば、わが国の水田は約4割が何らかの生産阻害要因をもっているが、その多くは表土が浅い、排水不良による還元障害、耕耘のむずかしさ等である。水田転換畑ではち密層の存在、通気性・排水性の不良が障害となる。その他、地質学的形成による土壌の障害として有効土層の深さや基岩、盤層、礫層など除去が困難な物理的障害と有害物質による障害がある。後者は硫黄化合物、重金属塩類に由来する害である。第三紀を母材として生成した土壌や湖沼や海岸の後背地に硫化物含堆積物、またパイライトを含むことも多く、湖沼・低地の浚渫（しゅんせつ）、海岸の干拓、ヘドロの客土等により水稲に著しい硫酸酸性障害がみられる。海成粘土の酸性原因物質が地表にさらされると、酸化されて強酸性（pH4以下）を呈する。この土壌を酸性硫酸塩土壌（acid sulfate soils）という。深さ75cm以内の硫酸酸性物質を含むグライ沖積土を潜硫酸酸性質グライ土（Potential acid sulfate gley soils）といい、わが国には327ha分布し、低地の基盤整備事業等でしばしば問題になっている。

　近年、既存農地の少ない東南アジアでは海岸低湿の農地開発でこの酸性硫酸塩土壌が大きな問題になっている。デルタの先端や海岸低地は多くがマングローブ林であり、マングローブ林の有機物は還元的環境を作り出し海水中のSO_4^{-2}（海水中には約$2.6g\ L^{-1}$のSO_4^{-2}が含まれる）と反応しパイライト（FeS_2）を生成する。堆積層が自然に陸化あるいは人為的開発で陸化が進むとパイライトの酸化により、酸性硫酸塩土壌が形成される。

　わが国は農業経営の安定向上を図るために土壌生産力評価をもとに、国を挙げて生産力の向上に努めてきた。しかし、農業従事者の減少や農業事情の変化に伴い堆きゅう肥の施用など集約的な土壌管理の実施が困難となり、地

力の減退による農業生産力の低下が問題になっている。化学肥料への依存度を高め、単作化がすすむ中、農村内部には多量の家畜糞尿が偏在し、都市からは農村へ有機性廃棄物が大量に流入している。その結果、わが国の農地土壌についてさまざまな問題が指摘されるようになった。土壌の性質は、人の関与により変化しやすく、生産性の維持には適正な土壌管理が必要である。すなわち自然肥沃度がⅠ等級の土壌も土壌管理をしないで栽培を続けたら土壌は悪化する。そればかりか土壌侵蝕（簡易分級：e）も危険性が増大する。わが国の地力の衰退は80年代初めから危惧されてきたが、最近の調査によると水田では稲わらや堆肥の施用がこの20年間に約200kgから88kg（2005年）に減少し、有機物含量の低下、作土の浅層化がみられ、水田の6割でカルシウムの過剰、7割でマグネシウムが不足している。水田農業再編に伴う土地改良事業の進展により、湿田の乾田化とこれに伴う土壌構造の変化やカルシウムやマグネシウムの減少と可給態窒素の増加など養分含有量の片寄りが指摘されている。土壌診断による適正な圃場管理もさることながら、土壌生態系がもつサブシステムの機能向上、その保全につとめ、物質循環に配慮した社会全体での養分管理が重要である。

5. 湿地土壌の作物栽培と安定栽培－土壌環境の改善と圃場管理－

　すでにみてきたように低地の水田土壌は、上流域から絶え間ない有機物や粘土の堆積により生成した比較的若い土壌である。その多くは自然肥沃度的には問題ない。水田の生産力を阻害する要因は主に排水不良による還元障害である。水田農業をめざすわが国は、自給率向上を目的とした麦・大豆の水田本作化は避けられない。これらを背景として、次に水田土壌の排水問題と作物生産について、いくつかの事例を紹介したい。

　湿害には排水性の改善が優先され、暗渠等による排水が効果的である。これには、地域全体の排水機能の強化、施工においては圃場の勾配を考慮する必要がある。

　低地の水田は地下水位、排水路の水位が高く自然排水が不可能なため、他の手段が必要となる。農業土木研究所が開発した疎水材と有孔管を同時に行うドレンレイヤー工法はコルゲート管を深さ50cmの浅層に無勾配で5m間隔に施工することで、降雨後の地下水が速く低下する。関東を中心とした農

業試験場(地域先端技術協同研究開発促進事業 2003)では中粗粒〜重粘質のグライ土でこれを実証し、水稲作後の小麦、転換畑の大豆、キャベツ等の収量品質の向上を認めている。従来工法に比べ施工時間の短縮、施工コストを軽減できると言われている。重粘質グライ土壌の作土は土壌の乾燥化に伴い急激な窒素発現がみられるが、土壌窒素の発現(乾土効果)は転換後の年数経過に伴って急速に減少する。排水の良好な褐色低地土では転換後の土壌有機物の消耗は著しく、汎用化水田は適切な有機物管理に留意する必要がある。また、低湿水田の畑地化でとくに問題となるのは土壌の乾燥に伴う土壌の固結化、これによる根の伸長阻害である。固結化防止には粗大な有機物を連年施用して土壌改良に努める必要がある。有機物の施用量として、水稲が吸収する土壌窒素量 8〜9kg 程度を目安に土壌管理が必要である。上述したように堆肥等の粗大有機物の施用は減少している。そこで、コンバイン収穫時の稲わらを土壌に戻すことは地力の維持にきわめて有効である。排水が良好で乾田化しやすい灰色低地土に収穫後の稲わらを 20 年間継続してすき込んでいる水田では、土壌からの窒素発現量が多く、また、同水田では水田裏作(小麦栽培)期間にも窒素無機化量が多く、年間を通じて、土壌からの窒素供給が高く維持される(図32)。

汎用化が可能な灰色低地土壌でも大型農業機械の踏圧により作土直下に硬い耕盤層が形成され、透水性が著しく悪化する。このような水田に麦わらを施用すると、夏期の高温時に異常還元を呈する。水稲-麦二毛作水田の還元障害として、水稲異常穂(図33)が知ら

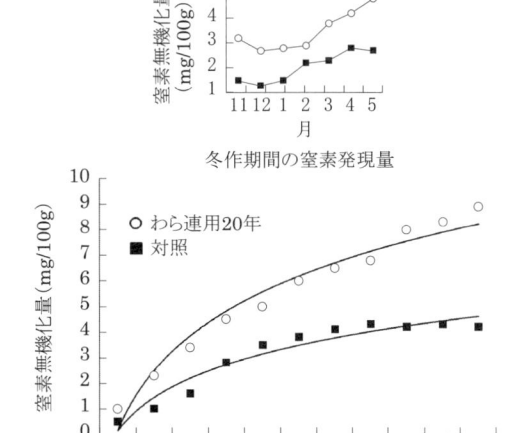

図32 わら連用水田土壌の窒素無機化量
灰色低地土、埼玉県熊谷市久保島

図33　水稲－小麦二毛作水田で発生した水稲異常穂
灰色低地土、埼玉県大里郡大里町、津田新田。

れている。C/N の高い麦わらや緑肥など新鮮な粗大有機物が投入された水田では、有機物が還元状態で分解される過程で生成するある種の成分が枝梗の分化を強く阻害する現象である。激しい場合には収量は皆無となる。対策としては水管理が有効であり、穂首分化期頃から早めの落水を行い、減数分裂期までの期間を間断灌水とすることによって土壌の還元を抑制し、被害を軽減できる。また、硫黄資材等の施用（SO_4 として 800ppm）が有効であり、石膏を含有する過リン酸石灰は 120kg/10a の施用で障害の発生を回避できる（農林水産省農業技術会議 1990）。

　次に、上述した暗渠以外の排水性改善策として、耕耘法が注目されている。土地利用型の主穀作経営では水稲－麦－大豆の 2 年 3 輪作が栽培体系の基本である。生育期が夏季となる大豆では耕耘後の土壌の過湿、過乾が発芽苗立ちの良否に大きく影響するため、低地土壌の圃場水分管理は以前からの課題であり、今日まで、さまざまな分野で研究開発が行われてきた。品種、栽培、土壌・施肥、雑草・病害虫防除を含めた総合的な研究が国公立試験研究機関で行われ、全国各地で 300kg/10a 以上の収量を達成するようになった。これらの成果をふまえて、過去の研究成果を集大成し大豆を導入した水田輪作体系の技術的展望（日本農業研究所編 2004）がなされ、排水対策を含めた総合的管理はこれを担う経営体の育成が重要である、と提言している。低地土壌の大豆、麦に関しては栽培技術上の問題点の多くは、ほぼ解決の方向に向かっているとみられる。

　最近になって水稲－麦－大豆の作輪作体系を不耕起栽培で連続して行う技術が開発されている。土壌の硬度や粘着性などの状態は土壌水分比と外圧の大きさによって変化（コンシステンシー）する。そのコンシステンシーは土性の影響を強くうけ、これは耕耘作業時の砕土率、その後の排水性に大きく

影響する。そこで、土壌の種類（カオリナイト、アロフェン、モンモリロナイトの粘土鉱物による区分）に応じた土壌タイプ別の適正耕耘法が検討され、重粘質の排水不良土壌に対しては、大豆の湿害を回避する栽培法として、アップカットロータリを用いた耕耘同時畝立て播種機が開発されている（日本農業研究所編 2004）。

この他に、耕手的な手段として地力増進作物にも注目したい。排水が良好な乾田化しやすい灰色低地土の水田や褐色低地土の水田転換畑では、下層土のち密化が排水不良の原因となり転換作物の導入を妨げている。暗渠が施工されていない圃場では、従来の弾丸暗渠やサブソイラー等による耕盤破砕や深耕が有効であるが、セスバニア（豆科植物）の根は直根性で、耕盤層を通過し、下層まで達する。ドリル播きすることにより、圃場の透水性が改善されるばかりでなく、緑肥として全量をすき込むことにより土壌の化学性、物理性の改善効果が期待される。また、秋田県八郎潟の重粘土転換畑ではヘアリーベッチが土層の改善、乾田化に有効とされ、全量すき込み後の大豆の収量は有機物栽培で約 300kg/10a を上げている。

引用文献

地域先端技術協同研究開発促進事業 2003. 大区画水田における低コスト・効果的暗渠排水による汎用化技術の確立. 研究成果報告書. pp.181.
中井 信・小原 洋・戸上和樹 2006. 土壌モノリスの収集目録及びデータ集. 農環研資料 29: 118.
日本農業研究所 編 2004. 大豆を導入した水田輪作体系の技術的展望. 水田輪作体系研究会報告. 日本農業研究シリーズ 11: 282.
日本ペドロジー学会編 2007. 土壌を愛し土壌を守る日本の土壌. ペドロジー学会 50 年集大成. 博友社, 東京. pp.47-82.
農業環境技術研究所土壌管理科 1986. 農産物生育環境指標 総集. 第 1 集 土壌環境. 日本土壌協会. pp.544.
農林水産省農業技術会議 1990. 土壌環境の変化に起因する稲作不安定化要因の解明と対策技術の開発. 研究成果シリーズ 234: 128.
農林水産省農蚕園芸局 1983. 地力保全基本調査総合生成書. pp.326.

第3章　作物の嫌気応答のメカニズム

1. 冠水抵抗性イネの開発と課題

1. 冠水抵抗性イネ育種の歴史

　冠水抵抗性イネの開発は、アジア地域を対象に進められてきた。それは、1970年までの各国の研究機関による個別の品種選抜と、1970年代以降の国際稲研究所（IRRI）が中心となって戦略的に行われた遺伝的改良研究に大別することができる。

（1）1970年までの各国の取組み

　本格的なイネの冠水抵抗性の研究は、バングラデシュおよびインドがイギリスの植民地であった1910年代に始まった。初期の研究では、主に洪水常襲地帯の在来品種の収集、純系選抜および導入育種が行われていた。このときに収集・選抜されたイネは1970年代以降の国際的な深水イネの生理・遺伝学的研究において多大な貢献をすることとなる。

　バングラデシュで研究初期に収集された深水イネの系統の中から、3mの冠水条件下で高収量（2.8t/ha）を示すBaisbishやGaburaが推奨品種として選抜された。また水深2～2.5mの冠水条件下では、茎葉部が深紫色のMaliabhangerが適応品種として選抜された（Zaman 1977）。その後1942年には、冠水条件下における収量向上を目標としたMaliabhangerの交雑育種が始まり（Zaman 1977）、野生種や高収量性のAman系統との交雑が行われ成果を上げた。

　インドの洪水常襲地帯はヒマラヤ山脈を背後にし、ガンジス川が中央部を横切るビハール州とその南部に位置する西ベンガル州である。この地域の水深は0.5～4mの範囲で、水田は中・長期間にわたり冠水する。またガンジス平原ではしばしば洪水が発生し、数日から20日間程度に冠水する地域がある（Saran 1977）。これらの冠水研究を推進するために、1914年にはビハール州のサボールおよび西ベンガル州のチンスラに研究施設が建てられた

(Catling 1992)。そして、1932年には、BR14、BR15およびBR46が深水イネ系統として選抜された。これらの品種は、強い感光性と地上部伸長性を示し、水深4mまでの冠水に適応して1～1.5t/haの収量が可能であった。一方、オリッサ州で発見されたFR13AとFR43Bには10日間程度の完全冠水に対する耐性が認められた。FR13Aは後に、冠水耐性の生理学・遺伝学的な解明に大きく寄与することとなる。西ベンガル地域ではベンガル湾に接するガンジスデルタでの深水イネの純系選抜により、耐塩性を有するPatnai23とKumragoreが選抜された（Catling 1992）。

タイでは1934年にハントラで深水イネの選抜を目的とする研究所が設立された。その結果、純系選抜によりLeb Mue Nahng、Pin Gaew56およびTapow Gaew161が選抜された（Prechachat and Jackson 1975）。これらの地上部伸長性を示す系統群と高収量品種IR262、IR648との交雑が行われた（Catling 1992）。

西アフリカでは、ギニア湾岸およびニジェール河の内陸デルタなどの氾濫原で古くからイネが栽培されている（移植の様子：口絵6）。1934年にシエラレオネにロクプルイネ研究所（Rokpur Rice Research Institute）が設立され、深水イネの品種選抜が行われた。その後、深水イネ研究は、ギニアのカンカン、マリのモプチでも重点的に実施された。とくに、西アフリカでは *O. glaberrima* の収集と評価が主に行われた（Catling 1992、金田1997）。

(2) IRRIを中心とした国際的共同研究による冠水抵抗性品種の改良

1970年代に入るとIRRIを中心に国際的な枠組みで深水イネの遺伝的改良に基づく育種研究が本格化した。1974年にBRRI（Bangladesh Rice Research Institute）で国際的なワークショップが開催され研究が加速していった。深水イネ研究の推進においては、関係国の研究環境を共通化するために、選抜方法の標準化、効率的な育種法の導入などの試みが重点的に行われた。選抜方法の標準化について、冠水回避性には、草丈の伸長性が重要なため、その検定法が確立された。草丈伸長の検定法は、直播の場合は播種後30日目の苗を用い、また、移植の場合は播種後15～20日目の苗を移植し2週間後に水深25cmで冠水させ、毎日10cmずつ水位を増加させて目標の水

深に到達したら、そのまま 2 週間の水位を維持する方法を採用した（金田 1997）。深水イネの比較品種として、その地域で最も伸長性に優れている品種 Leb Mue Nahng111、中庸の伸長性の半矮性品種 IR11141-6-1-4、あるいは低伸長性の半矮性品種 IR42 などが用いられ、伸長性を達観観察によって評価した。IRRI の標準検定評価を表 24 に示す。一方、深水イネとは異なる冠水耐性イネは、播種後 2 週間目の幼苗を 1 週間程度完全冠水させ、冠水解除後 7 日目以降の生存率を、冠水耐性品種である FR13A などを標準品種として比較し評価した。冠水耐性評価法を表 25 に示す。

　効率的な育種法の導入について、冠水抵抗性イネの育種開発の制限要因は、感光性であった。冠水抵抗性イネはその感光性のため 1 年に 1 世代しか更新できなかった。そのため交雑後に遺伝子が固定されるまで 10 年以上かかっていた。そこで、この問題を解決するために、世代促進法（rapid generation advancement）を取り入れた集団育種法が推し進められた（Ikehashi and HilleRisLambers 1979）。世代促進法とは、日長処理が出来る温室などを利用して 1 年間に 2～3 世代を進めるものである。集団育種法とは、F_2 から F_4 世代くらいまでの初期世代に、選抜を行わないで雑種集団を維持・栽培し、ホモ個体が増加した後期世代になったときに、初めて系統育種法のように個体・系統選抜を開始する育種操作である。

　近年では、分子生物学の発展に伴い分子育種法が取り入れられており、と

表 24　深水下における草丈伸長性の評価

尺度	判断基準	比較品種
1	地域で最も伸長性が優れている品種と同程度、またはそれ以上の伸長を示した品種。伸長性が優れていると判断される。	Leb Mue Nahng 111 など
3	中庸の伸長性を持つ半矮性品種よりも伸長するが、最も伸長性が優れている品種には及ばない品種。	中庸の伸長性を有する半矮性品種、IR 11141-6-1-4など
5	中庸の伸長性を持つ半矮性品種と同程度の伸長。	
7	伸長性が弱い半矮性品種よりは伸長するが、中庸の伸長性を持つ半矮性品種には及ばない品種。	
9	伸長性の弱い半矮性品種と同程度またはそれ以下の伸長性を示した品種。伸長性が最も弱いと判断される。	伸長性の弱い半矮性品種、IR 42など

IRRI Standard Evaluation System for Rice (SES)を参照。

くに冠水耐性育種では目覚しい成果を上げている。以前より冠水耐性の遺伝的特性は数少ない優勢遺伝子であることが示唆されていた。Mackillら（1993）は、インドにおいて純系選抜された冠水耐性品種FR13Aの冠水耐性に関わる遺伝子座を農業的に有用なイネに導入する試みを行った。その結果、作出されたイネIR49830系統は、冠水耐性遺伝子座を解明するための半数体倍加系統群（double haploid lines）

表25　冠水耐性の評価

尺度	生存率の相対的評価(%)[1]
1	100
3	95～99
5	75～94
7	50～74
9	0～49

[1]：(エントリーした品種の生存率/FR 13Aなどの標準品種の生存率)×100
IRRI Standard Evaluation System for Rice(SES)を参照。

の耐性品種の親として使用された。QTL解析などの結果、冠水耐性に関わる遺伝子は第9染色体に位置しており、その遺伝子は*Sub1*と名づけられた（Xuら2000）。このことにより、DNAマーカーを用いた冠水耐性系統の選抜が容易に行われるようになった。さらに*Sub1*遺伝子の機能の一部が解明され、冠水耐性の作用も解明されつつある。現在、インドなどでは、奨励品種で多収量のSwarnaにMAB（marker assisted backcrossing）を用いて冠水耐性遺伝子を導入する研究が行われている（Septiningsihら2009）。

2. 近年の冠水抵抗性品種の開発

　洪水常襲地帯で栽培されている在来の浮イネおよび深水イネはその冠水環境には適応するが収量性はきわめて低い。そのため、洪水常襲地帯での多収性の冠水抵抗性品種の開発が重点課題であった。その結果、在来の深水イネの伸長性を多収量品種に導入する試みがIRRIを中核としてアジア地域で行われた。また茎の伸長に関わるQTL解析がなされ、第12染色体に寄与率の高い、また、第1、4、5、6、10染色体に寄与率の低いQTLが存在していることが判明し、さらに詳細な研究が進められている（IRRI 1997）。

　深水イネの草型として、穂重型と穂数型のいずれがより冠水に適応するかについて議論がなされてきたが、結論は出ていない（金田1997）。IRRIでは、茎が太く、穂が長くかつ重い深水イネを開発するために、在来の深水イネと熱帯ジャポニカ亜種を掛け合わせ新たな深水イネを開発した（Gregorioら2004）。新たに開発された深水イネ（IR11141-6-1-4、

IR62364-2B-10-2-2 など)の試験栽培では、水深が 80〜90cm の条件で在来品種の約 2 倍の 4.9t/ha の収量を上げた(IRRI 1997)。しかしながら、これら新たに開発された深水イネは、農民に受け入れられず、現在でも冠水地域では在来の深水イネ品種が栽培品種の大部分を占めている。その理由として、冠水環境(水深、冠水期間、土壌、日長)への適応性や耐病性の低さなどがあげられる。このような問題点を解決する方法として現在、農民参加型品種選抜などが行われている(Thakur 2004)。冠水耐性イネの開発においては、*Sub1* 遺伝子がバングラデシュおよびインドの主要品種に導入され品種が育成されている。

参考文献

Catling, H.D. 1992. Varietal improvement In: Rice in deep water. IRRI, Los Banos, Philippines. pp.391-416.

Gregorio, G.B., Mangbas, N.B. and Senadhira, D. 2004. Genetic improvement in the flood-prone ecosystem. In: Rice research and development in the flood-prone ecosystem. Eds. Bhuiyan, S.I., Abedin, M.Z., Singh, V.P. and Hardy, B. IRRI, Los Banos, Philippines. pp.143-150.

Ikehashi, H., and HilleRisLambers, D. 1979. Integrated international collaborative program in the use of rapid generation advance in rice. *In* Proceedings of the 1978 international deep-water rice work shop, IRRI, Los Banos, Philippines. pp.261-276.

IRRI (International Rice Research Institute) 1997. Program report for 1996. IRRI, Los Banos, Philippines.

金田忠吉 1997. 熱帯農業シリーズ. 熱帯の稲品種の特性. 国際農林業協会.

Mackill, D.J., Amante, M.M., Vergara, B.S. and Sarkarung, S. 1993. Improved semi-dwarf rice lines with tolerance to submergence of seedlings. Crop Sci. 33: 749-753.

Prechachat, C. and Jackson, B.R. 1975. Floating and deepwater rice varieties in Thailand. *In* Proceedings of the International seminar on deep-water rice, August 1974, Bangladesh Rice Research Institute, Joydebpur, Dacca. pp.39-45.

Saran, S. 1977. Progress of deep-water rice research in Bihar, India. *In* Proceedings of the workshop on deep-water rice, IRRI, Los Banos, Philippines. pp.145-150.

Septiningsih, E.M., Pamplona, A.M., Sanchez, D.L., Neeraja, C.N., Vergara, G.V., Heuer, S., Ismail, A.M. and Mackill, D.J. 2009. Development of submergence-tolerant rice cultivars; *Sub1* locus beyond. Ann. Bot. : 151-160.

Thakur, R. 2004. Genetic improvement of flood-prone rice; Where are we today and what are the future prospects? In: Rice research and development in the flood-prone ecosystem. Eds. Bhuiyan, S.I., Abedin, M.Z., Singh, V.P. and Hardy, B. IRRI, Los Banos, Philippines. pp.151-162.

Xu, K., Xu, X., Ronald, P.C. and Mackill, D.J. 2000. A high-resolution linkage map of the vicinity of rice submergence tolerance locus *Sub 1*. Mol. Gen. Gent. 263: 681-689.

Zaman, S.M.H. 1977. Progress of deep-water rice research in Bangladesh. *In* Proceedings of the workshop on deep-water rice, IRRI, Los Banos, Philippines. pp.127-134.

2. イネの冠水抵抗性と生存戦略

1. イネの冠水反応性

　一般にイネは冠水すると正常な生育状態に比べ草丈をより伸長させ、水面上に葉身展開し好気条件を得ようとする性質を示す。この性質を冠水回避性（Submergence escape）あるいは地上部伸長性（Shoot elongation）と呼んでいる。本節では、冠水回避性として取り扱う。この特性は冠水条件下におけるイネの生存戦略の一つであり、とくに 30 日以上の中・長期間にわたって冠水する洪水常襲地帯で生育する浮イネや深水イネはこの性質がきわめて強い。一方、豪雨などによる鉄砲水（Flash Flood）のような急激な水位上昇を伴う 2 週間以内の短期間の完全冠水に対して、地上部の茎葉部伸長を抑制し水中で生育を維持する性質を冠水耐性（Submergence tolerance）と呼んでいる。冠水耐性は、地上部の伸長によるエネルギー消費量の増加を抑制し、退水後の嫌気から好気的環境への変化に対応する植物生理的メカニズムを備えている。一般的に、冠水耐性を示すイネは $Sub1$ と呼ばれる冠水耐性遺伝子を備えていることが知られている。

2. 冠水回避性

　洪水常襲地帯において古くから栽培されてきた浮イネあるいは深水イネと呼ばれるイネは、前述したように冠水回避性をもっているのが特徴である。浮イネは最大水深が 1m 以上でも生育が可能、深水イネは水深が 50cm 以上、最大水深が 1m 以下で生育が可能なイネと定義されている。浮イネや深水イネがもつ性質は、主に前者が節間伸長、後者が茎葉伸長に特徴づけられるが、増水に伴う急激な植物体の伸長性を、浮イネ性（Floating ability）と呼ぶことがある。浮イネ、深水イネは洪水の到来前に直播きされる場合が多く、幼植物期には普通の水稲品種と変わらない生育を示すが、いったん洪水が到来すると増水に同調して急激に地上部を伸長させ、茎葉の一部を水面上に維持し、完全冠水を回避する能力を示す。浮イネの場合、草丈を 1 日に 20～25cm も伸長させ、5m にまで達し（Vergara ら 1976）、葉身と葉鞘の伸長を除いた節間の伸長だけでも 1 日に 8cm を示す場合がある（Kawano ら 2008）。節間伸長した茎の節からは冠根が伸長し、養水分を吸収する。洪

水がピークに達した後、退水とともに水中の茎は横たわっていくが、水面上の穂は水に浸かることはない。沼沢地では水面上の穂を刈り取る場合もあるが、多くは水が引いた後に収穫を行う。地面に横たわった茎の節から発生した根がアンカーとなって上位の節間は立ち上がるため（Kneeing）、容易に収穫を行うことができる。深水イネの場合は、茎が太く深水条件でも茎が横たわらず直立し収穫期を迎える場合が多い。

　浮イネが栽培される場所は多様であり、それぞれに洪水の到来時期や期間、増水速度や最大水深などが異なっている。また、同じ場所でも洪水の時期や程度は年度によっても異なる。それぞれの地域に適した品種が栽培されるため、浮イネ品種の生態は多様であるとともに、浮イネ性自体は環境条件の変化に対して発現パターンを変化させることのできる性質である。浮イネ性を構成する要因として Vergara ら（1976）は播種から節間伸長を開始するまでの期間および節間の伸長能力とした。節間伸長開始までの期間が短ければ早く洪水が訪れた場合にも対応が可能であり、節間の伸長能力が高ければ増水の程度が大きい場合にも水没を免れる。節間伸長開始までの期間の指標として、最初に伸長を開始する節間（Lowest elongated internode：LEI）の位置を用い、原産国の異なる浮イネ品種を比べてみると、アジアイネの中ではバングラデシュ産浮イネの平均が 8.4 と最も低く、ついでタイ産、ベトナム産と続き、ミャンマー産浮イネの平均値が最も高い（Inouye 1990）。このように、LEI の位置は原産国によって大きな変異がみられるが、各国の氾濫原における洪水の到来時期が違うことを反映しているのではないかと考えられる。節間の伸長能力として一日当たりの節間伸長量（Rate of internode elongation：RIE）をみると、やはり、バングラデシュ産の浮イネが最も大きく 7.4cm/d であった（Takahashi and Mochizuki 2001）。LEI と RIE の間には負の相関関係がみられることから、両者の間には何らかの遺伝的関連があるものと考えられる。図 34 は RIE と LEI の関係を示しているが、この図からわかるように典型的な浮イネ品種は LEI が小さく、RIE が大きい。わが国の水稲は、節間伸長の開始は花芽分化と同調し、伸長節間数は 4 ないし 5 であるが、世界には花芽分化以前に節間伸長を開始するイネも多い。わが国の水稲の中でも晩生の品種を用い、長日条件で栽培

すると幼穂分化以前に節間伸長を開始し、水没させると節間伸長は促進するが、LEI は大きく、RIE は小さい。

アフリカでも浮イネは栽培されているが、アフリカイネ（*Oryza glaberrima* Steud.）の浮イネ性はアジアイネ（*O. sativa* L.）のそれと遜色がないこと（Mochizuki ら 1998、Sakagami ら 2009）、それぞれの野生種である *O. rufipogon* および *O. barthii* にも

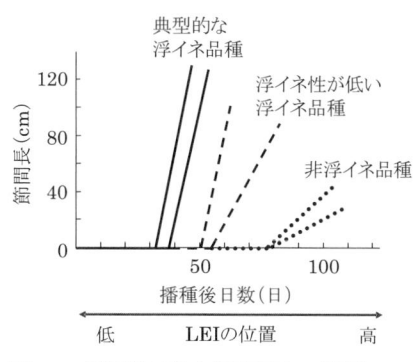

図 34　播種後日数と節間長との関係　Y＝0（X≦a）a：節間伸長開始まで日数　Y＝bX（X＞a）b：節間伸長速度（RIE）

見られる性質であること、また、南米に生息する野生種 *O. glumaepatura* にも浮イネ性のあることが報告されている（Morishima ら 1962）（口絵7）。このようなことからみて、水没に対する節間伸長の促進効果（浮イネ性）はイネに広く見られる共通の性質ではないかと考えられる。浮イネはその中でも節間伸長性が高い品種群であろう。浮イネの節間伸長の生理的メカニズムについては、水没に伴う節間内空隙のエチレン濃度の上昇、アブシジン酸（ABA）の減少、ジベレリンの増加ないし反応性の上昇によるものであることが明らかになっている（Kende 1998）。

3. 浮イネ性の遺伝的改良

浮イネ性の遺伝については、古くから研究が行われてきた（Ramiah and Ramaswami 1940、Hamamura and Kupkanchankul 1979、Tripathi and Balakrishna Rao 1985、Suge 1987、Eiguchi ら 1993）が、近年の QTL 解析法の進歩により格段に進展した。Kawano ら（2003、2008）は、バングラデシュの浮イネ品種 Bhadua と日本型水稲の Taichung 65 との交雑に由来する F_2 集団を用い、LEI と RIE に関する QTL 解析を行った。その結果、LEI については第 3 染色体と第 12 染色体上に（*qLEI3*、*qLEI12*）、RIE については、第 1 染色体と第 12 染色体上に QTL が検出され（*qRIE1*、*qRIE12*）、*qLEI12* と *qRIE12* の領域はほとんど一致していた。また、

Nemoto ら（2004）は、バングラデシュの浮イネ品種 Goai と非浮イネ長桿品種の Patnai 23 の交雑に由来する F_2 集団を用いて QTL 解析を行い、第 3 および 12 染色体上に LEI に関与する QTL を検出し、とくに第 12 染色体上の QTL の寄与率が高いことを指摘している。さらに、バングラデシュの浮イネ品種 C9285 と Taichung65 の組合せにおいても LEI の QTL はほぼ同じの位置に検出され、RIL の代わりに伸長能力の指標として用いた伸長節間長（Total internode length：TIL）の QTL（*qTIL3*、*qTIL12*）も RIE とほぼ同じ位置に検出されている（Hattori ら 2007）。これらのことから、浮イネ性には共通した遺伝子が関与していることが明らかであり、とくに第 12 染色体上には節間伸長開始期および節間伸長能力の両者に関わる重要な遺伝子があるものと考えられていたが、最近になってこの遺伝子が単離された（Hattori ら 2009）。*SNORKEL1* および *SNORKEL2* と名付けられた 2 つの遺伝子は、いずれも Ethylene Response Factors（ERFs）をエンコードし、ジベレリンを介して浮イネ性を発現させていることが明らかとなった。

4. 浮イネの生理的特性

節間の伸長は節のごく上部に存在する介在分裂組織における細胞分裂と新しく生産された細胞の伸長による。浮イネの急激な水位の上昇に伴う節間伸長は、前述の通り、植物ホルモンの作用から説明がなされている（図35）。冠水により節間周囲の水位の上昇が起きると、節間組織内のガス環境が急激に変化、つまり、酸素レベルが低下し、逆に、二酸化炭素とエチレンのレベルが上昇する。とくに、エチレンレベルの上昇は、成長抑制に作用するアブシジン酸（ABA）レベルの低下をもたらす。そして、ABA と拮抗的に作用すると考えられるジベレリンに対する反応性を増加し、結果的に顕著な節間伸長が起こると考えられている（Kende ら 1998）。

水位の急激な上昇
↓
節間内部のガス環境の急激な変化
（↓O_2、↑CO_2、↑C_2H_4）
↓ ↑C_2H_4
節間内のアブシジン酸（成長抑制ホルモン）レベルの低下
↓
ジベレリン（成長促進ホルモン）に対する反応性の増加
↓
節間伸長の誘起

図35 深水と急激な節間伸長に至る反応スキームの仮説　Kende（1998）より改写。

浮イネの植物ホルモンによる節間伸長のメカニズムは、茎切片を使用した実験系で研究されている（Metraux and Kende 1983）。浮イネの節間伸長において、ジベレリンは種々の転写調節因子や成長促進因子の遺伝子発現を上昇させる。転写レベルでは、細胞分裂の活性に関して、ジベレリン処理により細胞周期を制御する。つまり、G1 期から S 期への以降と G2 から M 期への移行に関与する、サイクリン依存性タンパク質キナーゼ遺伝子の転写レベルを上昇させている（Sauter and Kende 1992）。また、ジベレリンによって発現が増加する転写調節因子の *Os-GRF1* 遺伝子や、アブシジン酸（ABA）不活性化酵素遺伝子も知られている。浮イネにおける節間伸長の促進因子では、最近、エクスパンシンが注目されている。このエクスパンシンは細胞伸長に必要な過程である「細胞壁のゆるみ」に関与するタンパク質として、1992 年に Cosgrove のグループによりキュウリ下胚軸から単離された（McQueen-Mason ら 1992）。単離直後、エクスパンシンは、その系統図から、α-エクスパンシン（α-expansin：*EXPA*）と β-エクスパンシン（β-expansin：*EXPB*）の 2 つのファミリーから構成されるとされていたが、その後、研究が進展し、2 つのエクスパンシン様遺伝子が単離され（expansin-like A：*EXLA*、expansin-like B：*EXLB*）、現在では、4 種のファミリーから構成されるとされている。イネでは *EXPA*、*EXPB*、*EXLA*、*EXLB* についてそれぞれ、34、19、4、1 個の遺伝子がクローニングされている（http://www.bio.psu.edu/expansins/）。その中で、*EXPA* と *EXPB* の多くは、浮イネ切片の冠水処理やジベレリン処理により発現が誘導されるが、*EXLA*、*EXLB* ではその生物学的な機能は明らかとなっていない。

　浮イネの節間伸長能力の有無は、遺伝学的には 2 個の補足遺伝子によって説明され、その中の一つはジベレリンの生成に、他の一つはエチレンの反応性に関与していると考えられている（Suge 1987）。浮イネの節間伸長にはエチレンが深く関与するとされているが、イネにおけるエチレンの情報伝達系に関しても最近明らかとなってきている。イネのエチレンレセプターは、*Os-ERS1*、*Os-ERS2*、*Os-ETR2*、*Os-ETR3*、*Os-ETR4* の 5 つが知られている（Yau ら 2004）。イネのエチレンレセプター遺伝子は一般にシロイヌナズナの *ETR1* 遺伝子と同様に 2 成分制御系（two-component system）の

ヒスチジンキナーゼと類似性を示した。つまり、それらの基本的な構造は、3～4つの膜貫通領域、GAF領域、ヒスチジンキナーゼ領域、レシーバー領域の4種類（*Os-ERS1*と*Os-ERS2*はレシーバー領域を欠く）からなっている。これまでの研究で、膜貫通領域は、エチレンの受容に働き、ヒスチジンキナーゼ領域は自己リン酸化活性をもち、さらにレシーバー領域はエチレン受容反応の調節に関わると考えられている。さらに、Yauら（2004）とほぼ同時期に、浮イネの茎切片からエチレンレセプター遺伝子、*Os-ERL1*（これは、Yauら（2004）の*Os-ETR2*に相当する）が単離された（Watanabeら 2004）。この遺伝子は、浮イネ切片の浸水処理やジベレリン処理によって発現が増大するため、浮イネの節間伸長におけるエチレンの役割を解明するうえで興味深いと考えられる。イネのエチレンレセプター遺伝子は、多重遺伝子ファミリーを形成すると考えられており、エチレン処理とエチレンレセプター遺伝子の誘導との関係については今後の進展が待たれる（Rzewuski and Sauter 2008）。その他、浮イネの節間伸長に関する遺伝子については、エチレン処理によりシトクロムP450遺伝子の発現が上昇するとされているが（Watanabeら 2008）、この詳細な機能についてはわかっていない。

5. 冠水耐性の生理的特徴

水中では、酸素・二酸化炭素などの気体の拡散速度は大気中に比べて10,000倍遅いといわれている（Armstrong 1979）。そのため水面が沈滞した冠水や、夜間の緑藻類の呼吸量増加による水中の酸素濃度の低下は、冠水下のイネ体内のエネルギー代謝に影響を及ぼしている。低酸素下では、エネルギー代謝が好気的呼吸からアルコール発酵に変わるため、エネルギー効率が極端に低下する。また、短期冠水中にイネの地上部（草丈）徒長は退水後の倒伏を助長し、生育停滞あるいは枯死する場合がある（Setterら 1997、Itoら 1999、Kawanoら 2002）。そのため、短期冠水においては冠水中の嫌気条件下で地上部の伸長と退水後の倒伏を抑制することによって、退水後の好気条件下の生育を維持することが望まれる。冠水中の地上部伸長量と冠水耐性には負の相関が示されている（Setterら 1996）。冠水に対するイネの生理的反応の品種間差異は植物ホルモンの生成などが密接に関係してい

る。前述の浮イネの生態で述べたとおり、冠水中の茎葉部伸長に関しては、少なくともエチレン、ジベレリン、ABAの3つの異なる植物ホルモンが関与していることが知られている（Kendeら 1998）。冠水回避性型のイネは冠水直後に蓄積するエチレンとジベレリンによって草丈の伸長が促進される。一方、冠水耐性型のイネはエチレンに対する感受性を低下させ草丈伸長を抑制すると考えられている。

　短期冠水における冠水回避性と冠水耐性の異なる点は、退水後の好気的環境への反応性である。これはイネ体内の炭水化物代謝のバランスが異なっているためである（Setterら 1997、Itoら 1999、Ramら 2002、Jackson and Ram 2003）。水田等の完全冠水下では弱光、濁水および二酸化炭素量の不足により光合成速度が低下し、イネ体内で同化する炭水化物の供給量が減少する。そのような環境下で、イネは茎葉の器官の細胞分裂を伴う草丈の伸長と生育を維持しなければならないため、必要なエネルギー供給源である炭水化物量の供給と需要のバランスをくずし、結果的に炭水化物量の枯渇を招いている（Ramら 2002、Jackson and Ram 2003）。このことが好気的環境への適応、いわゆる冠水ストレスからの回復能力に大きな影響を与えている（口絵8）。

　冠水時のエタノール発酵の中間産物として、毒性の高いアセトアルデヒドが生成されることが知られている。そして、退水後に蓄積したエタノールが酸化されてアセトアルデヒド濃度が増加することで、植物の生育に直接的な障害を与えると考えられている。一方で、Ramら（2002）は、冠水耐性イネ品種のFR13Aは感受性品種に比べて、退水後のアセトアルデヒド濃度が約2倍であるにもかかわらず、冠水による障害が小さいことから、アセトアルデヒドの直接的作用に否定的な意見を示しており、今後の研究に注目していきたい。

　冠水中の嫌気から退水後の好気条件へのドラスティックな環境変化において重要な生理的形質は、活性酸素に対する防御反応であろう（Kawanoら 2002）。冠水耐性イネは感受性イネに比べて、冠水中に炭水化物を起源とする抗酸化物質であるアスコルビン酸を多く蓄積し、退水後の活性酸素による生育障害が小さい。したがって、冠水耐性には冠水中および退水後の異な

る環境下での適応力を備えていることが観察される。水中での気体拡散速度は大気中に比べてきわめて遅いため、気体であるエチレンはイネ体内に蓄積される（Armstrong 1979）。エチレン濃度の上昇は ABA の減少を助長し、その減少によってジベレリンに対する感受性が高まり草丈の伸長が促進される（Kende ら 1998）。このような内生物質作用は特定の遺伝子によって支配されていることがわかっている。

以上のように、冠水耐性の生理的機能を述べてきたが、イネが短期冠水条件に適応するためには、冠水中の不要な代謝を抑制し、エネルギー利用効率を高めること、退水後の好気（高酸素）条件への素早い生育適応戦略を備えていることが必要である。

6. 冠水耐性遺伝子の機能

インドで発見され冠水耐性を示す代表的な品種 FR13A は冠水耐性遺伝子 $Sub1$ を有している（Xu and Mackill 1996）（口絵9）。近年この $Sub1$ 遺伝子作用の詳細が解明されてきている。$Sub1$ は第9染色体に座位しており、とくに $Sub1$ 領域にある $Sub1A\text{-}1$ が冠水耐性に密接に関与していることが最近に明らかになった（Xu ら 2006）。$Sub1A\text{-}1$ はエチレンに対する感受性を低下させ、またスクロース合成酵素と細胞の伸長に関わるエクスパンシン遺伝子の発現を抑制している。このことにより、ジベレリン作用の抑制、糖代謝の低下および細胞伸長の抑制が行われる。この $Sub1$ 遺伝子の発現によって、イネは短期間の冠水条件下において、地上部の伸長を制限するとともに、エネルギー消費を抑制し、水中での生存を維持できている。

$Sub1$ 遺伝子はエチレン反応を抑制していることは述べたが、最新の研究から $Sub1$ は $Sub1A$、$Sub1B$、$Sub1C$ の3つの遺伝子を有し、さらに $Sub1A$ はさらに $Sub1A\text{-}1$ と $Sub1A\text{-}2$ の対立遺伝子を有していることが明らかとなっている。アジアの冠水地域に適応したイネ品種育成のために、インドやスリランカでは $Sub1$ を栽培品種に導入する研究が行われている。国際稲研究所（IRRI）では、冠水条件下で水稲品種 IR64 の収量が 1.4t/ha であるのに対して、$Sub1$ を導入した IR64 が 3.8t/ha まで向上したと発表している。これら遺伝子の導入系統はマーカー選抜技術によって作出されているため、遺伝子組み換えとは異なり、早い段階での実用化が期待される。

引用文献

Armstrong, W. 1979 Aeration in higher plants. In: Woolhouse H.W. ed. Adv. Bot. Res. Vol.7: 225-331.
Eiguchi, M., Sano, R., Hirano, H. and Sano, Y. 1993. Genetic and developmental bases for phenotypic plasticity in deepwater rice. J. Hered. 84: 201-205.
Hamamura, K. and Kupkanchanakul, T. 1979. Inheritance of floating ability in rice. Japan. J. Breed. 29: 211-216.
Hattori, Y., Miura, K., Asano, K., Yamamoto, E., Mori, H., Kitano, H., Matsuoka, M. and Ashikari, M. 2007. A major QTL confers rapid internode elongation in response to water rise in deepwater rice. Breed. Sci. 57: 305-314.
Hattori, Y., Nagai, Furukawa, S., Song, X. J., Kawano, R., Sakakibara, H., Wu, J., Matsumoto, T., Yoshimura, A., Kitano, H., Matsuoka, M., Mori, H. and Ashikari, M. 2009. The ethylene response factors *SNORKEL1* and *SNORKEL2* allow rice to adapt deep water. Nature 460: 1026-1030.
Inouye, J. 1985. Variation of elongation ability in the Asian floating rice (*Oryza sativa* L.). JARQ. 19: 86-91.
Ito, O., Ella, E. and Kawano, N. 1999. Physiological basis of submergence tolerance in rainfed lowland rice ecosystem. Field Crop. Res. 64: 75-90.
Jackson, M.B., and Ram. P.C. 2003. Physiological and molecular basis of susceptibility and tolerance of rice plants to complete submergence. Ann. Bot. 91: 227-241.
Kawano, N., Ella, E., Ito, O., Yamauchi, Y. and Tanaka, K. 2002. Metabolic changes in rice seedlings with different submergence tolerance after desubmergnece. Environ. Exp. Bot. 47: 195-203.
Kawano, R., Doi, K., Yasui, H., Mochizuki, T. and Yoshimura, A. 2008. Mapping of QTLs for floating ability in rice. Breed. Sci. 58: 47-53.
Kende, H., Van der Knaap, E. and Cho, H.-T. 1998. Deepwater rice: A model plant to study stem elongation coleoptile growth in internodes of deepwater rice. Planta 90: 333-339.
Kende, H., van der Knaap, E. and Cho, H.T. 1998. Deepwater rice: A model plant to study stem elongation. Plant Physiol. 118: 1105-1110.
McQueen-Mason, S., Durachko, D.M. and Cosgrove, D.J. 1992. Two endogenous proteins that induce cell wall expansion in plants. Plant Cell 4: 1425-1433.
Metraux, J.P. and Kende, H. 1983. The role of ethylene in the growth response of submerged deep water rice. Plant Physiol. 72: 441-446.
Mochizuki ,T., Ryu, K. and Inouye, J. 1998. Elongation ability of African floating rice (*Oryza glaberrima* Steud.). Plant Prod. Sci. 1: 134-135.
Morishima, H., Hinata, K. and Oka, H. 1962. Floating ability and drought resistance in wild and cultivated species of rice. Indian J. Genet. Plant Breed. 22:1-11.
Nemoto, K., Ukai, Y., Tang, D.Q. and Kasai, Y. 2004. Inheritance of early elongation ability in floating rice revealed by diallel and QTL analysis. Theor. Appl. Genet. 109: 42-47.
Ram, P.C., Singh, B.B., Singh, A.K., Ram, P., Singh, P.N., Singh, H.P., Boamfa, E.I., Harren, F.J.M., Santosa, E., Jackson, M.B., Setter, T.L., Reuss, J., Wade, L.J., Singh, V.P. and Singh, R.K. 2002. Submergence tolerance in rainfed lowland rice: physiological basis and prospects for cultivar improvement through marker-aided breeding. Field Crop. Res. 76: 131-152.
Rzewuski, G. and Sauter, M. 2008. Ethylene biosynthesis and signaling in rice. Plant Sci. 175: 32-42.

Sakagami, J., Joho, Y. and Ito, O. 2009. Contrasting physiological responses by cultivars of *Oryza sativa* and *O. glaberrima* to prolonged submergence. Ann. Bot. 103: 171-180.

Sauter, M. and Kende, H. 1992. Gibberellin-induced growth and regulation of the cell-division cycle in deep-water rice. Planta 188: 362-368.

Setter, T.L. and Laureles, E.V. 1996. The beneficial effect of reduced elongation growth on submergence tolerance in rice. J. Exp. Bot. 47: 1551-1559.

Setter, T.L., Ellis, M., Laureles, E.V., Ella, E.S., Senadhira, D., Mishra, S.B., Sarkarung, S. and Datta, S. 1997. Physiology and genetics of submergence tolerance in rice. Ann. Bot. 79: 67-77.

Suge, H. 1987. Physiological genetics of internodal elongation under submergence in floating rice. Jpn. J. Genet. 62: 69-80.

Tripathi, R.S. and. Rao, M.J.B. 1985. Inheritance studies of characters associated with floating habit and their linkage relationship in rice. Euphytica 34: 875-881.

Vergara, B.S., Jackson, B. and De Datta, S.K. 1976. Deep water rice and its response to deep water stress. *In*:"Climate and Rice" IRRI (ed.), IRRI, Los Banos, Philippines. pp.301-319.

Watanabe, H., Saigusa, M., Hase, S., Hayakawa, T. and Satoh, S. 2004. Cloning of a cDNA encoding an ETR2-like protein (Os-ERL1) from deep water rice (*Oryza sativa* L.) and increase in its mRNA level by submergence, ethylene and gibberellin treatments. J. Exp. Bot. 55: 1145-1148.

Watanabe, H., Kende, H., Hayakawa, T. and Saigusa, M. 2008. Cloning of a cytochrome P450 gene induced by ethylene treatment in deepwater rice (*Oryza sativa* L.). Plant Prod. Sci. 11: 124-126.

Xu, K. and Mackill, D.J. 1996. A major locus for submergence tolerance mapped on rice chromosome 9. Mol. Breed. 2: 219-224.

Xu, K., Xu, X., Fukao, T., Canlas, P., Maghirang-Rodriguez, R., Heuer, S., Ismail, A.M., Bailey-Seeres, J., Ronald, P.C. and Mackill, D.J. 2006. *Sub1*A is ethylene-response-factor-like gene that confers submergence tolerance to rice. Nature 442: 705-708.

Yau, C.P., Wang, L., Yu, M., Zee, S.Y. and Yip, W.K. 2004. Differential expression of three genes encoding an ethylene receptor in rice during development, and in response to indole-3-acetic acid and silver ions. J. Exp. Bot. 55: 547-556.

3. 冠水条件におけるイネの発芽期および幼植物期の応答と適応

1. はじめに

　イネは他の作物に比べて水中の酸素欠乏条件下でもよく発芽するが、その後の幼植物の成長は、鞘葉が長く伸びて幼根が伸長しない生育形態を示す。それに対し、酸素良好の好気条件の場合、葉齢の進展や葉緑素の形成がスムーズにすすむ（口絵10）。冠水条件におけるイネ幼植物の鞘葉の伸長は、Kordan（1974）によると、シュノーケル効果（the Snorkel effect）とよば

3. 冠水条件におけるイネの発芽期および幼植物期の応答と適応

れ、イネが湛水土壌に播種された際に、鞘葉の先端が水面上に抽出し、生育に必要な酸素を獲得するための適応機構であるとされている。また、東南アジアの洪水常襲地域では、水位の上昇に応じて地上部や節間伸長を誘起し、水没を免れるイネの生態型（浮イネ、深水イネ）が存在する。このようなことから、イネは発芽・幼植物期から成熟期にいたるライフサイクルの中で、水環境に対する適応能力が高い作物の一つといえる。

イネを含め多くの作物や植物で、冠水などの低酸素条件や嫌気条件に対する反応性に関する報告は古くから多い。たとえば、冠水に対する組織形態や生理的な応答機構さらに当該遺伝子のクローニング、遺伝子組換え作物の作出などを含む分子生物学などの基礎的研究、あるいは冠水抵抗性を示す品種の作出や栽培管理に関する研究例など多岐にわたり、現在もその進展が著しい。このことから、当該分野に関する詳細な著書、総説や論文などが多く出されている（Agarwal and Grover 2006、Jackson 2008、Jackson ら 2009、Magneschi and Perata 2009、Ismail ら 2009）。本節では、イネの幼植物に関する冠水抵抗性について、主に形態および生理的な側面から述べる。また、冠水抵抗性や嫌気耐性の付与の必要性と稲作の関係について述べる。

2. アミラーゼによる種子中の炭水化物の分解と糖代謝

α-アミラーゼは、穀類の種子発芽に重要とされている（Murata ら 1968）。イネ、コムギ、オオムギ、ライムギとエンバクの 5 種類の畑作物の中で、冠水条件ではイネにおいてのみ α-アミラーゼ mRNA の増加がみられた（Perata ら 1993）。α-アミラーゼは、種子の胚盤の上皮組織またはアリューロン層で合成・分泌され、貯蔵物質であるデンプンを分解し、可溶性糖類を生産する。生産された糖類は成長組織に転流されて、嫌気条件下における成長のエネルギーとなる。

低酸素条件下におけるアミラーゼ活性とイネ幼植物の生育には強い正の相関がみられ、冠水抵抗性品種のアミラーゼ活性は非抵抗性品種に比べて有意に高い。α-アミラーゼには、*RAmy1A*、*RAmy3C*、*RAmy3D*、*RAmy3E* などのアイソフォームが存在するが、その中で、*RAmy3D* の発現レベルが抵抗性品種で高い。この *RAmy3D* は低酸素条件下における冠水抵抗性品種の作用に強く関与し、他の α-アミラーゼとともに働いて、発芽や幼植物期の

デンプンの加水分解およびアルコール発酵やエネルギー生産に重要な役割を有していると考えられている（Loreti ら 2003、Lasanthi-Kudahettige ら 2007、Ismail ら 2009）。α-アミラーゼの誘導は、植物ホルモンのジベレリンの働きにより促進されるが、冠水条件下での α-アミラーゼの発現とジベレリンの作用の関係については詳しいことはわかっていない。このように、種子のデンプンの分解は冠水条件下におけるイネの生育に重要であるが、α-アミラーゼ以外の、デンプン分解酵素における低酸素条件下における活性や発現レベルの解析は、イネの冠水抵抗性の作用機構を明らかにするうえで必要である。

　糖代謝は、α-アミラーゼによるデンプン分解の他に、冠水抵抗性の向上においてもう一つの重要な点である。冠水抵抗性品種は低酸素条件においても、デンプンを可溶性糖類に変換する能力が高く、そのことがおそらく冠水条件下での生存と地上部の成長に重要と考えられている（Ismail ら 2009）。糖代謝は複雑な生化学的な過程によるが、植物ホルモンやその他の生理的な要因によって制御されており（Umemura ら 1998）、スクロース等の可溶性糖類が発芽中の種子の主要なエネルギーの一つであると考えられる。

3. 解糖と発酵

　作物が細胞機能を維持して生存するためには持続的にエネルギーを生産する必要がある。しかし、多くの作物は低酸素あるいは無酸素状態にあるとき、**クエン酸（TCA）回路**や電子伝達系が抑制され、酸化的リン酸化によるエネルギー生産を行うことができない。このとき、作物の生存は嫌気呼吸、つまり解糖系（炭水化物から ATP を生産する）や発酵によるエネルギー生産に大きく依存している。作物が解糖系を維持するためには、蓄積し続けるピルビン酸と NADH の消費が必要不可欠である。つまり、解糖系に引き続いて起こる乳酸発酵とエタノール発酵により、ピルビン酸が代謝される。乳酸発酵では、NADH を使用して、ピルビン酸を乳酸に還元し NAD^+ を再生する。一方、アルコール発酵では、ピルビン酸はピルビン酸脱炭酸酵素（Pyruvate decarboxylase：PDC）の働きにより、アセトアルデヒドに変換され、その後、アルコール脱水素酵素（Alcohol dehydrogenase：ADH）の活性が増加し、エタノールが生成される。このことより、PDC や ADH

は解糖系におけるエネルギー生産に貢献すると考えられ、冠水ストレス耐性の指標の一つと考えられる。イネは、他の作物に比べて有効なアルコール発酵系を有していると考えられている。冠水あるいは嫌気ストレスによる *ADH* 遺伝子の誘導には、ARE（anaerobic responsive element）と呼ばれるシス配列やそれに結合する転写因子の存在が重要であることが知られている（Walker ら 1987）。

4. エチレンの低酸素条件下における生育促進

エチレンは植物ホルモンの一つであるが、このエチレン処理により、イネの鞘葉の伸長が促進されることが Ku ら（1970）によって明らかにされた。この報告以来、多くの水生植物あるいは半水生植物において、エチレンによる成長促進現象が報告された。冠水抵抗性のイネ品種（Khao Hlan On）は非抵抗性の品種に比べて、エチレン発生量が多かった（Ismail ら 2009）。また、低酸素条件下において、鞘葉長と根長はエチレン発生量と有意な正の相関関係が認められた（崔ら 1997）。エチレンは、イネにおいて胚盤からのスクロースの鞘葉への転流を促進することにより、鞘葉の糖の蓄積を誘起して、伸長の要因となっていることが知られている（Ishizawa and Esashi 1988）。エチレンは、L-メチオニンを前駆物質とした生合成経路により合成されるが、その際の 1-aminocyclopropane-1-carboxylic acid（ACC）合成酵素と ACC 酸化酵素がエチレンの生合成の調節に重要であるとされている。

また、エチレンは他の植物ホルモンと協働して幼植物器官の伸長を促進する。なかでも、ジベレリンはエチレンと協働して、イネの鞘葉や第 1 葉の伸長を促進することが知られている（Suge 1974）。この協働作用は、^{14}C でラベルされた GA_1 を用いた代謝実験により、エチレンによるジベレリンの感受性の増加や、GA_1 のターンオーバーの促進によると考えられている（Furukawa ら 1997）。また、このジベレリンとエチレンの協働作用は、実際の直播栽培における初期生育の促進を可能にすることが報告されている（Watanabe ら 2007）。つまり、エチレン発生剤であるエテホンとジベレリンを種子浸漬により処理し、催芽籾を土中に播種したところ、両ホルモンの併用処理は単独処理に比べて、鞘葉や第 1 葉の伸長を促進し、出芽が早かった。

5. 細胞伸長に関わる酵素

冠水時あるいは低酸素時における幼植物の伸長には顕著な細胞伸長が必要である。細胞伸長に関わる酵素としては、ペルオキシダーゼとエクスパンシンが知られている。ペルオキシダーゼは、細胞壁におけるリグニンの生合成やタンパク質の配置に関与するとされている（Whitmore 1978）。無酸素条件により、ペルオキシダーゼの活性が低下し、鞘葉の伸長とペルオキシダーゼ活性には負の相関がみられ、エチレンによる鞘葉伸長の際には活性が低下する（Lee and Lin 1996、Ismail ら 2009）。他方、エクスパンシンは細胞壁の伸展性に関与する酵素とされており（詳しくは、本章 2 節を参照）、イネの伸長成長では、*Os-EXP1*、*Os-EXP2*、*Os-EXP3*、*Os-EXP4* の発現の上昇が知られているが（Cho and Kende 1997、Huang ら 2000）、冠水条件下における鞘葉の伸長には、*Os-EXP2*、*Os-EXP4*（Huang ら 2000）や *Os-EXP7*、*Os-EXP12*（Lasanthi-Kudahettige ら 2007）が関与することがそれぞれの遺伝子の発現解析によって明らかにされている。

6. イネの発芽から幼植物期を通した冠水抵抗性

イネの発芽から幼植物期における冠水抵抗性のメカニズムの一例を述べる（図 36）。種子中の貯蔵性炭水化物が *RAmy3D* といったアミラーゼの活性により分解される。分解産物である可溶性糖類は、解糖やアルコール発酵により発芽や幼植物の成長に必要なエネルギー（ATP）や還元力（NADH）をつくりだす。この経路では、ADH や PDC が鍵酵素になる。発芽後、種子の周囲の環境でエチレンが産生され、このエチレンはペルオキシダーゼ

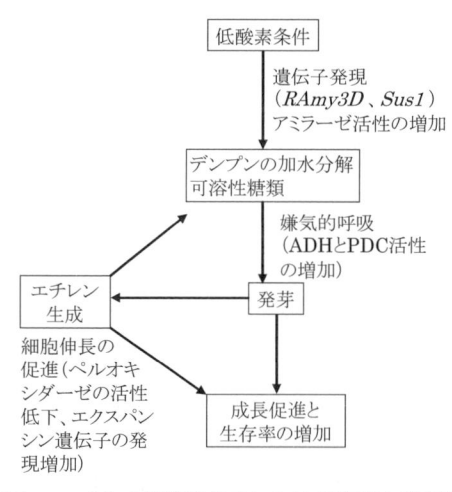

図 36　イネの低酸素条件における発芽と幼植物の生育促進のメカニズム　Ismail ら（2009）をもとに著者により改変。

などの細胞の硬化などに関与する酵素に作用し、細胞の伸長と拡大が行われる。エチレンは、ABA の生合成を抑制し、GA の生合成と組織に対する感受性を増し、種々の糖代謝に関わる酵素、とくにアミラーゼの活性を賦活化する。一方、細胞伸長に関わるエクスパンシン遺伝子の発現誘導が冠水条件下における鞘葉の伸長の際に起こる。これらの一連の流れを通して、イネの発芽から幼植物期にかけて器官の生育促進がなされ、低酸素というストレス条件下でもイネは生存できると考えられている。

7. 水稲栽培における冠水抵抗性の利用

（1）乳苗の冠水抵抗性の利用

　水稲の苗は育苗様式や育苗期間などの違いによって乳苗、稚苗、中苗、成苗などさまざまなものがある。このうち、乳苗は育苗日数が 5〜7 日と最も短く、移植栽培の中では省力・低コストな育苗が可能である。この乳苗は、苗体が小さく、本田での植え付け深度が深くなると苗の埋没程度が稚苗に比べて大きく、冠水状態になりやすい。しかし、湛水深の増加に対する移植後の初期生育の低下は稚苗と同等もしくは低い傾向にあることから、冠水条件に強いとされている。また、水田土壌という嫌気条件下への深植えに対する抵抗性も他の苗にくらべて強いとされている。これは、胚乳養分の約 50％が残存しており、冠水条件や嫌気土壌中においても茎葉を伸長させることができるためである（山本 1997）。

（2）直播栽培の出芽・苗立ちにおける芽生器官の伸長性の利用

　水稲の直播栽培において、出芽・苗立ちといった初期生育の確保は重要である。水稲の直播栽培では、種籾は冠水条件あるいは嫌気的な土中に播種されるので、低酸素あるいは嫌気条件下での鞘葉、第 1 葉といった芽生器官の伸長は出芽・苗立ちの向上に重要である。直播栽培の初期生育向上には、植物ホルモンを含む植物成長調整剤の処理が有効であることが知られている。たとえば、現在の日本における湛水直播栽培では過酸化カルシウム（カルパー）の種籾への被覆処理が一般的である。この処理では、過酸化カルシウムと水による反応で生じた酸素を嫌気土壌中に播種された種籾が利用し、幼植物の生育を促進して、出芽・苗立ち率の向上を図ろうとしたものである。また、最近ではエチレン発生剤であるエテホンとジベレリンを種子浸漬により

処理し、催芽籾を土中に播種したところ、両剤の併用処理は単独処理に比べて、鞘葉や第 1 葉の伸長を促進し、さらに出芽も早かった（Watanabe ら 2007）。この生育促進作用には、エテホンとジベレリンの相乗的な効果がみられ、「4.」にある作用機構によるものが一因と考えられる。この両ホルモンの併用処理は、実際の栽培現場で実用化はなされておらず試験研究の段階であるが、冠水条件下に播種されたイネにおいて、種子の生理活性や幼植物の器官の伸長を促進することにより、初期生育の向上をめざしたものである。

このように、イネにおける植物ホルモンなどの成長調整剤の投与は、冠水条件といった低酸素条件下における芽生器官の生育促進により、直播条件における出芽・苗立ちを安定化することが期待される。

引用文献

Agarwal, S. and Grover, A. 2006. Molecular biology, biotechnology and genomics of flooding-associated low O_2 stress response in plants. Crit. Rev. Plant Sci. 25: 1-21.

Cho, H.T. and Kende, H. 1997. Expression of expansin genes in rice is correlated with growth. Plant Physiol. 113: 1137-1143.

Furukawa, K., Yang, Y.Y., Honda, I., Yanagisawa, T., Sakurai, A., Takahashi, N. and Kamiya, Y. 1997. Effects of ethylene and gibberellins on the elongation of rice seedlings (*Oryza sativa* L.) Biosci. Biotech. Biochem. 61: 864-869.

Huang, J., Takano, T. and Akita, S. 2000. Expression of alpha-expansin genes in young seedlings of rice (*Oryza sativa* L.). Planta 211: 467-473.

Ishizawa, K. and Esashi, Y. 1988. Action mechanism of ethylene in the control of sugar translocation in relation to rice coleoptile growth. Ⅰ. Sucrose metabolism. Plant Cell Environ. 29: 131-141.

Ismail, A.M., Ella, E. S., Vergara, G.V., and Mackill, D.J. 2009. Mechanisms associated with tolerance to flooding during germination and early seedling growth in rice (*Oryza sativa*). Ann. Bot. 103: 197-209.

Jackson, M.B. 2008. Ethylene-promoted elongation: an adaptation to submergence stress. Ann. Bot. 101: 229-248.

Jackson, M.B. Ishizawa, K. and Ito, O. 2009. Evolution and mechanisms of plant tolerance to flooding stress. Ann. Bot. 103: 137-142.

Kordan, H.A. 1974. Patterns of shoot and root growth in rice seedlings germinating under water. J. Appl. Ecol. 11: 685-690.

Ku, H.S., Suge, H., Rapport, L. and Pratt, H.K. 1970. Stimulation of rice coleoptile growth by ethylene. Planta 90: 333-339.

Lasanthi-Kudahettige, R., Manheschi, L., Loret, E., Gonzali, S., Licausi, F., Novi, G., Beretta, O., Vitulli, F., Alpi, A. and Perata, P. 2007. Transcript profiling of the anoxic rice coleoptile. Plant Physiol. 144: 218-231.

Lee, T.M. and Lin, Y.H. 1996. Peroxidase activity in relation to ethylene-induced rice (*Oryza*

sativa L.) coleoptile elongation. Bot. Bull. Acad. Sinica 37: 239-245.
Loreti, E., Yamaguchi, J., Alpi, A. and Perata, P. 2003. Sugar modulation of α-amylase genes under anoxia. Ann. Bot. 91: 143-148.
Magneschi, L. and Perata, P. 2009. Rice germination and seedling growth in the absence of oxygen. Ann. Bot. 103: 181-196.
Murata, T., Akazawa, T. and Fukuchi, S. 1968. Enzymic mechanism of starch breakdown in germinating rice seeds. Ⅰ. An analytical study. Plant Physiol. 43: 1899-1905.
Perata, P., Geshi, N., Yamaguchi, J. and Akazawa, T. 1993. Effect of anoxia on the induction of alpha-amylase in cereal seeds. Planta 191: 402-408.
崔 忠惇・山内 稔・竹内安智 1997. イネ芽生えのエチレン生成と生長における品種間差異. 植物の化学調節 32: 94-100.
Suge, H. 1974. Synergistic action of ethylene with gibberellins in the growth of rice seedlings. Proc. Crop Sci. Soc. Japan 43: 83-87.
Umemura, T., Perata, P., Futsuhara, Y., and Yamaguchi, J. 1998. Sugar sensing and α-amylase repression in rice embryos. Planta 204: 420-428.
Walker, J.C., Horward, E.A., Dennis, E.S. and Peacock, L.A. 1987. DNA sequences required for anaerobic expression. on the maize *Adh1* gene. Proc. Natl. Acac. Sci. USA 84: 6624-6629.
Watanabe, H., Hase, S. and Saigusa, M. 2007. Effects of the combined applications of ethephon and gibberellin on growth of rice (*Oryza sativa* L.) seedlings. Plant Prod. Sci. 10: 468-472.
Whitmore, F.W. 1978. Lignin-protein complex catalyzed by peroxidase. Plant Sci. Let. 13: 241-245.
山本由徳 1997. 作物にとって移植とは何か. 農文教, 東京. pp.1-210.

4. 過湿土壌に対する作物の応答と適応機構

1. はじめに

　水位が高くなり植物全体が完全に冠水した場合だけではなく、根だけが過湿状態に陥った場合にも、ほとんどの植物で生育阻害がみられる（このことを湿害という）。過湿状態になった土壌では、水中の酸素拡散速度が大気中の約 1/10,000 に低下するために、大気から根への直接的な酸素供給が滞る。さらに、残存した酸素も植物の根や土壌微生物の呼吸に使われるために、酸素濃度は急激に低下する。土壌の低酸素状態が引き金になり、酸化還元電位が低下するとともに、土壌中のエチレン濃度や植物が過剰に吸収すると有毒なイオン（たとえば Mn^{2+}、Fe^{2+}、S^{2-}）濃度が増加する。このように、過湿状態になった土壌では、根の好気呼吸の抑制だけではなく、無機養分の濃度と可給性の変化、有毒物質の増加といった要因が絡み合って植物に障害を与える。それでは植物はどのようにこの低酸素状態を感知し、障害を回避して

いるのだろうか？ 本節では植物による低酸素状態のセンシング、短期の適応に関わるエネルギー代謝の変化、植物の低酸素ストレスからの回避反応について解説し、最後に作物の適応機構と耐湿性の関係について論じる。

2. 植物による低酸素状態のセンシング

　土壌が過湿状態になり低酸素状態になった植物細胞では、細胞レベルでの生理活性の変化が遺伝子発現や植物の生理・形態形成に影響し、低酸素状態への適応応答が進行する。植物がこれらの適応機構を活性化するためには、低酸素状態を感知し、その情報を細胞や組織レベルで伝達することが必要である。

　真核生物が低酸素状態を感知するメカニズムは、これまで、主に動物を用いた研究により明らかにされてきた。Guzy and Schumacker（2006）のモデルでは、ミトコンドリアの電子伝達系からの活性酸素種（ROS：Reactive Oxygen Species）の放出が低酸素状態の感知に関与していると考えている。通常の酸素濃度では、oxygen-consuming prolyl hydroxylases（PHDs）が酸素を消費することで活性型となっているため、PHDs が Hypoxia Inducible Factor 1α（HIF1α：低酸素応答に関わる遺伝子発現を制御する転写因子のサブユニット）のプロテアソームによる分解を促進することで低酸素応答性遺伝子の発現を抑制している。一方、低酸素状態では、PHDs は酸素の不足とミトコンドリアから発生する ROS によって不活化される。このため、HIF1α は分解されずに低酸素応答性の遺伝子発現を誘導する。動物で明らかになったこのモデルと同様に、植物でも低酸素状態で PHDs をコードする mRNA と ROS は増加するものの、これまでのところ植物では HIF1α のオルソログは見付かっていない（Bailey-Serres and Voesenek 2008）。次項で扱うエネルギー代謝の変化や低酸素ストレスからを回避するための形態的な変化には、植物による低酸素状態の感知が必要であるが、そのメカニズムはほとんどわかっていない（Bailey-Serres and Chang 2005、Bailey-Serres and Voesenek 2008）。

3. 短期の適応に関わるエネルギー代謝の変化

　根圏の酸素濃度が低下すると、植物の根は嫌気代謝系によりエネルギーを生産してエネルギー不足を補う。通常の酸素が十分に供給される環境ではミ

トコンドリア内での**クエン酸回路**、酸化的リン酸化の一連の反応によって多くのエネルギー物質（ATPなど）が生成される。しかし、根の周りの酸素が欠乏すると、酸化的リン酸化によるエネルギー生産が行えなくなる。したがって、過湿土壌のような低酸素環境では、酸素を必要としない解糖系によるエネルギー生産を行うために、エタノール発酵、乳酸発酵などの代謝経路が短時間のうちに活性化される。低酸素条件で翻訳されるタンパク質の多くが解糖系や発酵系の酵素である（Sachsら 1996）。しかし、たとえエネルギー生産系の円滑な転換をしたとしても、解糖系によるエネルギー生成量はクエン酸回路・酸化的リン酸化での数％にすぎないため、低酸素条件下での植物の根は著しいエネルギー不足に陥る。そこで植物はエネルギー消費の大きい物質代謝や反応を停止させて省エネルギー化することで、土壌の過湿状態が解除されるまで生存しようとする（Dolferusら 2003）。このようなエネルギー代謝の変更による適応は湿生植物を含むほとんどの植物が行っており、短期間の過湿土壌への適応に重要な機構である。

4. 低酸素ストレスからの回避反応

たとえ低酸素状態に対する代謝応答を迅速に行ったとしても、土壌の過湿状態が長期化すると多くの植物は障害を受け、最悪の場合は枯死してしまう。耐湿性の高いイネなどの湿生植物は過湿状態になった土壌で生育を続けるために、Low Oxygen Escape Syndrome（LOES）と呼ばれる低酸素ストレスを回避するための形態変化を伴った適応戦略をとる（図37）。耐湿性に関わるLOESとして有名なものに、地表面付近への新たな根系形成（不定根の誘導）（図37A）、通気組織の形成（図37B）、根端への効率的な酸素運搬（図37C）などがある。これらは根に酸素を供給するための機構であるが、どのようにして制御されているのだろうか？

（1）不定根の誘導

大気との酸素交換を行いやすい地表面近くの土壌は、過湿状態にあっても比較的酸素濃度が高く酸化還元電位も高いため、植物にとって生育しやすい環境である。ほとんどの植物は新しく不定根を地表面付近に発達させて適応する（たとえばトウモロコシ（Jacksonら 1981）、*Rumex*属（Visserら 1995）、*Hordeum*属（Garthwaiteら 2003））（図37A）。

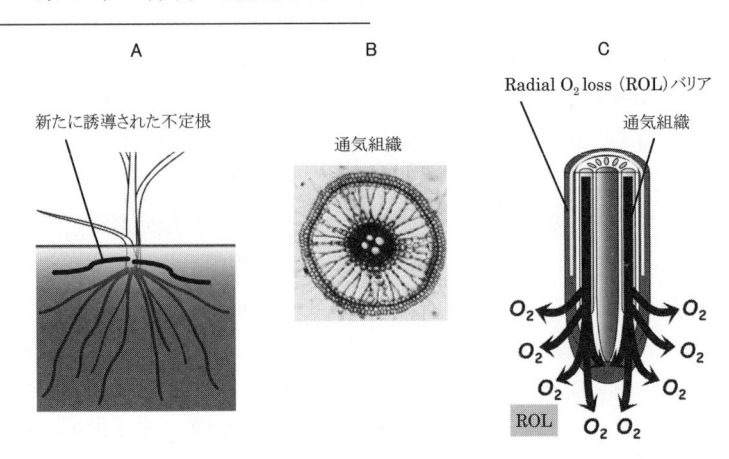

図37 過湿状態の土壌で植物がとる低酸素ストレスからの回避反応

過湿土壌で根が低酸素状態になった場合、植物は形態的変化により酸素不足になった組織に酸素を供給して低酸素ストレスを回避するための適応戦略をとる。たとえば、地表面付近の土壌は過湿状態にあっても比較的酸素濃度が高いため、新しく不定根を地表面付近に発達させて適応すること（新たに誘導された不定根、A）や根への酸素通気システムを発達させて根の酸素不足を回避することがよく知られている（B、C）。通気組織は植物の茎葉部から根端までを結ぶ細胞間隙であり、大気中から根に酸素を供給する働きを担っている（B：イネの根の破生通気組織）。通気組織内の酸素は拡散によって移動するため、酸素は根端方向だけでなく、根の外側に向かって漏れ出してしまう。この酸素漏出を Radial Oxygen Loss（ROL）と呼ぶ。基部からの酸素漏出が多いと、分裂組織や伸長帯がある酸素要求量の高い根端まで供給できる酸素量は少なくなってしまう。植物の中には、根の基部からの酸素漏出を抑制することで根端まで効率的に酸素を輸送させているものがある。この基部からの酸素漏出の抑制する現象は barrier to ROL（ROLバリア）と呼ばれている（C）。植物は、これらの低酸素ストレスからの回避反応をすることで過湿土壌での生育を図っている。

エチレンは低酸素処理によって細胞内で増加する（Brailsford ら 1993）だけではなく、過湿状態の土壌中（Drew ら 1979）で増加する。これまで、*Rumex palustris*（Visser ら 1996b）や浮イネ（Lorbiecke and Sauter 1999）では外因性のエチレンを処理すると不定根数は増加するが、エチレンの阻害剤は不定根の誘導を抑制するというように、不定根の誘導にはエチレンが主要な役割を果たしていることがわかってきた。さらに、エチレン以外のホルモンが不定根の誘導に関わっているという報告がある。たとえば、

R. palustris ではエチレンの阻害剤の影響を受けずに、外因性のオーキシン単独で不定根数は増加する（Visser ら 1996a）。一方、エチレン処理によって誘導される不定根の発根をオーキシンの極性輸送阻害剤が抑制することから、*R. palustris* ではオーキシンによる不定根の誘導をエチレンが制御していると考えられている（Visser ら 1996a、Visser and Voesenek 2004）。また、不定根の発根についてよく研究されている浮イネでは、不定根原基の発根に表皮細胞のプログラム細胞死が関わっていることがわかっている（Steffens and Sauter 2005）。*R. palustris* とは異なり、浮イネでは、オーキシン単独で不定根を誘導できないものの、エチレンによる不定根の誘導をオーキシンが促進している（Steffens ら 2006）。さらに、エチレンとオーキシンによる不定根の伸長をアブシジン酸が抑制している（Steffens ら 2006）。このように、過湿土壌で新たに形成される不定根の誘導には、エチレンがその他の植物ホルモンと複合的に働いて制御していると考えられている。しかし、エチレン以外のホルモンの影響が植物種によって異なっているため、この機構はこれまでのところ一般化できていない（Visser and Voesenek 2004）。

(2) 通気組織の形成

酸素濃度が低下してエネルギー生産量が少なくなった状態では、根の細胞活性の維持や伸長に必要なエネルギーが不足してしまう。そのため、多くの植物は過湿状態の長期化により生育阻害を受ける。イネなどの湿生植物が過湿状態になった土壌でも根を伸ばすことができる背景には、酸素不足を回避するために重要な役割を果たしている、発達した根への酸素通気システムがある（Jackson and Armstrong 1999）（図 37B、C）。これには、通気組織と根からの酸素漏出を抑制する機構が関与しているが、ここでは通気組織の形成について触れる。

通気組織は植物の茎葉部から根端までを結ぶ細胞間隙であり、大気中から根に酸素を供給することで根の細胞の好気的なエネルギー生産を可能にしている（図 37B）。根の根端には分裂組織や伸長帯があるため、根の基部よりも酸素消費量が多い。そのため、通気組織内に酸素の濃度勾配が生じ、通気組織内の気体は拡散によって移動する（Jackson and Armstrong 1999）。

また、通気組織は酸素だけではなく土壌に蓄積したガス（メタン、二酸化炭素など）を大気中に放出する役割も担っている（Colmer 2003）。

通気組織はその形成方法の違いにより破生通気組織と離生通気組織に分けられる。破生通気組織は皮層の選択的なプログラム細胞死によって形成される（Kawai ら 1998）（図 37B）。これは、イネのような湿生植物だけではなくオオムギ、コムギ、トウモロコシなどのいくつかの作物にもみられる。もう一方の離生通気組織は、細胞死を伴わずに細胞層が離れることによって形成される細胞間隙であり、いくつかの湿生植物や双子葉植物にみられる（Seago ら 2005）。破生通気組織と離生通気組織は、形成機構は異なるものの、根への酸素供給という点では同じ役割をもっている。

離生通気組織は複雑なパターンをしており、過湿土壌でその形成は促進される（Seago ら 2005）。他方の破生通気組織は、主要な畑作物でも観察され、その形成に細胞死が関わっているために多くの研究者の興味を引きつけてきた。そのため、破生通気組織の誘導機構に関する研究は比較すすんでいる。破生通気組織の形成は低酸素処理やエチレン処理によって誘導される（Jackson and Armstrong 1999）。通気組織の形成時には、G タンパク質やプロテインキナーゼ C が活性化され、細胞質のカルシウムイオンの濃度が上昇することが報告されており、これらがエチレン信号伝達経路の一部であると考えられている（Jackson and Armstrong 1999、Shiono ら 2008）。これまでのところ、通気組織の形成に関与する遺伝子やそのメカニズムの詳細は未解明のままである。

(3) Radial Oxygen Loss（ROL）バリアの誘導

耐湿性の高い湿生植物は、通気組織の形成だけではなく、根の基部からの酸素漏出を抑止することで、酸素要求性の高い根端への酸素の供給量を増やし、過湿土壌での根の伸長を可能にしている（図 37C）。通気組織内の酸素は拡散によって移動するため、酸素は根端方向だけでなく、根の外側に向かって漏れ出してしまう。その量は通気組織を移動している酸素のうちの30〜40％に相当するため、酸素要求量の多い根端への酸素供給量は少なくなってしまう（Armstrong 1979）。実際にコムギやオオムギは通気組織を発達させるが、酸素漏出（Radial Oxygen Loss：ROL）としての損失が大

きいために、根端まで十分な量の酸素を供給することができない（Malik ら 2003）。しかし、耐湿性の高いイネやヨシは根の基部からの ROL を抑制することにより、根端まで供給できる酸素量を増やし、酸素輸送を効率化している（Colmer 2003）（図 37C）。この根の基部からの酸素漏出を抑制する現象は英語で「barrier to ROL」と呼ばれているが、ここでは「ROL バリア」と称する。根端では ROL バリアが形成されないため、基部に ROL バリアが形成されると、根端からの酸素漏出も増加する。これにより根端付近の土壌の酸化が促進されて土壌中の有害な還元物質の増加を抑制する（Colmer 2003）。このように湿生植物が還元化した土壌でも根を伸ばし続けられる背景には、根端への効率的な酸素供給に寄与する ROL バリアの形成が関わっている。

　これまで、湿生植物に多くみられる ROL バリアの生理学的な機能については研究が進められてきているものの、ROL バリアの構成成分、形成機構は未解明のままである（Colmer 2003）。ROL バリアが形成される組織は、通気組織と表皮の間に位置する厚壁組織や外皮周辺である（Armstrong ら 2000、Colmer 2003）。現在までのところ、ここにヒドロキシ脂肪酸とその他の成分の重合体である疎水性のスベリンが沈着することによって酸素漏出を防いでいると考えられている（Soukup ら 2007）。ROL バリアによる酸素漏出の抑止能力には種間差や品種間差があり、湿生植物の多くは酸素漏出のほとんどないタイトな ROL バリアを恒常的に形成する（Colmer 2003）。一方、湿生植物の中でもイネは特徴的で、好気的な土壌環境では ROL バリアを形成しないが、根圏が過湿状態になるとその形成が誘導される（Colmer ら 1998）。この誘導は根の長さによっても異なるものの、早いものでは約 20 時間でタイトな ROL バリアを形成するという迅速な応答であることがわかってきた（塩野ら、未発表）。また、通気組織形成を誘導するエチレンは、植物の嫌気応答の調節に主要な働きをする植物ホルモンであるが、イネの ROL バリアの形成には関与していないようである（Colmer ら 2006）。このことから、ROL バリアの誘導は同じ酸素の通気に関わる形態変化であるものの、通気組織の形成とは異なる制御を受けていると考えられている（Colmer ら 2006、Shiono ら 2008）。

5. 作物の適応機構と耐湿性

　これまで述べてきたように、植物の耐湿性にはエネルギー代謝の変化だけではなく不定根の誘導、通気組織の形成や ROL バリアの形成が関わっており（図 37）、それぞれの特性をもっているかどうかが耐湿性に結びついていると考えられる。過湿土壌で新たに不定根を誘導する現象は、耐湿性の低いダイズ、オオムギ、コムギ、トウモロコシなどの代表的な畑作物だけではなく、*Rumex* 属、イグサ、イネ、ハマムギクサなどの湿生植物でも確認される（表 26）。これは、湿生植物でさえも、過湿土壌になると排水性が良い環境で育っていた根に悪影響が生じ（Justin and Armstrong 1987）、かなりの数の根が死んでしまうため、過湿土壌に適応した新しい不定根を誘導するのだと考えられている（Visser and Voesenek 2004）。また、通気組織は、湿地に生育する植物とそうでない植物の間で、その誘導性に違いがみられる（表 26）。湿生植物は根の発達に伴って通気組織を形成するため、

表 26　代表的な植物種における低酸素ストレスからの回避反応

植物種	分類	生息地	新たな不定根の誘導	通気組織の形成		Radial oxygen loss バリアの形成	
				分類	誘導性	形成能力	誘導性
ダイズ	*Glycine max*	双子葉	非湿地帯	誘導される[1]	破生[1,2]	誘導的[1,2]	n.a.	-
ギシギシ属	*Rumex palustris*	双子葉	湿地帯	誘導される[3]	離生[4]	恒常的&誘導的[4]	形成する[4]	誘導的[4]
オオムギ	*Hordeum vulgare*	単子葉	非湿地帯	誘導される[5]	破生[5]	誘導的[5]	形成しない[5]	-
コムギ	*Triticum aestivum*	単子葉	非湿地帯	誘導される[6]	破生[6]	誘導的[6]	形成しない[6]	-
トウモロコシ	*Zea mays*	単子葉	非湿地帯	誘導される[7]	破生[8]	誘導的[8]	n.a.	-
イグサ	*Juncus effusus*	単子葉	湿地帯	n.a.	破生[4,9]	恒常的&誘導的[4,9]	形成する[4]	恒常的[4]
イネ	*Oryza sativa*	単子葉	湿地帯	誘導される[10]	破生[11]	恒常的&誘導的[10,11]	形成する[12]	誘導的[12]
ハマムギクサ	*Hordeum marinum*	単子葉	湿地帯	誘導される[13]	破生[13,14]	恒常的&誘導的[13,14]	形成する[14]	誘導的[14]

1) Bacanamwo and Purcell（1999）、2) 島村ら（1997）、3) Visserら（1995）、4) Visserら（2000）、5) Garthwaiteら（2003）、6) McDonaldら（2001）、7) Jacksonら（1981）、8) Drewら（1979）、9) Visser and Bogemann（2006）、10) Colmerら（2006）、11) Justin and Armstrong（1991）、12) Colmerら（1998）、13) Garthwaiteら（2003）、14) Garthwaiteら（2008）。
　新たな不定根の誘導、通気組織の形成およびROLバリア（barrier to radial oxygen loss）の形成は、主要な低酸素ストレスからの回避反応である。代表的な植物種について、好気状態（排水性の良い土壌）から嫌気・還元状態（過湿状態の土壌）に移した場合にみられる回避応答をまとめた。誘導的：好気状態ではみられない様態が嫌気・還元状態にするとみられる場合。恒常的&誘導的：好気状態でもみられる様態が嫌気・還元状態にするとさらにみられる場合。恒常的：好気状態でも嫌気・還元状態でもその様態が同程度にみられる場合。

好気環境で生育した場合でも古い根で発達した通気組織を確認することができる（Justin and Armstrong 1991、Visser ら 2000、Garthwaite ら 2003、Visser and Bogemann 2006、Colmer ら 2006、Garthwaite ら 2008）。さらに嫌気処理により、それらの通気組織はさらに発達するという、恒常的かつ誘導的な通気組織の形成を行っている（表 26）。一方、耐湿性の低いダイズ、オオムギ、コムギ、トウモロコシなどは好気環境では通気組織を形成せず、嫌気環境におかれてから誘導的に形成する（表 26）。これらが通気組織を形成するには数日を要するため、通気組織が形成されるまでの間に障害を受ける危険性がある（Malik ら 2002）。このように、通気組織が形成されるまでの時間と植物の耐湿性の強弱には関連があるかもしれない。また、ROL バリアは、拡散による通気組織内の酸素輸送を効率化させ、根端近くの土壌を酸化させて過湿土壌で根を伸長させるために重要な役割を果たしている。これまでのところ耐湿性の低い植物の中に ROL バリアを形成する植物はみつかっておらず（表 26）、ROL バリアが植物の耐湿性と強く結びついていることが推察される。

　これまで述べてきたように植物は、新たに不定根を誘導するだけでなく、根に酸素を効率的に運搬することで、根圏を酸化状態に変化させて過湿土壌に適応している。この適応には低酸素ストレス、土壌の還元化および植物による根圏の酸化が相互に関係し合っているために、その調節機構については未解明の部分が多く残されている。植物による根圏の酸化が植物体を取り巻く土壌環境を変化させることから、過湿土壌への植物の適応戦略を理解するためには、根端への効率的な酸素供給に関わる通気組織の形成および発達、ROL バリアの形成のメカニズムの理解が必須である。これらの過湿土壌への植物の適応機構の解明が、今後、わが国で湿害が深刻化しているダイズやコムギなどの畑作物の耐湿性を向上させる方策の一助になると期待される。

引用文献

Armstrong, W. 1979. Aeration in higher plants. Adv. Bot. Res. 7: 225-332.
Armstrong, W., Cousins, D., Armstrong, J., Turner, D.W. and Beckett, P.M. 2000. Oxygen distribution in wetland plant roots and permeability barriers to gas-exchange with the rhizosphere: a microelectrode and modelling study with *Phragmites australis*. Ann. Bot-London. 86: 687-703.
Bacanamwo, M. and Purcell, L.C. 1999. Soybean root morphological and anatomical traits

associated with acclimation to flooding. Crop Sci. 39: 143-149.

Bailey-Serres, J. and Chang, R. 2005. Sensing and signalling in response to oxygen deprivation in plants and other organisms. Ann. Bot 96: 507-518.

Bailey-Serres, J. and Voesenek, L. 2008. Flooding stress: Acclimations and genetic diversity. Annu. Rev. Plant Biol. 59: 313-339.

Brailsford, R.W., Voesenek, L.A.C.J., Blom, C.W.P.M., Smith, A.R., Hall, M.A. and Jackson, M.B. 1993. Enhanced ethylene production by primary roots of *Zea mays* L. in response to sub-ambient partial pressures ofoxygen. Plant Cell Environ. 16: 1071-1080.

Colmer, T.D. 2003. Long-distance transport of gases in plants: a perspective on internal aeration and radial oxygen loss from roots. Plant Cell Environ. 26: 17-36.

Colmer, T.D., Cox, M.C.H. and Voesenek, L.A.C.J. 2006. Root aeration in rice (*Oryza sativa*): evaluation of oxygen, carbon dioxide, and ethylene as possible regulators of root acclimatizations. New Phytol. 170: 767-778.

Colmer, T.D., Gibberd, M.R., Wiengweera, A. and Tinh, T.K. 1998. The barrier to radial oxygen loss from roots of rice (*Oryza sativa* L.) is induced by growth in stagnant solution. J. Exp. Bot. 49: 1431-1436.

Dolferus, R., Klok, E.J., Delessert, C., Wilson, S., Ismond, K.P., Good, A.G., Peacock, W.J. and Dennis, E.S. 2003. Enhancing the anaerobic response. Ann. Bot 91: 111-117.

Drew, M.C., Jackson, M.B. and Giffard, S. 1979. Ethylene-promoted adventitious rooting and development of cortical air spaces (aerenchyma) in roots may be adaptive responses to flooding in *Zea mays* L. Planta 147: 83-88.

Garthwaite, A.J., von Bothmer, R. and Colmer, T.D. 2003. Diversity in root aeration traits associated with waterlogging tolerance in the genus *Hordeum*. Funct. Plant Biol. 30: 875-889.

Garthwaite, A.J., Armstrong, W. and Colmer, T.D. 2008. Assessment of O_2 diffusivity across the barrier to radial O_2 loss in adventitious roots of *Hordeum marinum*. New Phytol. 179: 405-416.

Guzy, R.D. and Schumacker, P.T. 2006. Oxygen sensing by mitochondria at complex III: the paradox of increased reactive oxygen species during hypoxia. Exp. Physiol. 91: 807-819.

Jackson, M.B. and Armstrong, W. 1999. Formation of aerenchyma and the processes of plant ventilation in relation to soil flooding and submergence. Plant Biol. 1: 274-287.

Jackson, M.B., Drew, M.C. and Giffard, S.C. 1981. Effects of applying ethylene to the root system of *Zea mays* on growth and nutrient concentration in relation to flooding tolerance. Physiol. Plant. 52: 23-28.

Justin, S.H.F.W. and Armstrong, W. 1987. The anatomical characteristics of roots and plant response to soil flooding. New Phytol. 106: 465-495.

Justin, S.H.F.W. and Armstrong, W. 1991. Evidence for the involvement of ethene in aerenchyma formation in adventitious roots of rice (*Oryza sativa* L.). New Phytol. 118: 49-62.

Kawai, M., Samarajeewa, P.K., Barrero, R.A., Nishiguchi, M. and Uchimiya, H. 1998. Cellular dissection of the degradation pattern of cortical cell death during aerenchyma formation of rice roots. Planta 204: 277-287.

Lorbiecke, R. and Sauter, M. 1999. Adventitious root growth and cell-cycle induction in deepwater rice. Plant Physiol. 119: 21-29.

Malik, A.I., Colmer, T.D., Lambers, H. and Schortemeyer, M. 2003. Aerenchyma formation and radial O_2 loss along adventitious roots of wheat with only the apical root portion exposed to O_2 deficiency. Plant Cell Environ. 26: 1713-1722.

Malik, A.I., Colmer, T.D., Lambers, H., Setter, T.L. and Schortemeyer, M. 2002. Short-term waterlogging has long-term effects on the growth and physiology of wheat. New Phytol. 153: 225-236.

McDonald, M.P., Galwey, N.W., Ellneskog-Staam, P. and Colmer, T.D. 2001. Evaluation of *Lophopyrum elongatum* as a source of genetic diversity to increase the waterlogging tolerance of hexaploid wheat (*Triticum aestivum*). New Phytol. 151: 369-380.

Sachs, M.M., Subbaiah, C.C. and Saab, I.N. 1996. Anaerobic gene expression and flooding tolerance in maize. J. Exp. Bot. 47: 1-15.

Seago, J.L., Marsh, L.C., Stevens, K.J., Soukup, A., Votrubová, O. and Enstone, D. E. 2005. A re-examination of the root cortex in wetland flowering plants with respect to aerenchyma. Ann. Bot 96: 565-579.

島村 聡・望月俊宏・井之上 準 1997. 数種マメ科作物の胚軸根における破生細胞間隙の形成. 日作紀 66: 208-213.

Shiono, K., Takahashi, H., Colmer, T.D. and Nakazono, M. 2008. Role of ethylene in acclimations to promote oxygen transport in roots of plants in waterlogged soils. Plant Sci. 175: 52-58.

Soukup, A., Armstrong, W., Schreiber, L., Franke, R. and Votrubová, O. 2007. Apoplastic barriers to radial oxygen loss and solute penetration: a chemical and functional comparison of the exodermis of two wetland species, *Phragmites australis* and *Glyceria maxima*. New Phytol. 173: 264-278.

Steffens, B. and Sauter, M. 2005. Epidermal cell death in rice is regulated by ethylene, gibberellin, and abscisic acid. Plant Physiol. 139: 713-721.

Steffens, B., Wang, J. and Sauter, M. 2006. Interactions between ethylene, gibberellin and abscisic acid regulate emergence and growth rate of adventitious roots in deepwater rice. Planta 223: 604-612.

Visser, E.J.W. and Voesenek, L.A.C.J. 2004. Acclimation to soil flooding - sensing and signal-transduction. Plant Soil 254: 197-214.

Visser, E.J.W. and Bögemann, G.M. 2006. Aerenchyma formation in the wetland plant *Juncus effusus* is independent of ethylene. New Phytol. 171: 305-314.

Visser, E.J.W., Blom, C.W.P.M. and Voesenek, L.A.C.J. 1996a. Flooding-induced adventitious rooting in *Rumex*: morphology and development in an ecological perspective. Acta. Bot. Neerl. 45: 17-28.

Visser, E.J.W., Bögemann, G.M., Blom, C.W.P.M. and Voesenek, L.A.C.J. 1996b. Ethylene accumulation in waterlogged *Rumex* plants promotes formation of adventitious roots. J. Exp. Bot. 47: 403-410.

Visser, E.J.W., Colmer, T.D., Blom, C.W.P.M. and Voesenek, L.A.C.J. 2000. Changes in growth, porosity, and radial oxygen loss from adventitious roots of selected mono- and dicotyledonous wetland species with contrasting types of aerenchyma. Plant Cell Environ. 23: 1237-1245.

Visser, E.J.W., Heijink, C.J., van Hout, K.J.G.M., Voesenek, L.A.C.J., Barendse, G.W.M. and Blom, C.W.P.M. 1995. Regulatory role of auxin in adventitious root formation in two species of *Rumex*, differing in their sensitivity to waterlogging. Physiol. Plant. 93: 116-122.

第4章　作物の冠水害・湿害

1. イネ

1. イネの冠水条件下での生育の特徴

　イネはアジアの代表的作物であり、世界における生産量の 91％を担い、89％を消費している。生産がアジアに集中している最大の理由は、とくにモンスーンアジアにおける気象要因—乾季・雨季のある気候を形成し、夏季には湿った季節風の影響で豊富な雨がもたらされるためと考えられる。高温・湿潤あるいは過湿な環境下において、根に通気組織（Aerenchyma）を形成し、他の土地利用型作物と異なり湛水下でも生育することができるイネは、モンスーンアジアに最も適した作物である。湛水栽培による雑草の防除効果や連作障害の回避などもイネ栽培がアジアで拡大、定着した要因であろう。一方、アフリカにおいてもニジェール河流域では古くから稲作が営まれており、その栽培面積はアフリカ全土に拡大する傾向にある。しかし、その形態は一般に粗放的で低収量である。

　イネなど多くの湿生植物には、地上部から地下部に連続した通気組織が形成され、大気中の酸素や光合成によって生じた酸素が根に供給されるため、湛水下でも生育が可能である。これに対して中生植物における通気組織の発達程度は一般に小さく、湛水下における長期の生育は困難である（有門 1975）。イネの根における通気組織は、皮層細胞の崩壊による根軸方向への連続した空隙（破生細胞間隙）として形成される。この細胞間隙は、湛水、畑の何れの条件においても形成されることから、プログラム細胞死であることが明らかにされている（Kawai ら 1998）。中生植物においても、オオムギやコムギ、トウモロコシなどを湛水下で栽培すると通気組織が良く形成されるが、イネのような湛水適応性をもっておらず、この違いには根の表面からの酸素の漏洩が関与している（第 3 章参照）。また、通気組織は地上部から地下部へ酸素の供給をするばかりでなく、根の呼吸によって生成された

CO_2 や土壌中で発生したメタンガスなどの大気中への放出を行っている。

　世界におけるイネの生産環境は多様であるが、栽培地の水環境によって大きく4つの栽培型に分類される。水管理が可能な場所で栽培される灌漑水稲（Irrigated rice）、主に降雨を水源とする天水稲（Rainfed lowland rice）、主に河川氾濫水を水源とする深水イネ・浮イネ（Deep water rice・Floating rice）、および傾斜地や畑に栽培される陸稲（Upland rice）である（AICAF 1997）。灌漑水稲栽培は全稲作面積の56.9%、天水稲栽培は30.9%、陸稲栽培は9.4%および深水イネ・浮イネ栽培は2.8%で行われている（表27）。灌漑水稲は他の栽培型に比べて収量ポテンシャルが最も高く、わが国の稲作はほとんどがこれに分類される。天水稲栽培では水管理が困難であるため、干ばつ害も冠水害も被りやすい。陸稲栽培は焼き畑栽培から定住栽培までさまざまであるが、雨水に頼るため降雨量の変動などによる乾燥害を受けやすい。洪水常襲地帯は氾濫原の低湿地や後背沼沢地などにあって、雨季に水深50cm程度の水が停滞するような場所や水深が1mを超えて数mにまで達するような場所、海岸の低湿地で潮汐により水深が変化する場所など多様である。イネは湛水下においても良好な生育を示す作物であるが、洪水により湿害、冠水害を被る場面も多く、これは洪水常襲地帯においてのみ見られるものではなく、天水田や灌漑水田においても発生する。湿田では水の地下浸透量が小さいため冠水害を受けやすく、また土壌への酸素供給が制限されるため酸化還元電位が低下し、イネの生育を阻害する硫化水素や有機酸などが生成される。わが国の水稲作においても湿田の改良や冠水抵抗性品種の開発はきわめて大きな課題であった（第6章参照）。

2. イネの冠水抵抗性

　洪水常襲地帯では洪水パターンに応じて、冠水耐性イネ（Submergence tolerant rice）、深水イネ（Deep water rice）、浮イネ（Floating rice）などが栽培される。アジア地域においては、第3章2節で述べた*Sub1*遺伝子を有する冠水耐性イネがフラッシュフラッドに対して効果があることが知られており、遺伝的改良が進んでいる。一方、*Sub1*は西アフリカの洪水常発地帯の短期冠水においても、高い適応性があることが科学的に証明された（Kawanoら 2008）。

表27 2004年から2006年までの世界におけるイネの作付面積と農業生態型別面積割合

地域・国	作付け面積 (1,000ha)	農業生態型(%)			
		灌漑水稲	天水稲	陸稲	深水イネ
Asia	135,026	58.6	32.1	6.7	2.6
Bangrasdesh	10,657	40.0	42.0	7.0	11.0
Cambodia	2,347	16.0	75.0	1.0	8.0
China	29,037	93.0	5.0	2.0	0.0
India	43,089	52.6	32.4	12.0	3.0
Indonesia	11,708	60.1	25.3	0.0	14.6
Japan	1,698	100.0	0.0	0.0	0.0
Korea,DPR	583	67.0	20.0	13.0	0.0
Korea,Rep.	979	100.0	0.0	0.0	0.0
Lao PDR	691	8.3	77.4	14.3	0.0
Malaysia	667	66.0	21.0	12.0	1.0
Myanmar	7,022	30.0	59.0	4.0	7.0
Nepal	1,550	21.0	66.0	5.0	8.0
Pakistan	2,571	100.0	0.0	0.0	0.0
Philippines	4,119	68.0	29.2	2.8	–
Sri Lanka	845	75.0	25.0	0.0	0.0
Thailand	10,097	25.0	72.8	1.7	0.5
Vietnam	7,366	53.0	39.0	5.0	3.0
Africa	7,792	22.8	35.4	32.6	9.1
Egypt	624	100.0	0.0	0.0	0.0
Burkina Faso	69	9.0	6.0	0.0	85.0
Chad	95	0.0	11.0	89.0	0.0
Congo, Dem Rep of	418	7.0	19.0	74.0	0.0
Cote d'Ivoire	351	7.0	15.0	78.0	0.0
Ghana	121	10.0	81.0	9.0	0.0
Guinea	724	1.0	19.0	69.0	11.0
Liberia	120	2.0	6.0	82.0	10.0
Madagascar	1,246	52.0	18.0	29.0	1.0
Mali	422	32.0	25.0	3.0	40.0
Nigeria	2,522	16.0	52.0	30.0	2.0
Senegal	88	45.0	43.0	5.0	7.0
Sierra Leone	533	0.0	28.0	68.0	4.0
Tanzania	355	4.0	73.0	23.0	0.0
Uganda	103	2.0	53.0	45.0	0.0
Latin America	5,387	48.3	5.0	46.7	0.0
Australia	46	100.0	0.0	0.0	0.0
USA	1,283	100.0	0.0	0.0	0.0
Europe	581	100.0	0.0	0.0	0.0
World	150,115	56.9	30.9	9.4	2.8

FAO database for rice area for the year 2004-2006 より改変。

西アフリカに位置するギニアでは、海岸地域や河川流域に広がる天水田において、豪雨による急激な水位上昇に伴う数日から数週間の短期的な冠水がしばしば発生する。播種後 15 日目のイネの幼植物体を 7 日間完全冠水すると、ポットおよび圃場試験ともに、冠水中の地上部の伸長量と退水後 14 日間の地上部乾物重増加比（冠水区／非冠水区）の間には、有意な負の相関関係が示された（図 38）。$Sub1$ を有するイネについては、冠水中の地上部伸長量はきわめて小さく、退水後の地上部乾物重増加比（冠水区／非冠水区）は大きい。大部分のアフリカイネ（$O.\ glaberrima$）については、冠水中の地上部伸長量は大きく、冠水解除後の地上部乾物重増加比（冠水区／非冠水区）は小さい。しかし、冠水地帯の栽培品種 Saligbeli は、冠水中の地上部伸長量および冠水解除後の地上部乾物重増加比（冠水区／非冠水区）ともに大きいことから、$Sub1$ とは異なる冠水耐性機能が働いている可能性が考えられる。

3. 浮イネ栽培の意義

　浮イネは雨季に洪水が起こり、長期に亘って深く水没するような地域において唯一栽培可能な作物であって、冠水回避性を示すことは前章で述べた。

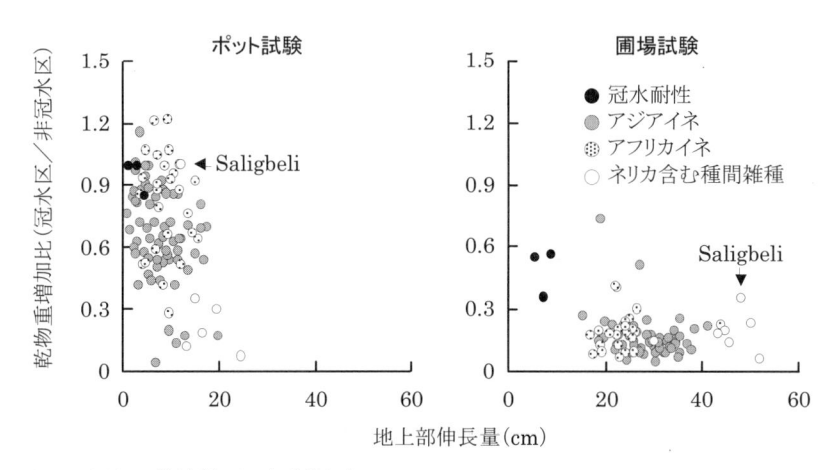

図38　異なる栽培種の冠水耐性評価　播種後 15 日目の苗を 7 日間完全に冠水した。横軸は完全冠水中の伸長草丈。縦軸は完全冠水を解除した後 15 日間の地上部乾物重増加量の冠水区／非冠水区比。

その栽培地域は南アジア、東南アジアおよび西アフリカに集中している（表27）。統計情報の不十分な開発途上国に偏っているため、栽培面積を正確に把握することは困難であるが、1990年頃には全稲作面積のおよそ10％を占めると見積もられていたものが（Catling 1992）、近年は急速に減少しており、その傾向はアジア地域で著しい。浮イネ栽培の減少は、熱帯アジアにおいて洪水対策が整備されてきたためであることは間違いないが、乾季稲作が普及・拡大したこととも無縁ではない。熱帯アジアでは、冬季においても十分な温度があるため、灌漑水が確保されるならばイネ栽培は可能であった。浮イネの栽培面積が最も大きかったバングラデシュでは、もともと Aus、Aman および Boro と呼ばれる三期の稲作が行われていた。Aus は夏季に、Aman は夏から冬にかけて、Boro は冬から初夏にかけて栽培され、浮イネはバングラデシュでは Broadcast Aman と呼ばれているように、Aman 期のイネである。1980年代には、Aman の栽培が半分以上を占めており、Boro の作付けは僅かであったが、近年の地下水灌漑の普及により Boro 作が拡大し、Aman の作付けは減少している。灌漑稲作の収量性は他の栽培型に比べてはるかに高く、とくに年によって不安定な降雨の影響を回避できる乾季稲作の拡大は当然のことであろう。しかしながら一方では、乾季稲作の急速な広がりは地下水位の低下を招いているとの報告もあり（江頭ら2002）、近い将来の灌漑水の枯渇も懸念されている。また、バングラデシュでは人体への砒素中毒の拡大が問題となっているが、この原因として、元々土壌に吸着していた砒素が、乾季灌漑稲作の普及によって用水中や飲料水中に混入するようになったとの見方もある。この様な観点からは、水源を降雨に、養分は洪水に伴って流れてくるシルトに依存するなど、人為的な投入量の少ない浮イネ栽培は、持続可能な農業形態の典型的な例であり、将来的に見直される可能性があるかもしれない（Michiyama 2007）。

　一方で、坂上ら（2008）は、第6章4節に記しているとおりアフリカのニジェール河流域で行われる伝統的稲作を、洪水を利用した持続的な栽培体系であると結論付けており、その点からも自然に調和した低投入稲作の推進が重要であることは間違いない。

引用文献

AICAF 1997. 熱帯作物要覧 No.24 熱帯の稲の品種生態.
有門博樹 1975. 通気組織系と作物の耐湿性. オリエンタル印刷, 三重. pp.1-149.
Catling, D. 1992. Rice in deep water. International Rice Researsh Institute, Manila, Philippines.
江頭和彦・望月俊宏 2002. バングラデシュで雨季に灌漑？. 土肥誌 72: 819-823.
Kawai, M., Samarajeewa, P.K., Barrero, R.A., Nishiguchi, M. and Uchimiya, H. 1998. Cellular dissection of the degradation pattern of cortical cell death during aerenchyma formation of rice roots. Planta 204: 277-287.
Kawano, N., Ito, O. and Sakagami, J. 2008. Flash flooding resistance of rice genotypes of *Oryza sativa* L., *O. glaberrima* Steud. and Interspecific hybridization progeny. Environ. Exp. Bot. 63: 9-18.
Michiyama, H. 2007. Collaborative study on floating rice in Prachinburi Rice Center and Meijo University. *In* Meijo Symposium on Floating Rice 2007, Nagoya, Japan. pp.1-3.
坂上潤一・八田珠郎・上堂薗明・増永二之・梅本貴之・内田 諭 2008. ニジェール河内陸デルタ地帯における氾濫原伝統的稲作の実態. 国際農業研究情報 57: 37-52.

2. 麦類

1. はじめに

わが国で栽培される麦類には、コムギ（英：Wheat、学名：*Triticum aestivum* L.）、オオムギ（英：Barley、学名：*Hordeum vulgare* L.）、ライムギ（英：Rye、学名：*Secale cereale* L.）、ライコムギ（英：Triticale、学名：x *Triticosecale* Wittmack）、エンバク（英：Oat、学名：*Avena sativa* L.）などの種類がある。このうち、コムギとオオムギは、世界における 2007 年の生産量はそれぞれ 6.1 億および 1.4 億 t で、穀類ではトウモロコシとイネに次ぎ世界第 3 位と第 4 位の生産量があり、人類の食料としてきわめて重要な作物である。（FAOSTAT：© FAO Statistics Division 2009| 02 June 2009）。麦類の生育は乾燥気候に適し、世界のコムギの耕作地帯をみると一般に年間の降水量が 500～1,000mm の範囲で栽培されている。一方、わが国はアジアモンスーン地帯に位置し、年間降水量が 1,000mm を超える生産地が多く、過湿な環境を原因とする障害を受けやすい。とくに生育全般にわたり土壌の過湿により生育が抑制され収穫量が低下する湿害、および収穫期の降雨により生じる穂発芽並びに赤かび病の感染による子実品質の劣化が最近クローズアップされている。このうち、土壌の過

湿による湿害では、北海道を除き麦作の多くが水田転換畑で行われているために、その被害が助長されていることが問題となっている。本節では、わが国での麦作における湿害発生の状況と問題点および湿害克服の重要性について述べる。次に、土壌の過湿に起因する湿害に焦点を当て、湿害発生に関わる要因について概観するとともに、湿害対策について、栽培管理上の湿害回避技術や耐湿性育種に関する取組みを紹介する。

2. 麦類の種類と栽培利用

国内で生産されるコムギはうどん、素麺、冷や麦などに利用されてきており、うどん用の需要量に占める国産の使用割合がとくに高い。近年、外国産麦価格の上昇や消費者の安全性指向を背景に国内産麦の需要の高まりを受けて、パン用、菓子用への需要も増えつつあるものの、パン用、中華麺を含むその他めん用の需要量に占める国産の使用比率はきわめて小さい（図 39）。その理由の一つとして、国産小麦粉の品質のばらつきが大きいなど、需要者の求める条件を満たしておらず、その改善が求められていることが挙げられる。コムギでは湿害を被ると収量および品質とも低下する。登熟期の降雨により穂発芽が発生すると、その過程で胚乳に含まれるデンプンが分解され品質が低下するし、製粉した小麦粉の白色度合いが低下し、色相も劣化する。

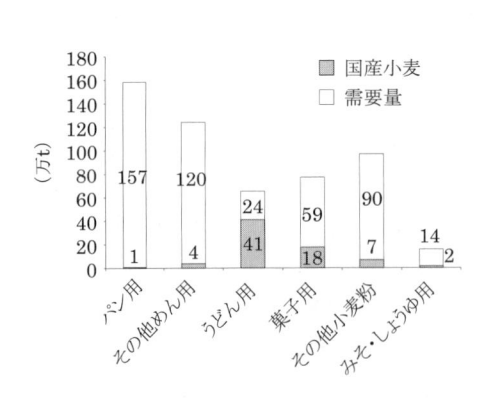

図 39　食料用・加工用小麦の用途別需要量（2005 年推計）　平成 20 年版 食料・農業・農村白書（農林水産省編）より作図。

土壌の過湿による湿害では主要成分であるタンパク質含量が変動してしまい、品質が安定しないことが問題となる。このため、麦生産の安定化のため、品質や収量を確保するよう「適地適作」の徹底が必要とされている（農林水産省 2008）。オオムギは穂の条性により六条麦、二条麦に分けられ、また、頴が子実に癒着している皮麦と癒着していない裸麦があり、ビールや焼酎

醸造に用いる二条皮麦、麦茶、押し麦に用いる六条皮麦、味噌に用いる六条裸麦の 3 種類が栽培されている。エンバクは飼料に、ライ麦、ライコムギはパンに用いられる。農林水産省の統計データでは、小麦、二条大麦、六条大麦、裸麦の 4 種を総称して四麦ということがある。「麦類」、あるいは「四麦」というような総称は日本独特の呼び方であり、欧米ではそのような総称はなく、個別の作物名を呼称する。小麦および大麦の国内需要量（2006 年）はそれぞれ 623 万 t、230 万 t であるが、2007 年の日本における小麦の生産量は約 91 万 t（自給率 14％）、大麦は 20 万 t（自給率 9％）にとどまっている。

3. 日本における麦類の耐湿性研究

　日本列島は南北に長く、気象条件の異なる栽培地域の特性に合わせて麦類の品種を育成する必要がある。たとえば、花芽形成には日長と低温要求性が関わっており、東北以北では低温要求性の高い秋播き品種（播性の高い品種ともいう）が用いられる。このような地域で秋播性程度の低い品種を用いると、早期に生殖生長に入るため低温障害を受けやすく幼穂凍死に至るおそれがある。一方、関東以西では、播性の低い品種が用いられる。このような地域では比較的温暖なため、必ずしも播性の高い品種を必要としない。播性の高い品種を用いると、花芽形成に必要な低温期間が得られない場合は、栄養生長が継続しやがて枯死してしまう。この現象は座止とも呼ばれる。以上のような理由で、麦類の品種育成地は全国に分布していて、コムギの育種指定試験地は北海道（北見）、長野（須坂）、群馬（伊勢崎）、愛知（長久手）に、また、オオムギの育種指定試験地は栃木（栃木市）、長野（須坂）、福岡（筑紫野）に、各都道府県の農業試験場等に拠点が設けられており、国の管轄する独立行政法人に所属する麦類の育種グループとの連携のもと、地域特性に合わせた品種開発が行われている。

　湿害は古くからわが国で問題となっており、各地で耐湿性の試験が行われ（山崎 1952）、とくに福岡県と三重県での耐湿性研究が継続的に行われてきたほか、地域における湿害の様相に沿って、近年では、愛知県農業総合試験場において耐湿性検定圃場が設けられ、当地で問題となる起生期（冬季のロゼット型の栄養成長期の草型が春を迎えて、生殖生長に転換して節間が伸

長して稈が立ち上がる時期）のコムギの湿害における湿害耐性の品種検定を行っている。また、(独)農研機構中央農業総合研究センター北陸研究センター（新潟県）では、生育初期のオオムギの湿害耐性についての研究が進行中である。

4. 麦類の湿害克服の重要性

　農業を営むうえでは、その地域の自然条件に適合した作物を栽培する「適地適作」の考え方がある。しかしながら、人口増加に伴う農地拡大の要請などの理由から、作物の環境条件への適応性を越える地域への作付けが求められることがしばしばある（武田 1986）。

　水田は元来、イネを栽培するため低湿地を利用して造成され、また、河川流域など地下水位の高い土地に分布することが多い。このような場所にある水田土壌は、保水力が高いが通気性が低い傾向にあり、畑作物を作付けすると、湿害が発生しやすい。麦類を栽培するには必ずしも適地ではない水田に麦を栽培する事情はさまざまである。夏季にイネを栽培し、冬季に麦類を栽培する二毛作は古くから行われてきた。また、米の消費量の減退に伴う米の過剰が問題となり、その対策として1970年代より国の政策としてイネから麦類への転作が図られてきた。現在、新たな策定作業が進んでいる農業農村基本計画では、近年の穀物価格の変動幅の大きさや地球環境変動による収穫量の不安定化を懸念して、おおよそ10年後の食料自給率を50％に向上させることを目標として、麦類の水田裏作における作付面積を現状の5万haから36万haに拡大する目標が描かれている。

　2008年の日本での四麦合計の栽培面積は26.5万haであり、そのうち田への作付けは16.6万ha（62.5％）、畑への作付けは10万ha（37.5％）である。2002〜2006年のコムギの作付け面積は平均で21.3万haであるが、この間平均でその27％に当たる5.7万haで湿害が発生していることが統計上報告されている（農林水産統計、農林水産省）。湿害の発生状況は主に作物の外観の観察で判断されるが、観察では正常と判断されていても、土壌水分の影響によって多かれ少なかれ生育は影響を受けていることが明らかとなっており、コムギの生育は土壌水分の上昇に伴って直線的に低下していることが報告されている（小柳・川口 2009）。このため、統計上には現れない

ものの、水田転換畑など土壌水分の高い圃場では、統計上には現れない潜在的な湿害が発生しているものと思われる。

　湿害は日本だけでなく海外でも問題となっている。たとえば、オーストラリアは世界の主要な麦類生産国であるが、土壌構造の特性として、地下の下層部に粘土層がありその上に砂質の土壌が重なっているため、降雨があると排水が粘土層によって妨げられ、一時的に砂層が湛水状態となって湿害の原因となる。また、森林の伐採によって圃場を拡大したため、林木が吸収していた水分が蓄積して地下水位が上昇したことが湿害を助長するとともに、地表面から土壌水分が蒸発することで、圃場に塩類が蓄積することから、湿害と塩害が同時に発生するのが特徴となっている。さらに、土壌の種類により、湛水下における金属イオンの過剰害も問題となっている（Setter and Waters 2003）。

5. 湿害の発生とその要因

　湿害に関して、吉田（1977a）は次のように定義している。「湿害とは、土壌の過剰水分に基づく土壌の空気不足に起因して、作物が生育障害を起こす現象をいう」。したがって、湿害の発生には、植物側の要因と環境側の要因が関与する。植物要因には、生長、形態形成、代謝、ストレス反応等が、環境要因には、降水量、気温（地温）、土壌特性等がそれぞれ含まれる（表28）。

　また、湿害は発生する生育ステージにより発芽過程における湿害と出芽後の植物体の生育過程における湿害に大別される。発芽過程の湿害は、種子の腐敗による発芽率の低下および出芽遅延に起因して圃場の苗立ち率、面積当たり株数または茎数の減少に直接結びつき減収となる（口絵11）。また、湿害発生箇所には作物が生育せず生育場所を巡る競合の度合いが低くなるため、雑草が繁茂し圃場環境が劣化する傾向がある。発芽過程の湿害に関しては、発芽前の冠水耐性（耐水性）、発芽中の水分耐性（感水性）が関係しており、オオムギではきわめて多数の遺伝資源を用いての厳密な試験設計に基づいた耐性検定によってその品種系統間差が示されている（武田 1986）。一方、植物体の生育過程における湿害では、茎葉の黄化、草丈、稈長の低下、茎数の減少等、植物体全体に生育抑制の症状が現れ、枯死することもある。

表28 湿害発生の要因

	要因	軽微 ←→ 甚大		湿害の発生しやすさとの関係
環境要因	地形	高地、凸地	低地、凹地	土壌水が周囲より集積、停滞しやすい窪地や、周囲からの侵入水のある地域。
	土壌の種類	砂質	粘土質、泥炭質	保水性が高く、また、地下水位が高く排水性の悪い土壌。
	土層の構造	作土深く複雑	作土浅く単純	心土層が浅い、又は鋤床のある場合。
	土壌の構造	団粒	単粒	団粒の直径が1〜1.5mmの範囲が適切。これより小さいと気相率が小さくなる。
	土壌の酸化還元電位	高い	低い	土壌の還元化が進むと、作物の生育にとって有害な種類の金属イオンである2価の鉄イオン及びマンガンイオンが発生しやすくなる。また、硫化水素も生じる。
	降水量	少ない ←→ 多い		世界のコムギ作地帯は500〜1,000mm程度。日本は1,500mmのところも。
	土壌水分	低い	高い	わが国の環境では、土壌水分の上昇による潜在的な湿害発生の直線的関係が見られる。
	地下水位	低い	高い	コムギでは40〜50cm以上、できれば60cm程度の深さの地下水位となるようにすると適当とされる。
	気温・地温	低い	高い	作物や土壌微生物の呼吸量の増加により酸素要求量が増加するため、冬季より春季以降の被害が大きい。
	土壌有機物	少ない	多い	分解反応により酸素を消費し、また、土壌の還元化が進行。土壌の団粒形成にも関連する。
	土壌微生物	不活発	活発	土壌中の酸素を消費し、土壌の還元化を進行させる。
作物形質	通気組織	発達	未発達	地上部の葉鞘から地下部の根端まで作物体の中を通して細胞間隙または空洞が形成。耐湿性の低い作物では、主に地上部と地下部の連絡部分での通気組織が未発達とされている。
	根の木化		未発達	土壌中の有害物質が侵入するのを阻害する効果があるとされる。
	根の分布	浅根性	深根性	土壌中で比較的酸素濃度の高い地表面に根系を発達させる性質を持つ
	発根力	高い ←→ 低い		過湿により古い根が傷害を受けた際に、土壌中で比較的酸素濃度の高い地表面に新たに根を発生させ、適応する
	光合成	高い	低い	地上部での光合成活動により発生した酸素が体内を通じて根へ供給される
	呼吸	低い	高い	根の呼吸活性が高い場合には、酸素要求量が高くなり、土壌中の酸素が欠乏する。
	酸化還元力	高い	低い	還元化が進んだ土壌中での根の酸化力が高い場合には、有害な金属イオンを酸化して無毒化することができる。

収量の低下のみならず、収穫した子実の粒ぞろい（整粒歩合）の低下、粒の充実不良（細麦）など品質面にも影響が現れる。麦類の湿害症状は、過湿ス

トレスを感受した時期にとくに発達の著しい形質に影響して減収すると考えられており（吉田 1977a）、発芽過程および生育過程の各段階でも、過湿から湿害症状発生に至るメカニズムは異なり、これに対応して、植物側の湿害への耐性のメカニズムも異なると考えられる。

6. 湿害克服のための技術

湿害の発生要因を踏まえると、生育環境の適正化という方法および、植物体自体の耐湿性を向上させるという方法の 2 通りがあると考えられ、これは、適地および適作の拡大を目指すことに他ならない。以下の項目では、まず、圃場整備や栽培上の技術など、湿害になりにくい環境を整える方法について、次に、麦類の耐湿性に関わる品種間差や新たな遺伝資源の探索導入など、耐湿性品種育成等の取り組みに関して述べる。

（1）栽培技術による対策

湿害を予防する第 1 の手段は圃場の排水対策であり、地域の農業雑誌においても基本技術の励行を指導する記事がタイムリーに掲載される（狩野 2008）。圃場にまとまった降雨があると、地中への浸透速度が遅く地表面に水たまりができて冠水してしまう場合がある。このような地表水を速やかに排水するためには、圃場の周囲に排水路（額縁明渠）を掘るとともに、圃場内にも 10m 程度の間隔をあけて明渠を作り、排水路を設定しておくことが理想である。また、地下に浸透した水の排水には暗渠の設置が効果的であるが、暗渠管や、暗渠排水が通じる排水路に土砂が詰まっていると排水機能が十分に発揮できないため、これらの維持管理への注意が必要である。

麦類の栽培法に関しては、畝立てによる湿害回避の技術がある。これは、地下水位の高い圃場においては作土を掘り、溝をつくって畝立てをし、作土表面と地下水位との距離を 40〜50cm 以上になるようにする方法である。作土層の厚さにより地下水位までの距離が理想通りには行かない場合もあり、畝立てにより播種面積率が減少するデメリットはあるが湿害を受けにくくなることから、九州地方での麦作においてよく見られる栽培法である。

麦作における生産費の削減が求められる中、省力的な不耕起栽培法の研究が進んでいるが、湿害の回避のための排水対策は慣行の耕起栽培よりも重要とされている。不耕起栽培では、圃場を耕起していないために、過剰な表面

水が低地に溜まりやすく、発芽時および苗立ち後においても湿害が発生しやすい。気温が上昇する成熟期には、耕起しないために残存しやすくなった稲わらが腐敗し土壌の還元状態が進んで湿害を助長することから、圃場の状態に合わせた排水対策が求められる。

　以上までに紹介した明暗渠の設置などの圃場整備および畝立て栽培法については、従来より行われてきた基盤技術であり、その励行が湿害を回避する最も有効な方法と考えられるものの、労力やコストがかかること、農業従事者の高齢化、他作目の栽培作業との競合などによって、このような技術の徹底が困難な場面もある。近年、水田から畑地へ、畑地から水田へ田畑転換を行いつつも、収量と品質とも安定した畑作物生産を維持することが求められてきたことを背景に、地下水位制御システム「フォアス（FOEAS）」（第6章6節参照）が開発された（藤森 2007）。ダイズ栽培で問題となる湿害と干ばつの同時対応の必要性から、水田の地下水位を低コストで簡易に可能にするシステムであり、すでにダイズを対象としたフォアス利用の生産マニュアルが公開されている（農研機構 2009）。ダイズ作では、土壌水分の調節による出芽、苗立ちの向上、収量の向上が示されている。一方、フォアスをコムギを対象として利用した場合の試験も進行中であり、試験数は少なくさらに研究蓄積が必要とされているが、収量の向上が認められ、システムによる湿害の回避による生育の向上効果であることが推察されており（私信）、今後の展開が期待される。

　圃場環境を整備することは重要だが、同時に、植物側のもつ多湿に適応した形質を獲得させることも重要である。

（2）耐湿性品種育成による対策

　麦類の耐湿性の品種間差に関する報告は多い。耐湿性の検定方法にはいくつものバリエーションがあり、対象とする時期は種子の発芽過程、幼苗期、茎立期、生育期間全体など。その他、湛水処理としても圃場を用いる方法では、平畦および傾斜を用いる方法があり、その時期（生育ステージ）、期間、評価形質が異なる（吉田 1977b）。指標によっては、品種間の秋播性および出穂期の差が大きい場合には検定結果に影響を及ぼすことがある。しかしながら、多数の研究結果が報告されているにもかかわらず、耐湿性に関して

強いとされたコムギやオオムギ品種を用いて、現在に至るまで育種に利用されて効果を挙げた結果が得られていない。このことは、湿害に関与する要因の多さと、検定された遺伝資源の範囲での耐湿性の強弱の差がもともと小さいことが推測される。幼植物での耐湿性評価が圃場での収穫量に基づく耐湿性評価を反映しないことがあること、部分が全体の反映ではなく耐湿性を構成する一部分だけを見ているからであろう。以上のことから、この状況を打開するためには、地道ではあるが確固たる耐湿性検定法の確立あるいは、あらたな遺伝資源の発見の重要さが浮き彫りとなっている。

耐湿性を直接的に検定するのではなく、耐湿性に関わるであろう作物の耐湿性に関わる形質（表 28）に関しての品種間差から耐湿性に迫ろうという取組みもある。このうち根と酸素との関係に深い通気組織形成能および根の分布について以下に述べる。

i) 通気組織形成能

水生植物などには、植物体内に通気系を発達させて根圏に酸素を送ることにより耐湿性を示す植物がある。作物では、イネやレンコンなどが顕著に発達した通気組織系を有し、湛水状態の根へ効率的に空気を送り込むことにより正常な根の生育を維持している（有門 1975）。これら水生植物では、遺伝的にプログラムされた通気組織形成能をもち、恒常的な通気組織を形成し、湛水条件に置かれるとさらにその組織系を発達させる。一方、麦類においては恒常的な通気組織は見られず、湛水処理などを行うことで、根に誘導的に形成される通気組織が観察される。酸素の低下にさらされてから適応反応が始まるため、その間に湿害の被害が大きくなると考えられているものの、圃場条件下の試験で、耐湿性と通気組織形成能との関連が示されている（Setter ら 1999、Setter and Waters 2003）。

ii) 根の分布

圃場の土壌では、表面に近いほど酸素濃度が高いと考えられる。このため、土壌中の根の分布の異なる品種があれば、地表の近くに根が多く分布する浅根性の品種は、地下深くに根を多く分布させる深根性の品種に比較して耐湿性が高いことが期待される。浅根性の品種（あやひかり）と深根性の品種（Rosella、キヌヒメ）を 3 系交配して多くの姉妹系統を作り、浅根性の系

統と深根性の系統を選抜し、これを過湿な水田圃場に栽培して調べた結果、浅根性の系統群は深根性の系統群に比べて 15％多収であることが示された（小柳ら 2001、2004）。このことから、根の分布と耐湿性の関連がつけられ、浅根化による耐湿性向上の可能性が示唆されている。

7. 新たな遺伝資源の探索、導入による耐湿性向上の試み

（1）ハマムギクサ（*Hordeum marinum*）

オオムギ属の野生種ハマムギクサ（*Hordeum marinum*）の系統の中には、根に発達した通気組織を形成するものが見つかっている。オオムギとは交雑が困難であるが、コムギとの交雑が可能となり、後代の amphiploid（複倍数体）が作出され（Islam ら 2007）、その耐湿性が評価されているところであり、通気組織の形成能の獲得により、コムギの耐湿性向上が期待される。

（2）ミズタカモジ（*Elymus humidus*）

わが国でもコムギの近縁種を利用したコムギの耐湿性向上させようとする試みがある。コムギの耐病性や環境ストレス耐性の遺伝資源としてコムギ・エギロプス属野生種を利用しようとする試みは古くから行われ、さび病耐性育種に用いられ育種母本が作出されてきた（百足ら 1987）。ミズタカモジ（*Elymus humidus*）は日本在来の野生ムギ類の一種で、田の畦などに自生する多年草で有望な麦類耐湿性遺伝資源と考えられている（笹沼 2004）。生育環境の変化、とくに水田作の早期化によって生息域を減少させ、環境省レッドデータブックの絶滅危惧種に指定されている。その耐湿性は対照区に比較して湛水処理による不定根発生や伸長能力が強く（Kubo ら 2007）、コムギとの雑種はコムギとミズタカモジの中間の耐湿性を示している（小柳ら 2007）。前項で触れたハマムギクサと同様にミズタカモジの遺伝子の組み込みによるコムギの耐湿性の向上が期待されている。

（3）遺伝子組換え技術の利用

前項までのハマムギクサおよびミズタカモジは、コムギと交雑可能なことから耐湿性遺伝資源として有望だが、今後は、さらに遺伝子組換え技術を用いることにより、交雑が不可能な種に由来する耐湿性関連遺伝子の導入への期待がある。たとえば、トウモロコシの耐湿性育種において、テオシントの通気組織形成能や地表根形成能が注目され、関与する遺伝子のマッピングが

急速に進められている（Mano and Omori 2007）。テオシント由来の通気組織形成能に関与する遺伝子を単離し、コムギに遺伝子導入することによって耐湿性に関わる通気組織形成能の機能解明を行う研究が進行中であり（安倍ら 2009）、このような基礎研究の積み重ねにより、将来、高度な耐湿性を有するコムギが開発されることが期待されている。

8. おわりに

本節では、世界的に栽培され人類の食料として、また農業貿易品としても重要な麦類の湿害についての概要を解説した。湿害研究の背景には、日本の現状の農業問題だけではなく、地球規模での温暖化がもたらす局地的な降雨の増加や地下水位の上昇による影響の懸念がある。将来にわたって世界的な食料安定生産を維持するためにも、湿害の克服は重要課題といえる。これまで麦類の湿害は困難形質と呼ばれ、長年の育種および栽培技術開発の努力によってもまだ解決されていない農業課題である。ここに紹介したように、フォアスシステムの開発利用、ミズタカモジ等の新たな遺伝資源の利用、テオシント遺伝子を利用しての遺伝子組換え作物の開発など、新規技術を利用してのチャレンジが開始されているが、ますますの研究努力が必要な分野である。

引用文献

安倍史高・中園幹生・間野吉郎・川口健太郎・小柳敦史 2009. 植物の根に関する諸問題－イネ科作物の耐湿性と根の通気組織に関する共同研究－. 農業および園芸 84: 739-745.

有門博樹 1975. 通気組織系と作物の耐湿性. オリエンタル印刷, 三重. pp.1-149.

藤森新作 2007. 転換作物の安定多収をめざす地下水位調節システム－水田リフォーム技術の開発－. 農業および園芸 82: 570-576.

Islam, S., Malik, A.I., Islam, A.K.M.R. and Colmer, T.D. 2007. Salt tolerance in a *Hordeum marinum-Triticum aestivum* amphiploid, and its parents. J. Exp. Bot. 58: 1219-1229.

狩野幹夫 2008. 転換畑麦の高品質安定生産のための排水対策. 農業いばらき 10月号: 32-33.

Kubo, K., Shimazaki, Y., Kobayashi, H. and Oyanagi, A. 2007. Specific variation in shoot growth and root traits under waterlogging conditions of the seedlings of tribe Triticeae including Mizutakamoji (*Agropyron humidum*). Plant Prod. Sci. 10: 91-98.

Mano, Y. and Omori, F. 2007. Breeding for flooding tolerant maize using "teosinte" as a germplasm resource. Plant Root 1: 17-21.

百足幸一郎・細田 清・山守 誠 1987. コムギの赤さび病抵抗性中間母本系統「さび系 50 号」(コムギ中間母本農 3 号)の育成. 東北農試研報 76: 13-32.

農研機構 2009. 地下水位制御システム(FOEAS)による大豆の安定生産マニュアル. 朝日印刷.

農林水産省 2008. 平成 20 年版 食料・農業・農村白書. pp.132.

小柳敦史・乙部(桐渕)千雅子・柳澤貴司・本多一郎・和田道宏 2001. 種子根伸長角度を指標にし

た根系の深さが異なるコムギ実験系統群の作出. 日作紀 70: 400-407.
小柳敦史・乙部(桐渕)千雅子・柳澤貴司・三浦重典・小林浩幸・村中 聡 2004. 根系の深さが異なるコムギ実験系統群の過湿な水田圃場における生育と収量. 日作紀 73: 300-308.
小柳敦史・川口健太郎・高田兼則・笹沼恒男 2007. コムギとミズタカモジの雑種第一代の耐湿性と根の特徴. 根の研究 16: 192.
小柳敦史・川口健太郎 2009. 茨城県南部の水田圃場におけるコムギの草丈と土壌水分の関係. 日作紀 78: 363-370.
笹沼恒男 2004. コムギ近縁野生種の進化と多様性. 遺伝 58: 45-50.
Setter, T.L, Burgess, P., Waters, I. and Kuo, J. 1999. Genetic Diversity of Barley and Wheat for Waterlogging Tolerance in Western Australia. *In* 9th Barley Technical Symposium, Melbourne, Aust., 2.17.1-2.17.7.
Setter, T. L. and Waters, I. 2003. Review of prospects for germplasm improvement for waterlogging tolerance in wheat, barley and oats. Plant Soil 253: 1-34.
武田和義 1986. ストレス耐性資源作出におけるバイオテクノロジーと遺伝資源, 6, 作物の水分ストレス耐性, a, 耐湿性の機構と遺伝資源. 農業技術 41: 501-507.
山崎 傳 1952. 畑作物の湿害に関する土壌化学的並に植物生理学的研究. 農技研報 B1: 1-92.
吉田美夫 1977a. 水田におけるムギの湿害の理論と実際(1). 農業技術 32: 492-496.
吉田美夫 1977b. 水田におけるムギの湿害の理論と実際(2). 農業技術 32: 529-534.

3. トウモロコシ

1. はじめに

　トウモロコシは世界各地のさまざまな環境のもとで栽培されているが、多雨や土壌の過湿などによって生じる湿害は最も重要な環境ストレスの一つである。たとえば、世界のトウモロコシ収穫面積の 20％を占めるアメリカでは、北部コーンベルト地帯のトウモロコシ播種は早春に行われるため発芽時において土壌が低温湿潤であり、トウモロコシの出芽および初期生育の湿害は重要な問題として取り上げられてきた（Martin ら 1988）。一方、アメリカ東部の湿潤で温暖な地域においては、しばしば春の大雨による冠水で出芽および定着の阻害が起こる。東南アジアにおいてもトウモロコシ栽培地域の 15％において湿害が生じていると推定されており、主要なトウモロコシ生産国であるインドにおいては 655 万 ha のトウモロコシ栽培面積のうち 250 万 ha で湿害が発生しており、国内のトウモロコシ生産量の 25～30％が減収となっていると推定されている （Zaidi and Singh 2001）。さらに、ブラジルにおいては、2,800 万 ha の沼沢地があり、その潜在的な農業生産力が期待されているが、その活用のためにはトウモロコシ生産における耐湿

性向上が一つの課題とされている（Vitorino ら 2001）。

わが国においてトウモロコシは茎葉と子実全体を飼料として利用するホールクロップサイレージとしての利用が主体であり、その作付面積（8万6,000ha、平成19年現在）の12%に相当する1万haが水田圃場における作付けである。一般に水田圃場における転作においては、排水が良好な圃場ではダイズなどの換金作物が作付けされる傾向があり、トウモロコシなどの飼料作物が作付けされる水田圃場は排水が不十分である場合が多く、湿害が大きな問題となる。

2. 耐湿性の品種間差異

トウモロコシの湿害対策は世界的にも、また、わが国の飼料生産を考えるうえでも重要な課題である。こうした種々の条件下における湿害の軽減には排水管理の改善が有効であるが、とくに途上国の零細な農家においては多大な費用を要する圃場整備や機械の導入は困難である。また、先進国においても広大な面積の圃場について排水改善のための工事を行うことは多大な費用を要する。このため、耐湿性に優れたトウモロコシ品種の選定と活用に関する多くの研究がわが国をはじめアメリカ、インドなどで実施されてきた。

（1）種子の冠水抵抗性

トウモロコシの発芽時・出芽時の耐湿性は、とくに早春の土壌が低温で湿潤な条件下において安定的な出芽を確保するという観点から重要である。冠水による被害の発生パターンについては Fausey and McDonald（1985）により検討が行われており、5自殖系統および5組合せの F_1 を10℃および25℃の温度で4水準の浸漬期間で処理を行い、その後圃場へ播種することにより種子の冠水被害程度を検討した。その結果、冠水被害は48時間から生じること、同一の冠水処理時間の場合、温度が高いほど被害を受けやすいこと、ならびに冠水抵抗性は F_1 系統よりも自殖系統が高い傾向にあることなどが示されている。

冠水抵抗性の高い品種・系統の選抜とその要因の解明については数多くの研究がなされており、冠水抵抗性の高い系統は感受性の系統よりも低い酸素濃度条件下で発芽が可能であり（VanToai ら 1988）、種子の冠水抵抗性は低酸素ストレス条件下において代謝エネルギーの生産や保存を行う能力であ

ると理解される。また、冠水後播種前の種子の通風により発芽率がある程度改善されることも知られているが、抵抗性自殖系統は感受性自殖系統よりも冠水後および通風後における種子の呼吸速度の回復が顕著であることが知られている（Cerwick ら 1995）。

(2) 植物体の耐湿性

植物体の耐湿性については、最も湿害を受けやすい時期の特定、耐湿性の高い品種・系統の選抜、ならびに耐湿性と関連する形質の抽出といった観点からの研究がなされている。トウモロコシの生育ステージと湿害との関係については、生育ステージの早い方が湿害を発生しやすいとする報告が多い。また、生育初期の耐湿性程度は、その後の生育時期における耐湿性程度と一致する傾向があることも知られている。以上のように、トウモロコシの栽培においては発芽時・出芽時と生育初期が最も冠水、湛水被害を受けやすいと考えられているが、実際の営農場面において被害が最も深刻なのは、knee-high ステージ（播種後 35 日程度）であると考えられている（Zaidi and Singh 2001）。すなわち、出芽時から初期生育時にかけては冠水、湛水被害を受けたとしても再播種という選択肢があるものの、knee-high ステージに湛水状態になった場合、作期の制限などから再播種は困難であり大きな減収となる。

植物体の湛水処理によって乾物生産量や葉面積の低下、光合成速度や蒸散速度の低下、クロロフィル含量や可溶性糖類およびデンプン含量の低下といった生産阻害が引き起こされるが、それらの反応には品種・系統間差異が存在し、耐湿性の強いものは弱いものと比較して次のような特性をもっている。①湛水期間における早期の不定根発生、②通気組織形成による根の高い孔隙率および根の低い通気圧、③クロロフィル含量の維持、④茎組織における可溶性糖類およびデンプンの高い蓄積能力、⑤ストレス期間中の部分的な気孔の閉鎖と呼吸速度および蒸散速度の抑制、⑥地下部のバイオマスの割合の維持、⑦根のアルコール脱水素酵素活性の増加、などである。

湛水期間がその後の生育に及ぼす影響として、Chaudhary ら（1975）は 2～4 週間隔で断続的に 1～6 日間の湛水処理を行ったところ、湛水期間が 1 日を超えると子実収量の減収が始まることから、良好な子実生産のためには

湛水が生じたとしても 1 日以内に排水が可能となるような管理を行うことが重要であるとしている。また、Lizaso and Ritchie（1997）は 5～6 葉期および 10～12 葉期に 4 日間および 8 日間の湛水処理を行ったところ、生育ステージによる影響は小さかったものの、湛水期間が 4 日間から 8 日間に延長されることにより、その後のバイオマス生産量は 10％減少することを報告している。

3. 耐湿性品種育成の可能性

　以上のように示した品種・系統間差異の報告例は、トウモロコシの種内変異を扱ったものであるため充分に大きな遺伝変異を期待することができず、現段階では画期的なトウモロコシの耐湿性品種の開発までには至っていない。最近、作物の耐湿性向上に近縁種や野生種の利用が注目されており、トウモロコシにおいてもその近縁種であるテオシントを利用した耐湿性育種の取り組みが進められている（Mano and Omori 2007）。

（1）耐湿性が強い近縁種テオシント

　テオシントはメキシコを中心に、グアテマラ、ニカラグアなどの熱帯、亜熱帯地域などに分布している。耐湿性に関してとくに注目されているのはニカラグアのテオシント *Zea nicaraguensis* である。*Z. nicaraguensis* は低地の河口付近に自生しており、生育期間中は水位が地表面より上 50cm 程度になる場合がしばしばであるが、そのような環境においても草丈が 5.3m まで達し、多くの分げつを生じる（Bird 2000）。したがって、テオシントはトウモロコシの遺伝変異を超える耐湿性に関する特性をもっているのではないかと考えられる。

　これまでに数種のテオシントについて、湛水条件下における地表の不定根形成（地表根と言われる）や根の通気組織形成をはじめとするいくつかの耐湿性に関連する形質が評価されており、*Z. nicaraguensis* はいずれの特性も兼ね備えており、また *Z. mays* ssp. *huehuetenangensis* などのテオシントについても一部、あるいは複数の特性をもっていることが明らかとなっている（口絵 12）。一般に作物の近縁種・野生種と栽培種との交雑は技術的に非常に困難であるが、テオシントの場合はトウモロコシとの交雑が可能であり、その後代種子も得られることからテオシントのもつ湛水条件下における

地表根形成能や通気組織形成能などの耐湿性に関する特性を交雑育種によってトウモロコシに導入することが可能である。

(2) 湛水条件下における地表根形成

植物体における湿害の適応や回避の反応の一つに地表面近くで根を形成させるという浅根化があり、さらに土壌表面よりも水位が高くなった場合には地表根を発達させる。これにより、根系を浅くし、さらには地表根を形成することで地表近くの酸素を取り込むことができる。地表根の形成は他の作物においても耐湿性との関連が示されておりその重要性が知られている。

テオシント、とくに *Z. mays* ssp. *huehuetenangensis* は湛水条件下において地表根形成能力が非常に高い。また梅雨の長雨時において、地表面よりも水位が低い圃場条件下でも *Z. mays* ssp. *huehuetenangensis* は地表根を伸長させる。このため、本形質は実際の圃場における栽培においても発現する重要な形質であると考えられる。トウモロコシ B64 と *Z. mays* ssp. *huehuetenangensis* の交雑 F_2 集団において、湛水条件下における地表根形成能の量的形質遺伝子座（QTL）が第 4、第 5 および第 8 染色体に座乗することが明らかになっており（Mano ら 2005）、それらの QTL を優良トウモロコシ自殖系統 Mi29 に導入することが進められている。

(3) 根の通気組織形成能

トウモロコシをはじめ、コムギ、オオムギなどの畑作物においても湛水条件になると根の皮層部分に通気組織が形成される。しかしその形成には作物種や根の部位にもよるが、通常数日から 10 日以上を要するので過湿状態におかれても直ちに適応することができず、通気組織ができやすい耐湿性が強い品種でもある程度の湿害を受けてしまうと考えられる。一方、イネや水生植物では好気条件下（非湛水条件下）においても根の発達に伴いある程度通気組織を形成し、湛水条件になった場合に通気組織の肥大化が迅速に行われる。テオシント *Z. nicaraguensis* や *Z. luxurians* はイネなどと同様に好気条件下でも通気組織を形成するため（Mano and Omori 2007）、この特性はトウモロコシの遺伝変異の中にはない重要な特性の一つと考えられている（口絵 12）。

非湛水条件下で生育させたトウモロコシ B64、*Z. nicaraguensis* およびそ

れらの交雑 F_2 の幼植物を材料に、根の通気組織形成に関与する QTL の位置と効果を推定したところ、第 1 染色体の 2 カ所に *Z. nicaraguensis* 由来の QTL が見出された（Mano ら 2007）。それらの QTL をトウモロコシ Mi29 に導入することが進められており、戻し交雑の過程の BC_4F_1 世代においても最も作用力の大きい第 1 染色体の QTL が同様に発現することが確認されている。

（4）耐湿性品種育成に向けて

ユニークな耐湿性遺伝資源であるテオシントを利用して耐湿性に関与する特性の遺伝解析で得られる情報を蓄積することにより、これまで非常に困難とされてきたトウモロコシ耐湿性育種が前進し、耐湿性品種の開発が進むものと考えられる。上述したように、テオシントがもつ耐湿性に関連する特性を支配する QTL をそれらに連鎖する DNA マーカーを用いて優良トウモロコシ自殖系統へ導入する研究が進められており、耐湿性に関連する複数の QTL を集積した耐湿性が強い自殖系統、さらには優良自殖系統との交雑 F_1 品種が近い将来作出されることが期待できる。

引用文献

Bird, R. McK. 2000. A remarkable new teosinte from Nicaragua: Growth and treatment of progeny. Maize Gen. Coop. Newsl. 74: 58-59.

Cerwick, S.F., Martin, B.A. and Reding, L.D. 1995. The effect of carbon dioxide on maize seed recovery after flooding. Crop Sci. 35: 1116-1121.

Chaudhary, T.N., Bhatnagar, V.K. and Prihar, S.S. 1975. Corn yield and nutrient uptake as affected by water-table depth and soil submergence. Agron. J. 67: 745-749.

Fausey, N.R. and McDonald, M.B.Jr. 1985. Emergence of inbred and hybrid corn following flooding. Agron. J. 77: 51-56.

Lizaso, J.I. and Ritchie, J.T. 1997. Maize shoot and root response to root zone saturation during vegetative growth. Agron. J. 89: 125-134.

Mano, Y., Muraki, M., Fujimori, M., Takamizo, T. and Kindiger, B. 2005. Identification of QTL controlling adventitious root formation during flooding conditions in teosinte (*Zea mays* ssp. *huehuetenangensis*) seedlings. Euphytica 142: 33-42.

Mano, Y. and Omori, F. 2007. Breeding for flooding tolerant maize using "teosinte" as a germplasm resource. Plant Root 1: 17-21.

Mano, Y., Omori, F., Takamizo, T., Kindiger, B., Bird, R., McK., Loaisiga C.H. and Takahashi, H. 2007. QTL mapping of root aerenchyma formation in seedlings of a maize x rare teosinte "*Zea nicaraguensis*" cross. Plant Soil 295: 103-113.

Mano, Y., Omori, F., Loaisiga, C.H. and Bird, R. McK. 2009. QTL mapping of above-ground adventitious roots during flooding in maize x teosinte "*Zea nicaraguensis*" backcross population. Plant Root 3: 3-9.

Martin, B.A., Smith, O.S. and O'Neil, M. 1988. Relationships between laboratory germination tests and field emergence of maize inbreds. Crop Sci. 28: 801-805.

VanToai, T., Fausey, N. and McDonald, M.Jr. 1988. Oxygen requirements for germination and growth of flood-susceptible and flood-tolerant corn lines. Crop Sci. 28: 79-83.

Vitorino, P.G., Alves, J.D., Magalhães, P.C., Magalhase, M.M., Lima, L.C.O. and de Oliveira, L.E.M. 2001. Flooding tolerance and cell wall alterations in maize mesocotyl during hypoxia. Pesq. Agropec. Bras. 36: 1027-1035.

Zaidi, P.H. and Singh, N.N. 2001. Effect of waterlogging on growth, biochemical compositions and reproduction in maize (*Zea mays* L.). J. Plant Biol. 28: 61-70.

4. ダイズ

1. 発芽・出芽期

わが国のダイズ（*Glycine max*）作付面積の 80％以上は水田転換畑で栽培されており、排水の悪い圃場では降雨後の滞水や高地下水位による土壌の過湿により、ダイズの出芽や生育が障害を受けやすい。とくに、ダイズの発芽・出芽期は梅雨期に当たるため、出芽時に障害を受ける危険性が高い。このことが、水田転換畑でのダイズ収量を低下させる大きな要因となっている。ここでは、発芽・出芽期の耐湿性の機構と品種間差異に焦点を当てて述べる。

（1）湿害の発生機構

土壌に播種された種子は、土壌水分を徐々に吸水しながら酵素を活性化させ、発芽に必要な代謝過程を進行させる。ところが、多湿状態に播種された場合、水分が種子内に急激に浸入して胚や胚乳組織の膨張が起き、その結果、種子が崩壊して種子成分が漏出して発芽能力を失う。すなわち、多湿状態では、急激な吸水に伴う種子組織の物理的な崩壊が発芽能力喪失の主要な要因である（中山ら 2005、Tian ら 2005）。加えて、低酸素条件下での発芽率の品種間差異の解析により、耐湿性品種（Peking）では発芽率の低下し始める酸素濃度の閾値が他の品種より低いことが認められており、種子の酸素透過能あるいは胚の生化学的特性の関与が示唆されている（Tian ら 2005）。また、適度な湿度範囲を超えた過湿状態に種子が置かれた場合、種子の崩壊には至らないが、やはり種子内成分が漏出し、出芽が遅れる。出芽が著しく遅れる場合には、土壌病原菌の感染率が高まり、腐敗や枯死を招くことになる。

ダイズの種子の内部構造は、外部から種皮－糊粉層－胚と連なっているが、品種に関わらず糊粉層が吸水の抑制に寄与していることが明らかにされた（Tian ら 2005）。一方、吸水は種子表面のどの部位からも行われるが、珠孔を塞ぐと吸水速度が顕著に低下することから、珠孔が主要な吸水口として機能していることがうかがえる（図 40）。対照的に、臍を塞いでも無処理の種子の吸水速度と有意な差がないことから、臍からの吸水量は種子表面の他の部位よりも小さいことが推定される。臍は外部に大きく開口しており、種子の初期吸水口として機能しているものと推測されるが、種子を染色液に浸漬し 25 分後に臍の断面を観察したところ、珠孔、種皮および臍の内空には比較的早く浸水しているのに対し、臍のすぐ内層に位置する幼根や胚への浸水は少ないことが観察された（Muramatsu ら 2008）。この観察結果は、糊粉層に加えて、臍の内空も浸水を一時ブロックする機能を果たしている可能性を示唆する。

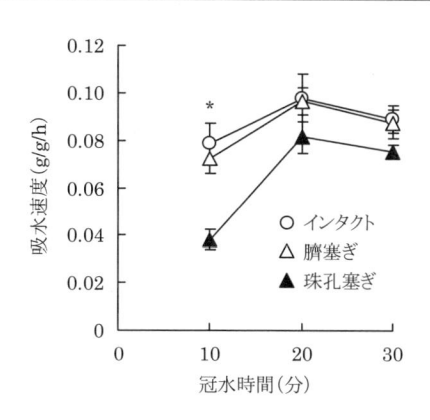

図 40　冠水条件下における種子（インタクト、臍あるいは珠孔を塞いだ場合）の吸水速度の推移　品種：エンレイ。＊：5％水準で種子間で有意差あり。エラーバーは標準誤差。Muramatsu ら（2008）を改変。

（2）耐湿性品種の特性

冠水下での発芽の良否には明らかな品種間差異が認められている（中山ら 2004、Tian ら 2005、Muramatsu ら 2008）。多くの品種を冠水下で発芽させた実験結果では、Peking がもっとも発芽率が高いことが認められた（Tian ら 2005）。Muramatsu ら（2008）の結果では、2 日間冠水条件に置いた場合の発芽率は、ナカセンナリでは 35.6％、エンレイでは 68.9％に低下したのに比べ、Peking では 97.8％の高い値を示した（表 29）。

冠水耐性の異なる品種の吸水速度を比較すると、耐性品種では吸水速度が

表29 冠水条件下における発芽率の品種間差異

品種	100粒重 (g)	発芽率(%) 適湿	発芽率(%) 2日間冠水
ナカセンナリ	31.6	96.7 ± 1.9	35.6 ± 2.2
エンレイ	35.6	98.9 ± 1.1	68.9 ± 2.9
Williams	20.2	100.0 ± 0	63.3 ± 1.0
Peking	12.0	100.0 ± 0	97.8 ± 1.1

Muramatsuら(2008)から抜粋。
発芽率は平均値±標準誤差。

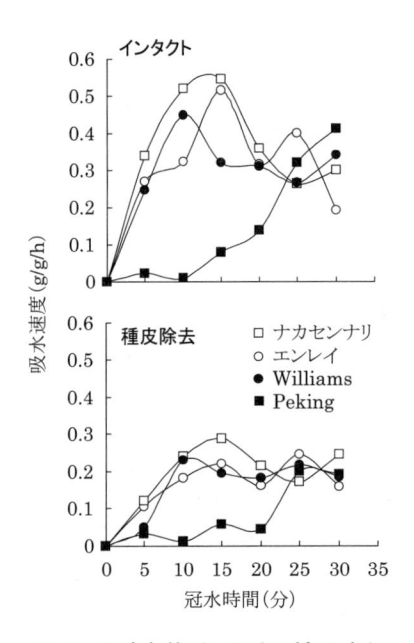

図41 冠水条件下における種子（インタクト、種皮除去）の吸水速度の品種間差異 Muramatsuら（2008）を改変。

低く、種子への急激な浸水が発芽に障害を与えることを裏付けている（図41）。この実験で、耐湿性の大きいPekingでは、種皮の有無に関わらず吸水速度が他の品種よりも明瞭に小さいことから、この品種では、種皮（＋糊粉層）と胚の両部位が寄与していることが示唆される（Muramatsuら2008）。Pekingの種皮および胚がどのような機構で吸水速度を抑制しているかについては、まだ解明されていない。

(3) 耐性品種育成の可能性

耐性の強いPekingと弱い品種との交配後代を用いたQTL解析により、冠水耐性の遺伝的制御機構が解析されている（Sayamaら2009）。この解析で見出されたDNAマーカーを用いた育成系統の耐性評価も開始されており、冠水耐性をもつ品種の育成が期待される。

(4) 湿害の防止策

i) 圃場排水

発芽時だけではなく、生育の全期にわたり、適切な土壌水分を維持することがダイズ多収に肝要であることは論をまたない。そのためには、暗渠・明渠の敷設、畝立て栽培など、総合的な対策が必要である。

ii) 種子含水率調製

多湿条件下では、種子の含水率が低いほど、すなわち乾燥した種子ほど発芽に障害を受けやすい（中山ら 2004、村松 2006）。含水率を人為的に調製した種子を冠水条件に置くと、種子含水率 15％以下では含水率が低い種子ほど発芽率が低下する（図 42）。図 42 のデータは冠水耐性の弱い品種であるナカセンナリを用いたものであり、耐性の強い品種では含水率の影響は相対的に小さい。このように、耐湿性の弱い品種では、含水率を 15％程度に調製することは、冠水条件下での発芽率向上に有効である。この知見を基礎にして、簡易な種子水分調製法（水稲用育苗器を用いた方法や網袋に入れて水に短時間浸漬する方法）が提案され、水分調製後は低温（12℃）で 2 週間程度まで保存可能であることが実証されている（皆川 2007）。

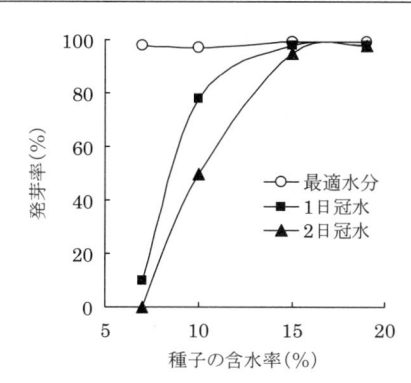

図 42　種子の含水率が発芽率に及ぼす影響　品種：ナカセンナリ。村松（2006）を改変。

2. 生育期

発芽・出芽期とは異なり生育期の湿害は根や根粒への影響によるものが大きい。とくに根粒はダイズの生育および収量に重要な関わりをもつ窒素固定器官であるが、土壌過湿の影響を顕著に受ける。ここでは生育期の湿害と根・根粒との関係およびダイズの土壌過湿適応性を中心に紹介する。

（1）土壌過湿によるダイズへの影響

i) 主な湿害発生機構

わが国では北海道を除き 6〜7 月の梅雨期と湿害に弱い生育初期とが重なり、排水不良の転換畑圃場では数日から 1 週間程度の断続的な過湿状態が続くことがある。土壌が過湿状態になると、土壌中の酸素濃度が低下して根の呼吸量が減少し、根からの水分吸収が制限される。これにより茎葉部への水の輸送量が減り、葉は水ストレスを受けて蒸散量を抑えるために気孔が閉じられてしまい、それに伴って光合成速度も低下する。また、水分吸収と同

時に養分吸収も抑制されるのでダイズ生体内での代謝機能にも影響を与える（杉本 1994）。とくに過湿が長期化した場合、土壌中では酸化還元電位の低下が進むので有害な化学物質である二価鉄、マンガンイオン、硫化水素などが溶脱・発生してダイズの根や根粒の障害を助長する。またガスの拡散速度は水中では空気中の 1/10,000 以下で、大気からの酸素の拡散の抑制に加えて、根圏では土壌微生物や化学反応によって発生する有害なガスの大気への拡散も抑制される。たとえば土壌が冠水すると土壌中に二酸化炭素が蓄積して、ダイズの生育阻害を引き起こしている（Araki 2006）。

ii）湿害と根粒活性

イネ、コムギ、トウモロコシなどのイネ科主要作物とは大きく異なり、ダイズは種子に 40〜50％のタンパク質を蓄積する窒素要求性が高い作物である。そのためダイズは根粒菌と共生して根に根粒を形成し、根粒にエネルギーとして炭素化合物を供給する代わりに根粒からウレイド態窒素化合物（アラントイン、アラントイン酸）を受け取っている。開花期には地下部から地上部へ供給される窒素の 60〜80％は根粒が固定したものである。しかし、根粒の呼吸量は根の呼吸量に対して約 5〜6 倍に達し（阿江・仁紫 1983）、空中窒素固定には大量の酸素を消費する。このために、高い根粒窒素固定能力を発揮するためには根圏は好気条件であることが望ましいが、土壌の過湿により低酸素環境になると根粒は窒素固定をほぼ停止し（杉本 1994）、一部は腐敗・脱粒することがある。さらに根による土壌からの窒素吸収能力も低下するので、葉身内の窒素不足が生じて葉の黄化が進行する。

iii）湿害と病害

湿害を受けたダイズは病原菌に対する防御機構も低下するために、黒根腐病や茎疫病等の立枯性病害の発生を増加させ、収量や品質の低下を招く。これらの病害が多発すると欠株が生じて雑草が発芽しやすくなり、雑草が繁茂すると周囲のダイズは生育競合にも負けるため、最悪の場合は収穫さえできなくなる。そのためこれら病原菌に対する真正抵抗性と圃場抵抗性を兼ね備えた品種の育種が重要である。

(2) 湛水に対する適応性

i) ダイズの通気組織

　湿生植物には通気組織が形成され、その組織を通じて大気中の酸素や光合成で生じた酸素が地下部組織に供給されるため、湛水条件下でも良好な生育をする。ダイズにおいても湛水処理をして 3 週間程度経過すると湛水面下の茎、不定根、主根および根粒には、多量の空隙を含む白色スポンジ状の通気組織が発達し、根や根粒に酸素が供給されやすい体制に改変できる。また、湛水面上の茎に形成される皮目状の通気組織が酸素の取込み口、すなわちシュノーケルの役割があり、その部位にワセリンなどを塗布して、1 週間酸素の取込を遮断するとダイズの生長は影響を受け、根粒の窒素固定能も停止する（Shimamura ら 2002）。ところが、皮目が空気と接していると、個体当たりの根粒乾物重は若干低下するが、根粒乾物重当たりの根粒活性は灌水条件のものと同程度である。さらに湛水処理直後では根粒活性は著しく抑制されるが、通気組織が発達するにつれて根粒活性が徐々に回復し、茎からの出液にウレイド態窒素化合物が多く含まれるようになる（Thomas ら 2005）。

ii) 耐湿性と DNA マーカーの開発

　近年、QTL 解析により耐湿性に関与する DNA マーカーの開発が進められている。VanToai ら（2001）は、Archer/Minsoy と Archer/NoirI の RILs（組換え自殖系統）を用いて、開花始めに 2 週間の湛水処理を行い、収量に関する QTL 解析をしたところ、SSR マーカーSat_064 で Archer 由来の多型が耐湿性との関係が高いと報告している。また、Cornelious ら（2005）は、A5403/Archer と P9641/Archer の RILs をそれぞれ 103 と 67 系統を用い、開花期に湛水処理を行ったときの生育障害程度に関する QTL 解析をしている。A5403/Archer では 17、P9641/Archer では 15 のマーカーが耐湿性に有意であり、共通な 5 つのマーカーが挙げられている。Githiri ら（2006）はミスズダイズ/Moshidou Gong 503 の RILs を用いて、第 2 複葉展開期から 3 週間の湛水処理を行い QTL 解析をした結果、耐湿性は生育期間が長い晩生系統が有利であるとしている。現在の所、耐湿性品種は育成されていないので、育成のためには遺伝的背景の解析を進め、耐湿性

に関する遺伝子の集積が重要である。

引用文献

阿江教治・仁紫宏保 1983. ダイズ根系の酸素要求特性および水田転換畑における意義. 土肥誌 54: 453-459.

Araki, H. 2006. Water uptake of soybean (*Glycine max* L. Merr.) during exposure to O_2 deficiency and field level CO_2 concentration in the root zone. Field Crop. Res. 96: 98-105.

Cornelious, B., Chen, P., Chen, Y., de Leon, N., Shannon, J.G. and Wang, D. 2005. Identifcation of QTLs underlying water-logging tolerance in soybean. Mol. Breed. 16: 103-112.

Githiri, S.M., Watanabe, S., Harada, K. and Takahashi, R. 2006. QTL analysis of flooding tolerance in soybean at an early vegetative growth stage. Plant Breed. 125: 613-618.

皆川 博 2007. 種子の加湿処理による大豆の湿害回避技術. 農業および園芸 82: 757-763.

村松 直 2006. ダイズ種子の冠水抵抗性の機構. 東北大学修士論文.

Muramatsu, N., Kokubun, M. and Horigane, A. 2008. Relation of seed structures to soybean cultivar difference in pre-germination flooding tolerance. Plant Prod. Sci. 11: 434-439.

中山則和・橋本俊司・島田信二・高橋 幹・金 榮厚・大矢徹治・有原丈二 2004. 冠水ストレスが発芽時のダイズに及ぼす影響と種子含水率調節による冠水障害の軽減効果. 日作紀 73: 323-329.

中山則和・島田信二・高橋 幹・金 榮厚・有原丈二 2005. ダイズ種子の吸水速度調節が冠水障害の発生に与える影響. 日作紀 74: 325-329.

Sayama, S., Nakazaki, T., Ishikawa, G., Yagasaki, K., Yamada, N., Hirota, N., Hirata, K., Teraishi, M., Yoshikawa, T., Saito, H., Teraishi, M., Okumoto, Y., Tsukiyama, T. and Tanisaka, T. 2009. QTL analysis of seed-flooding tolerance in soybean (*Glycine max* (L.) Merr.). Plant Sci. 176: 514-521.

Shimamura, S., Mochizuki, T., Nada, Y. and Fukuyama, M. 2002. Secondary aerenchyma formation and its relation to nitrogen fixation in root nodules of soybean plants (*Glycine max*) grown under flooded conditions. Plant Prod. Sci. 5: 294-300.

杉本秀樹 1994. 水田転換畑におけるダイズの湿害に関する生理・生態学的研究. 愛媛大学農学部紀要 39: 75-134.

Thomas, A.L., Guerreiro, S.M.C. and Sodek, L. 2005. Aerenchyma formation and recovery from hypoxia of the flooded root system of nodulated soybean. Ann. Bot. 96: 1191-1198.

Tian, H.X., Nakamura, T. and Kokubun, M. 2005. The role of seed structure and oxygen responsiveness in pre-germination flooding tolerance of soybean cultivars. Plant Prod. Sci. 8: 157-165.

VanToai, T.T., Martin, S.K.St., Chase, K., Boru, G., Schnipke, V., Schmitthennner, A.F. and Lark, K.G. 2001. Identification of a QTL associated with tolerance of soybean to soil waterlogging. Crop Sci. 41: 1247-1252.

5. 野菜

　露地で栽培される多くの野菜類は気象変動の影響を受け易く、台風襲来時には甚大な被害を受けることがある（口絵 13）。さらに、最近における米消費の低迷は換金作物としての野菜作に生産者の関心を向け、転換畑への野

菜作導入が進められている。このため、梅雨や秋雨による長雨によっても湿害の発生する危険性が高くなっている。

　ところで、現在、野菜として分類され食用に供されているものは150種余りにのぼる。この中には、植物学的に水生植物として分類され、水中であっても特段の問題もなく生育するウォータークレス（クレソン）、オオクログワイ、ジュンサイ、セリ、マコモ、ヒシ、ワサビなどの野菜類がある（高嶋 1981）。その多くは消費量がそれほど多くない。しかし、中にはハスのように地下茎が「レンコン」と呼称され、地域特産作物として商業生産されているものもある。ただし、食用される種類は観賞用と品種が異なる。また、クワイ（口絵 14）のように特定の季節需要に向けて生産されているものもある。これらの水生植物の多くは茎葉を通じて根に酸素が送られる通気組織が発達しており、水中での生育が可能である（大滝 1980）。さらに、この他に水生植物に分類されていないものの、好湿性のサトイモも野菜として扱われている。また、トウモロコシは湛水状態に置かれると通気組織を形成することが知られているが、同じ仲間の中にスィートコーンがある。しかし、野菜として食用に供されている多くのものは畑作物と比べると湿害を受けやすい作物である。

　なお、湿害を受けやすい一般野菜の中にも種類によって湿害の被害程度に差異があり、同一種類の野菜であっても品種によって湿害の被害程度に差がみられる。図43はブロッコリー7品種を5日間湛水処理し、根乾物重の減少程度を比較した結果である。供試品種間に相違が認められ、湛水耐性が異なると判断される。

　山崎（1952）は根の皮層細胞の配列状態、組織の木化程度、木化した組織の配列から8群に分類し、ネギ、タマネギ、ニンジンは外皮、皮層に木化

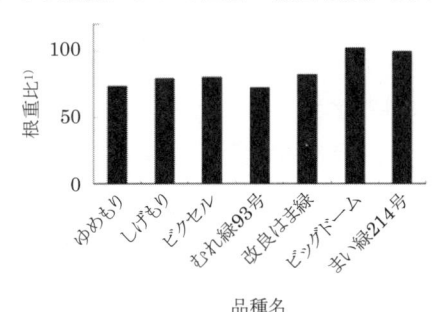

図43　ブロッコリーの湛水耐性と品種間差（東尾、未発表）　1) 処理開始5日後における根乾物重を無処理を100として表示した。

が見られず、皮層細胞が斜列になり、細胞間隙が少なく、イネよりも耐湿性が劣るとした。これは通気組織の有無および溶存酸素濃度の低下に伴い土壌が還元状態となったときに生成される二価鉄等の有害物質の侵入阻止への抵抗性を想定したものである。位田（1956）は嫌気条件においてナスの根では通気組織が発達することを認めている。しかし、その他の野菜類についての情報は少ない。一方、根系分布特性に着目し、たとえば、ナス科の根はウリ科に比べて太根が深く分布し、耐湿性に乏しいことが指摘されている（小沢 1998）。また、シュンギクはひげ根性、スイートコーンは側根性であるために表層にある根の割合が多いのに対して、ホウレンソウは直根性であるために深層の根の割合が高く、地下水位上昇の影響を直接的に受けやすいと考えられている（荒木ら 2000）。作物の根系形成は土性、耕土の深さ、施肥量、マルチの有無、下層土の酸性度、地下水位、地温、連作の有無などによって大きく影響されるものの、基本的には作物の遺伝的特性による面が強いことが知られている（橘 1998）。さらに、湿害発生は根が低酸素条件下に置かれることに起因することから、嫌気条件下における根の呼吸反応に着目し、アルコール脱水素酵素活性と耐湿性を関連づけることが試みられている。

　野菜の湿害を軽減・回避するうえで、圃場に明渠および暗渠を施工し、圃場からの排水を促進することは有効な対策となる。しかし、経費・労力的な点から、地下水位の高い所では高畝栽培が広く行われている。野菜の種類および品種により耐湿性の相違が見られることから、耐湿性品種の選定および品種開発で被害を軽減できることが期待される。この場合、迅速・簡便な湛水耐性評価法の開発が重要であり、そのために必要な技術開発が進められている。

引用文献

荒木陽一・村上健二・井上昭司・岩波　壽・山本二美 2000. 水田転換畑での野菜生産における湿害防止技術の開発に関する研究. 中国農研報 21: 41-58.
位田藤久太郎 1956. 蔬菜の根の生理に関する研究(第 4 報)土壌空気の酸素濃度が果菜類の生育, 養分吸収に及ぼす影響. 園学雑 25: 85-93.
大滝末男 1980. 水生植物の外観. 大滝末男・石戸　忠　編. 日本水生植物図鑑. 北隆館, 東京. pp.286-302.
小沢　聖 1998. 果菜類. 根の辞典編集委員会. 根の辞典. 朝倉書店, 東京. pp.181-183.

橘 昌司 1998. 葉菜類.根の辞典編集委員会. 根の辞典. 朝倉書店, 東京. pp.179-181.
高嶋四郎 1981. 原色日本野菜図鑑. 保育社, 大阪. pp.1-269.
山崎 傳 1952. 畑作物の湿害に関する土壌化学的並びに植物生理学的研究. 農技研報 B1: 1-92.

6. 果樹

　果樹は傾斜地や排水の良好な地域に栽培されることが比較的多く、しかも着果部位が高いため果実自体の冠水害は受けにくい。しかし、土壌や園内の多湿に伴う果実の生理的障害の発生などの特徴的な被害が生じる。また、主に接ぎ木繁殖によって増殖するため、台木の耐湿性が湿害回避には重要なポイントとなる。以下に果樹にみられる特徴的な湿害に関する知見を紹介したい。

1. 果樹類の耐湿性とその機構
(1) 耐湿性の強弱
i) 樹種による耐湿性の差異
　果樹の樹種による耐湿性の違いを研究した例は、主要な温帯果樹に関する研究であり、しかも直接多くの樹種を比較した例は少ないが、概ね次のようである。すなわち、最も弱い樹種としてはモモ、オウトウなどのサクラ（*Prunus*）属植物とイチジクが、それらより強い樹種としてナシ、リンゴが、さらに最も強い樹種としてカキ、ブドウおよびユズ、カラタチといったカンキツ類が挙げられている（小林 1970）。

ii) 台木による耐湿性の差異
　耐湿性は同属の植物でもであっても変異が大きい。表30に代表的な果樹台木の耐湿性の強弱を示した。

表30　代表的な果樹台木種の耐湿性

果樹	強＞弱
モモ台木	ニワウメ、ニホンスモモ＞モモ＞ユスラウメ
リンゴ台木	マルバカイドウ、M7＞M16＞M9、M26
ブドウ台木	リパリア・ルペストリス101-14＞リパリア・テレキ8C＞リパリア・テレキ5BB
ナシ台木	マメナシ＞ホクシマメナシ＞ニホンヤマナシ＞*P. amygdaliformis*
カンキツ台木	カラタチ＞ユズ

サクラ属果樹は前述のように果樹類のなかで最も耐水性が弱い。これらの中でモモの台木として利用されるサクラ属植物の中ではニワウメが最も耐湿性が強く、モモ（共台）やユスラウメは弱い（水谷ら 1979、Scorza and Okie 1980）。ナシ台木の場合、東アジア原産の野生種であるマメナシ（*Pyrus calleryana*）、ホクシマメナシ（*P. betulaefolia*）の耐湿性が強く、ニホンヤマナシ（*P. pyrifolia*）はやや弱い部類であり、地中海沿岸原産の野生種 *P. amygdaliformis* は最も弱い（Westwood and Lombard 1983、田村ら 1995）。リンゴに用いられる台木の耐湿性は、わい性台木の M9、M26 が著しく弱く、わい性台木の M7 と強勢台木であるマルバカイドウは強い（Rowe and Beardsell 1973、李ら 1983）。

(2) 果樹の耐湿性機構

果樹の耐湿性の差異が生じる原因を研究した例はきわめて少ないが、他の植物と同様の機構に依存している場合が多い。ここでは果樹にみられる特徴的な例を紹介したい。

i) 生理的機構

モモを代表とする *Prunus* 属は果樹類の中で耐水性が弱い代表例であり（小林 1970）、正常に生長するためには土壌中の酸素を必要とする。その一因として、嫌気状態になると自身がもつ青酸化合物からシアン化水素が生成する（水谷ら 1977）ことが知られている。ナシ台木での研究例では、耐湿性の強い台木種は嫌気的な呼吸によって盛んにエネルギー生産を行うこと、並びに生成したエタノールを体外に排出することが示されている（Tamura ら 1996）。また、エチレン生成は葉の上偏生長を促すものの、ナシの場合、耐水性の強弱とは直接関連しないようである（Tamura ら 1996）。一方、カキは、根にもタンニンを豊富に含んでおり、還元状態で発生する有害物質から組織を守る作用がある。

ii) 形態的な特性と耐湿性

ブドウは木部に大きな細胞間隙をもつため、イネの破生通気組織のように、それを通じての酸素拡散が耐水性をもつ一因といわれている。一方、ナシの場合、湛水ストレスを受けるとエチレン生成が誘導され（Tamura ら 1996）、その結果地際部分から不定根の発生が誘導され長期の耐水性を保

つ（Robbani ら 2006）ことも知られている。
2. 果樹に特徴的な湿害とその回避策
（1）湿害発生の時期と土壌管理
　果樹の場合も、土壌と根の酸素要求量が高い高地温期に湿害が起こりやすくなる。わが国においては梅雨末期の豪雨が最も危険な時期となる。さらに、根の活性が弱まったところに梅雨明けの高温乾燥になった場合に大きな水ストレスが生じ、後述するような被害を受けることが多く、このような障害も広い意味での湿害といえよう。一方、わが国では樹園地土壌の理化学性の維持・向上のため有機物を土壌中に施与することが多いが、排水対策が不十分であると、かえって土壌の酸素消耗を促進し、湿害を助長することになる。
（2）特徴的な湿害
i ）急激な土壌水分の増加による裂果
　オウトウ、ニホンナシ、ブドウなどでは、急激な土壌水分の増加や空気中の湿度上昇によって裂果を起こすことが知られている（口絵 15）。果実の吸水に伴い急激な果実肥大が起こると果実の表皮組織の伸長が伴わず、裂開する。オウトウを雨よけ栽培する主因はこのためである。ニホンナシにおいては主要品種である'幸水'が最も裂果しやすい。ナシの場合ハウス栽培すると梅雨期に収穫期を迎えるので裂果の危険性が高い。日当たりや通風のために開花後はできるだけ早く天井のビニルフィルムを除去するが、このような理由によって、梅雨期に再度被覆する。
ii）多湿後の急激な高温よる果肉障害
　ニホンナシのユズ肌症、セイヨウナシのハードエンドはいずれも果肉硬化障害であり、極端な細胞壁肥大によるものであり、併せて細胞壁に Mg の蓄積が顕著となる。この症状は多湿が続いた後に高温乾燥になった場合に頻発する。湿害によって根の活性が低下した状態で高温乾燥となった場合に引き起こされる急激な水ストレスによって生じる（林・脇坂 1956）。
iii）土壌、園の多湿による品質低下
　多くの果樹類では果実発育後期から成熟期にかけて土壌が多湿状態であると吸水によって糖度の上昇が阻害される。さらに、ウンシュウミカンでは秋季に土壌水分が高いと浮皮となり、品質低下をきたす。'二十世紀'に代表さ

れる青ナシやリンゴなどでは果皮表面はクチクラに覆われているが、コルクが生じるとサビとなり、商品性が低下する。サビの発生は園内大気の多湿によって助長される。

(3) 湿害発生の回避法

　実際に行われている湿害対策としては、明渠、暗渠、畝立てなどの土木的排水方法が挙げられる。また、施設栽培や果実袋の使用も土壌の多湿や雨水から樹体・果実を守るうえで重要であり、中でも欧州種のブドウの露地栽培はきわめて困難である。さらに土壌水分の変動に起因する湿害や品質低下、あるいは糖度向上を防止する意味でマルチ栽培も一部では実用化されている。一方、多湿が予想される樹園地では耐湿性の高い樹種や台木の選択も重要である。前述のナシのユズ肌症は、田辺ら（1988）によって選抜されたホクシマメナシ台木、マメナシ台木の使用によって激減した。

引用文献

林 真二・脇坂聿雄 1956. 二十世紀梨の柚肌病に関する研究(第2報)水分不足と柚肌発生について. 園学雑 25: 116-124.

小林 章 1970. 果樹園芸総論. 養賢堂, 東京. pp74-75.

李 彰厚・本杉日野・杉浦 明・苫名 孝 1983. リンゴの数種台木と穂木品種の組み合わせにおける耐水性の比較. 園学雑 51: 387-394.

水谷房雄・杉浦 明・苫名 孝 1977. モモのいや地に関する研究(第1報)耐水性といや地の関係と根における cyanogenesis について. 園学雑 46: 9-17.

水谷房雄・山田昌彦・杉浦 明・苫名 孝 1979. 核果類の耐水性の種間差異と台木の相違がモモの耐水性に及ぼす効果. 園芸学研究集録 9: 28-35.

Robbani, M., Banno, K. and Kakegawa, M. 2006. Differential flooding tolerance of some dwarfing pear rootstock clones selected from the progenies of *Pyrus betulaefolia* and *P. calleryana*, J. Japan. Soc. Hort. Sci. 75: 297-303.

Rowe, R.N. and Beardsell, D.V. 1973. Waterlogging of fruit trees. Horticurtural abstracts. 43: 533-548.

Scorza, R. and Okie, W.R. 1980. Peaches (*Prunus*). Acta Hortic. 290: 177-231.

田村文男・田辺賢二・片山雅至 1995. ナシ台木の耐水性とシアン耐性呼吸との関係. 園学雑 64: 47-53.

Tamura, F., Tanabe, K., Katayama, M. and Itai, A. 1996. Effect of flooding on ethanol and ethylene production by pear rootstocks. J. Japan. Soc. Hort. Sci. 65: 261-266.

田辺賢二・岩本孝治・林 真二・伴野 潔 1988. ナシ台木の種類, 系統間における根の生理機能の差異と耐乾・耐湿性を有する優良台木系統の選抜. 園学中四国支部要旨 27: 15.

Westwood, M.N. and Lombard, P.B. 1983. Pear rootstocks: Present and future. Fr. Var. J. 37: 24-28.

7. 牧草

　近年、飼料用作物の水田および水田転換畑への作付面積は 10 万 ha を超え（飼料用作物の作付総面積の約 12％）、その中でも牧草の水田および水田転換畑への作付面積は 7 万 ha を超えている（牧草の作付総面積の約 10％）。水田転換畑への飼料作物・牧草の導入の際には耐湿性の強い草種が求められる。また、飼料作物・牧草は食用作物とは異なり、子実の収量性だけではなくバイオマスや飼料としての栄養価の高いことが求められる。永年草地においては造成後耕起が行われず、作業機械や放牧家畜の蹄により土壌が緻密化しやすく、とくに作業機械が頻繁に通過する場所や家畜の集まりやすい場所では土壌の透水性が悪化し、降雨時に湿害が起こりやすくなる。

1. 牧草・飼料作物の耐湿性比較

　寒地型イネ科牧草の耐湿性は、リードカナリーグラス（*Phalaris arundinacea* L.）がとくに強く、次いでチモシー（*Phleum pratense* L.）、イタリアンライグラス（*Lolium multiflorum* Lam.）が強く、ペレニアルライグラス（*Lolium perenne* L.）、メドウフェスク（*Festuca pratensis* Huds.）、トールフェスク（*Festuca arundinacea* Schreb.）が中程度、オーチャードグラス（*Dactylis glomerata* L.）が弱い（川鍋 1989、農林水産省 2006）。イタリアンライグラスでは耐湿性に品種間差がみられ、ナガハヒカリ、高系 18 号、ミュキアオバ、マンモス A、フジオオバは耐湿性に優れ（田瀬・小林 1994、農林水産省 2006）、これらの品種・系統では湛水処理による地際部での発根の増加と通気組織の発達が認められている（田瀬・小林 1994）。

　寒地型マメ科牧草は一般にイネ科牧草に比べ耐湿性は弱い。アルサイククローバ（*Trifolium hybridum* L.）は耐湿性が強く、シロクローバ（*Trifolium repens* L.）（ラジノ型）も比較的強い方であるが、アルファルファ（*Medicago sativa* L.）、アカクローバ（*Trifolium pratense* L.）は弱い（川鍋 1989、農林水産省 2006）。

　暖地型イネ科牧草では耐湿性の強いものが多く、キシュウスズメノヒエ（*Paspalum distichum* L.）が最も強く、次いでヒエ（*Echinochloa utilis*

Ohwi et Yabuno）、ハトムギ（*Coix lacryma-jobi* L. var. *mayuen* (Roman.) Stapf）、カブラブラグラス（*Panicum coloratum* L. var. *kabulabula*）、カラードギニアグラス（*Panicum coloratum* L.）、オオクサキビ（*Panicum dichotomiflorum* Michx.）、バヒアグラス（*Paspalum notatum* Flügge）が強く、その次にローズグラス（*Chloris gayana* Kunth）、シバ（*Zoysia japonica* Steud.）が強い。ギニアグラス（*Panicum maximum* Jacq.）、センチピードグラス（*Eremochloa ophiuroides* (Munro) Hack.）、スターグラス（*Cynodon plectostachyus* (K. Schum.) Pilger）はこれらに比較して耐湿性が劣る（Whiteman 1980、Humphreys 1981、太田・越智 1983、川鍋 1989、農林水産省 2006）。

暖地型マメ科牧草では、ジョイントベッチ（*Aeschynomene* 属）、ファジービーン（*Macroptilium lathyroides* (L.) Urb.）がとくに強く（Whiteman 1980、Humphreys 1981、川本ら 1991、飛佐ら 1997、1999）、ヘテロ（*Desmodium hetrophyllum* (Willd.) DC.）（カワリバマキエハギ）、グリーンリーフデスモディウム（*Desmodium intortum* (Mill.) Urb.）、ロトノニス（*Lotononis bainesii* Baker）、ピューロ（*Pueraria phaseoloides* (Roxb.) Benth.）（熱帯クズ）などは強く、ギンネム（*Leucaena leucocephala* (Lam.) de Wit）、サイラトロ（*Macroptilium atropurpureum* (DC.) Urb.）、タウンズビルスタイロ（*Stylosanthes humilis* H.B.K.）などは耐湿性が劣る（Whiteman 1980、Humphreys 1981）。

暖地型、寒地型、イネ科およびマメ科草に関わらず、耐湿性の強い草種では湛水条件下で地際部での発根の増加と細胞間隙の発達など通気組織の発達が認められ（太田・越智 1983、川本ら 1991、田瀬・小林 1994、飛佐ら 1999）、マメ科牧草においては、通気組織の発達のみならず、根粒着生および窒素固定能を高く維持する草種ほど高い耐湿性を示す（川本ら 1991、飛佐ら 1999）。また、アメリカンジョイントベッチ（*Aeschynomene americana* L.）では湛水後の一時的なミネラル吸収能の抑制が認められるが、湛水 20 日以降吸収能の回復が認められること、過湿条件下の植物でみ

られる鉄およびマンガンの過剰害は認められず、鉄およびマンガンを地下部に蓄積することなどが報告されている（飛佐ら 1997）。

2. 土壌過湿条件下で生育した牧草・飼料作物の栄養価

　土壌過湿条件下で生育した牧草・飼料作物では，細胞壁のリグニン化などによる消化率の低下が生じることが暖地型イネ科草やマメ科草のファジービーンおよびアメリカンジョイントベッチで明らかにされている（正岡ら 1987、Nagashiro and Shibata 1995、飛佐ら 1997）。正岡ら（1987）は耐湿性の強い暖地型イネ科牧草（カブラブラグラス、ギニアグラス、テフ（*Eragrostis tef* (Zucc.) Trotter）、シコクビエ（*Eleusine coracana* (L.) Gaertn.）、オオクサキビ、カラードギニアグラス、ローズグラス、セタリア（*Setaria sphacelata* (Schumach.) Stapf & C.E. Hubb. ex M.B. Moss）およびマカリカリグラス（*Panicum coloratum* L. var. *makarikariense* Goossens））を用い、土壌過湿条件下では自然降雨下より乾物収量は高くなるが、老化の促進により飼料としての品質が低下すること、また、その低下は耐湿性の強い草種ほど少ないことを報告している。また、Nagashiro and Shibata（1995）は暖地型マメ科牧草ファジービーンを、飛佐ら（1997）はアメリカンジョイントベッチを用い、湛水処理下では対照区より乾物重は高くなるが、茎部の構造性炭水化物およびリグニン含量が増加し、可消化乾物重が減少することを報告している。窒素・粗タンパク質含量については、耐湿性の弱い草種においては湛水処理下では低下することが報告されているが（Shiferaw ら 1992、飛佐ら 1999）、耐湿性の強い草種では窒素含量の低下割合は小さいことが報告されている（飛佐ら 1999）。また、アメリカンジョイントベッチでは 30 日間の湛水処理下において、地上部のカルシウムおよびマグネシウム含量が対照より低い値で推移するが、湛水20 日から 30 日で地上部への相対蓄積率は対照区と同程度となり、カリウム、リン、鉄およびマンガン含量は対照より高い値を示すことが示されている（飛佐ら 1997）。

引用文献

Humphreys, L.R. 1981. Environmental adaptation of tropical pasture plants. Macmillan Publishers L.T.D. London. pp.107-113.

川本康博・岡野 香・増田泰久 1991. 暖地型マメ科牧草ファジービーン(*Macroptilium*

lathyroides (L.) Urb.)の耐湿性と水田転換畑への導入. 日草誌 37: 219-225.
川鍋祐夫 1989. 飼料作物の生理・生態. 高野信雄・佳山良正・川鍋祐夫 監修. 粗飼料・草地ハンドブック. 養賢堂, 東京. pp.325-345.
正岡淑邦・高野信雄・太田 顯・越智茂登一 1987. 土壌水分と施肥量が暖地型飼料作物の細胞壁成分と消化性に及ぼす影響. 日草誌 32: 389-394.
Nagashiro, C.W. and Shibata, F. 1995. Influence of flooding and drought conditions on herbage yield and quality of Phasey bean (*Macroptilium lathyroides* (L.) Urb.). Grassl. Sci. 41: 218-225.
農林水産省 2006. 適草種・品種選定に係わる要因. 農林水産省生産局, 草地管理指標－草地の維持管理編－. 社団法人日本草地畜産種子協会, 東京. pp.27-34.
太田 顯・越智茂登一 1983. 暖地型牧草の耐湿性の草種間差異. 草地試研報 25: 37-47.
Shiferaw, W., Shelton, H.M. and So, H.B. 1992. Tolerance of some subtropical pasture legumes to waterlogging. Trop. Grassl. 26: 187-195.
田瀬和浩・小林 真 1994. イタリアンライグラス(*Lolium multiflorum* Lam.)を中心とした *Lolium* 属品種・系統の耐湿性の評価. 日草誌 40: 75-84.
飛佐 学・下條雅敬・増田泰久・五斗一郎 1997. 暖地型マメ科牧草 *Aeschynomene americana* cv. Glenn の細胞壁構成物質及び無機物含有率に及ぼす湛水処理の影響. 日草誌 43: 298-305.
飛佐 学・川本康博・増田泰久 1999. 暖地型マメ科 *Aeschynomene* 属及び *Macroptilium* 属牧草の生育及び窒素固定能に及ぼす湛水処理の影響. 日草誌 45: 238-247.
Whiteman, P.C. 1980. Management of tropical pastures. *In* Tropical Pasture Science. Oxford University Press. Oxford. pp.184-276.

第5章　気候変動と洪水

1. 気候変動と冠水害

　世界の沿岸域は低平地が広がっている。ここでいう低平地とは、一般的には、該当する地域の平均海面水位より陸地の表面が低い平坦地、さらに具体的には、「海・湖沼および河などの水域の周りに位置し、水または水位の変化の影響を受けやすい平坦地」と定義される（地盤工学会 1999）。このうち、水や水位の変動の影響は農業に及んだり、社会インフラの安全性に及んだりするが、想定される影響によって対応も異なってくる。また、温暖化に代表される地球変動はこの影響をいっそう深刻なものにする。とくに、沿岸域には多くの人が居住しているため、影響をうける人口が多くなることになる。このような低平地は地下深いところに位置する地下水（被圧地下水という。図 44）をくみ上げることによって生じる広域地盤沈下によって形成さ

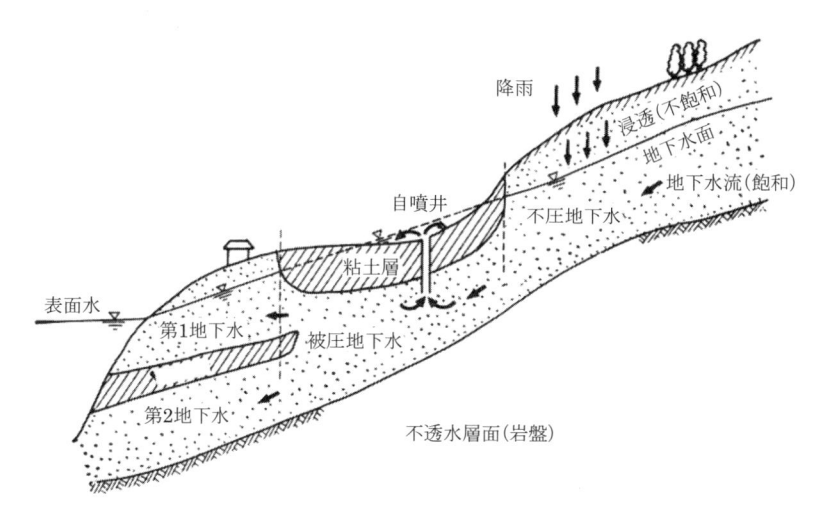

図44　不圧地下水と被圧地下水　地盤工学会（1999）。

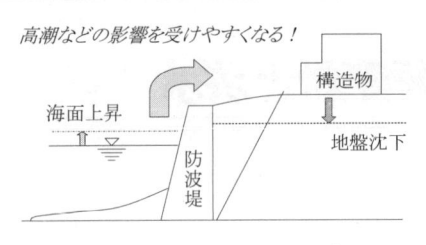

図45 海面上昇が低平地へ及ぼす影響

れる場合が多い。

わが国では第二次世界大戦後の国土の復興のために、地下水を多様な目的に、しかも大量にくみ上げすぎたため、大都市において顕著な地盤沈下が生じ、地震や水害に対し脆弱な国土を形成するに至っている。海面上昇に加えて巨大化した台風が重なると沿岸域は高潮の影響を受けやすくなるが、高潮による浸水は低平地ほど顕著に影響を受ける（図45）。地下水くみ上げによる地盤沈下といい、地球温暖化に起因する海面上昇や台風の巨大化といい、いずれも人間活動のなせる業であり、典型的な複合災害と考えられる。わが国における0m地帯はこのような複合災害の危険性にさらされている。ここでいう"複合災害"とは、複数の自然現象が重なり合うことによって災害が大規模化、あるいは複雑化することを指している（安原 2009）。

このような水害に対して脆弱な地域は海外にも例がある。水の都として有名なイタリアのベニスは地盤沈下が長期にわたって続いており、沈む都市として知られているが、最近、海面上昇の影響で、頻繁に高潮に見舞われていると報告されている（Carbogninら 2004）。また、2005年米国南部を襲ったハリケーンカトリーナ（温暖化によって巨大化したハリケーンの例といわれている）によって被災したニューオーリンズのカリブ海沿岸は地盤沈下を受けている低平地であったために被害が大きくなったといわれている（Boutwell 2008）。

地盤沈下地帯は水害に対して脆弱であるが、これを避けるために構造物に杭を打つことがある。しかし、このような場合、図46のように、杭基礎を有する構造物の場合、杭が抜け上がってしまい、仮に大きな地震に襲われる可能性のある場合には不安定である。

さらに、このような地盤沈下を起こした粘土地盤の上に砂層がある場合、大きな地震が起これば、砂層が液状化現象を起こし、建物を支えるとともに、水の浸入を防いでいる堤防が壊れ、地盤沈下によって低くなった地域一帯が

1. 気候変動と冠水害

著しく浸水してしまう。東京都の低地でこのようなことの危険性を検討した最近の事例（安田ら 2007）があるが、三大都市の沿岸域の他の地域においても同様の危険性のある地域が存在するともいわれている。

図46　地盤沈下による低平地の災害

1. 海面上昇に伴う沿岸域の水害脆弱性

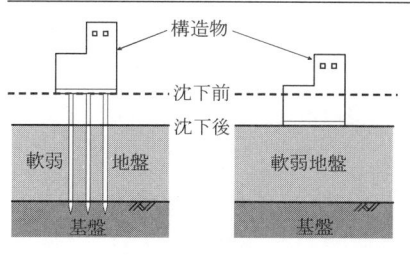

　日本は、海に面する市町村に人口の 46％、工業出荷額の 47％、商業販売額の 77％が集中し、沿岸域は社会・経済活動によって重要な地域になっている。温暖化が進行した場合、沿岸域では高潮による浸水の危険度が高まる。そのため、それを評価するための指標として高潮によって浸水が生じる地域の面積（浸水面積）とそこに居住する人口（浸水人口）を予測する必要がある。ここでは、鈴木（鈴木 2007a、b）による研究成果を紹介する。予測手順は図 47 に示すとおりである。

　高潮による浸水の危険があると推定される場所は、閉鎖性海域や入江に多く、波浪や津波の危険が大きくないため海岸の防護水準が低く、低地が広が

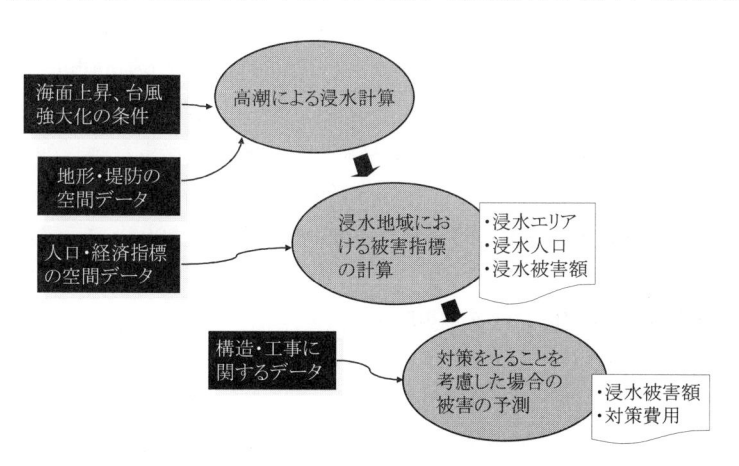

図 47　温暖化による浸水影響予測の体系　鈴木（2007a、b）。

っている場合が多い。東京湾、伊勢湾、大阪湾は奥部に 0m 地帯を含む大きな低平地が広がる。そこは、大都市圏の市街地や臨海工業地帯が広がり、浸水を受けると大きな被害が発生する。このため、計算の対象地域は、人口や資産の集積が大きい低平地が広がる三大湾（東京湾、伊勢湾、大阪湾）の奥部とした。二大湾では、高波による越波も海水流入の計算に組み込んでいる。

鈴木（鈴木 2007a、b）は、温暖化による海面上昇と台風の大型化の陸へ及ぼす影響を予想するため、浸水面積と浸水人口を求める計算を行った。具体的には、地表面の高低と堤防等の防護施設の情報をもつ空間データをコンピュータ上に構築し、海面上昇と高潮（三大湾では高波も）の増大を想定した海面変動を与え、浸水面積と浸水人口を求める計算を行った。計算では、海面上昇量を 0cm から 100cm まで 10cm 単位で変化させ、2000 年の高潮偏差の規模を基準として 1 倍から 1.6 倍まで 0.1 刻みで増加させた。そして、それらの計算結果をもとに、気候シナリオ（MIROC A1B）（環境省 2008）の海面上昇が起こり、2000 年から 2100 年の間に高潮偏差が一定割合で増加して 1.3 倍になると仮定し、2030 年と 2100 年の浸水面積と浸水人口を予測した。

図 48 はその結果を示したものである。その結果によれば 2000 年には、3 大湾奥部で高潮によって浸水する危険性がある面積が 20,000ha、その範囲に居住する人口が 29 万人であるが、2030 年には浸水面積が 29,000ha、浸水人口が 52 万人となり、さらに 2100 年には浸水面積が 58,000ha、浸水人口が 137 万人となる。温暖化による海面の上昇と台風の大型化による高潮偏差の増大で、2000 年から 2100 年にかけて高潮に脆弱な地域の面積が 38,000ha 増加し、浸水人口が 108 万人増加する。

2. **低平地における水害脆弱性（望月ら 2000、村上ら 2005、Suzuki ら 2008）**

（1）内陸の低平地における水害脆弱性

かつては地盤沈下地帯であった三大湾（東京湾、伊勢湾、大阪湾）の沿岸域では地下水のくみ上げによる広域地盤沈下が進んだため低平地となっているが、現在は、この地域では地盤沈下は沈静化しており、どちらかというと越後平野、関東平野北部あるいは筑後平野など、三大湾沿岸域以外の地域で

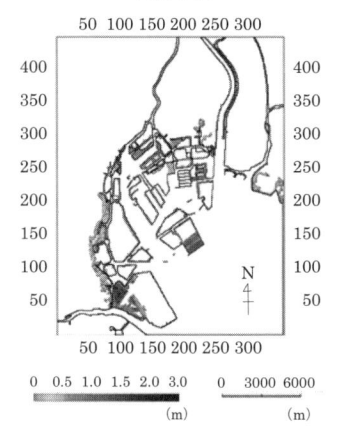

図 48 三大湾奥部における高潮浸水深
　　　海面上昇 60cm、高潮増大率 1.3。
　　　鈴木（2007a、b）。

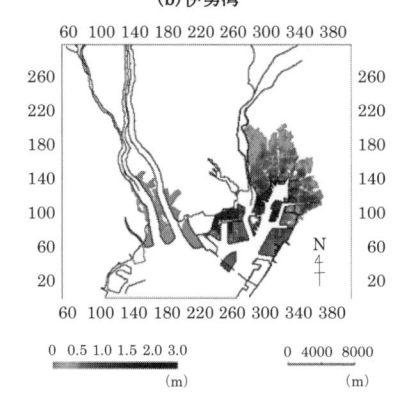

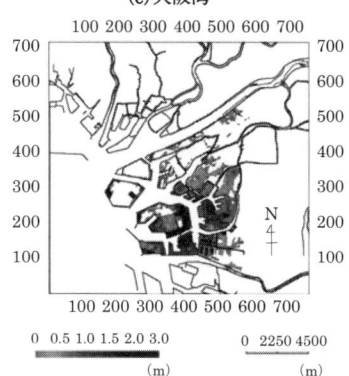

(a) 東京湾
(b) 伊勢湾
(c) 大阪湾

少しずつ沈下が進んでいて低平地を形成している。ここでは、関東平野北部における事例を紹介したい。

　地盤沈下の被害は、建物の傾斜や井戸の抜け上がり、道路の凹凸などの顕在的な被害だけでなく、洪水時における浸水被害や、地震時における杭構造物の被害などの潜在的な被害（図 46）も挙げられる。これらの潜在的な被害は、そこに付加的な外力が作用するまでは認識されにくいが、防災や環境保全の立場から将来起こりうるこれらのことも十分に意識した沈下防止対策が必要である。

1998年9月の台風5号に伴う降雨により、利根川水系（中流部）では河川水位上昇による漏水などの堤防被害が76カ所発生した。また、群馬県板倉町および埼玉県北川辺町では76カ所のうち35カ所が集中して発生している（鈴木2007b、環境省2008）。堤体の漏水は堤体内に水が浸透して堤体内の浸潤面が上昇し、裏法面や堤内地に浸潤面が到達することで起こる。河川水位や降雨などによる堤体内への水の浸透は、法面の「崩れ」「すべり」「泥濘化」あるいは「内部侵食」などの堤体の破壊を引き起こす要因となる。すなわち、漏水が起りやすい堤体は上記に示すような堤防の破壊を起こす可能性が高い。

そこで、ここでは関東平野北部地盤沈下地域を流れる利根川中流域を対象に、利根川に洪水流が発生した場合に、対象地域で地盤沈下に伴って河川堤防の漏水に対する被害の危険度がどのように変化するのか、について評価を行った。なお、対象地域が広域になるため評価の際には、図形情報と属性情報をもちその属性情報を加工・処理できる地理情報システム（GIS）を用いた。

（2）漏水に伴う被害と地盤沈下に伴う堤防の機能低下

地盤沈下が生じると、堤体は河床や河川水位とともにその高さが低下する。地盤沈下によって低下した堤体の高さは、時間が経っても低下したままであるが、低下した河床部分には河川堆積物が溜まることにより徐々にもとの河床高に戻っていくとともに、河川水位も時間とともにもとに戻っていくと考えられる。そのため、地盤沈下が生じている地域では、堤体の天端を基準とした相対的な河川水位は、地盤沈下が起こった量だけ上昇することになり、地盤沈下が生じない場合と比較すると堤体の漏水が生じやすくなると考えられる。

（3）利根川堤防の漏水要因分析

1998年の台風5号において報告された漏水被害の主な要因と考えられる、堤体材料の透水性（飽和透水係数）、浸透距離、水頭差、の3つの項目について分析を行った（図49）。

これらの要因を考慮して漏水の起こりやすい条件を考えると、浸透距離が短く水頭差が大きいところでは堤体内の動水勾配が大きくなるため漏水しや

1. 気候変動と冠水害　179

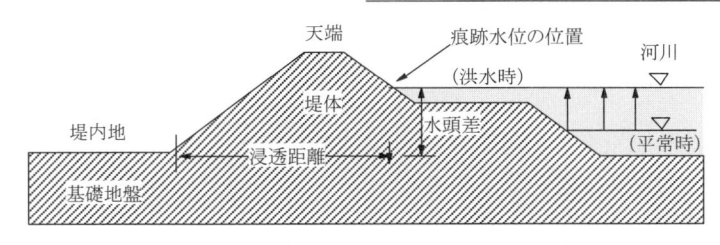

図 49　浸透距離と水頭差の関係　望月ら（2000）。

すく、また、堤体材料の透水性は高いほうが漏水しやすい。

　上述の 3 つの要因を利根川中流部の堤防における実際の値の範囲で変化させて、浸透流解析（図 50）を行い、河川堤防の漏水に及ぼす要因の影響を調べた。計算方法は省略するが、得られた結果を要約すると以下のとおりである。

　水害時に漏水が集中していた 136～138km 付近では、漏水に伴うパイピングの危険度も高くこの付近での漏水は、ここで考慮している要因の影響を大きく受けていると考えられる。しかし、同じように漏水が集中していた 140km 付近では漏水していない右岸側の危険度の値が大きく、漏水が生じていた左岸は危険度の値が小さい。140km 付近では、堤体の漏水は本研究で考慮した要因以外にも、降雨の影響や周辺の構造物（水門など）の影響、堤体に水みちなどが形成されていて局所的弱い部分ができていたこと、逆に、堤防の築堤状況や護岸工事の状況にも左右された結果であると考えられる。

　地盤沈下は地下水位変動幅を制御するたびに、沈下量は小さくなっていくことがわかっている。漏水は、地盤沈下が起こることによって、地表面を基準とした河川水位は上昇し水頭差が大きくなるとともに、浸透距離も小さくなるため、堤体内の動水勾配は大きくなる。したがって、この際には、法尻の浸潤点付近での流速は早くなり、漏水に伴うパイピングの危険性が大きくなる。地盤沈下の影響を考慮し、地盤沈下に伴って増加した漏水の危険度の分布を図 51 に示した。この際の予測地盤沈下は、地下水位変動幅を制御しなかった（1990～1994 年の平均値）場合を想定したものである。利根川中流部では 10 年間に多いところで 200mm の沈下が予測されている（建設省利根川上流工事事務所 2000）が、沈下（10 年間）によって危険度が 1.0 を

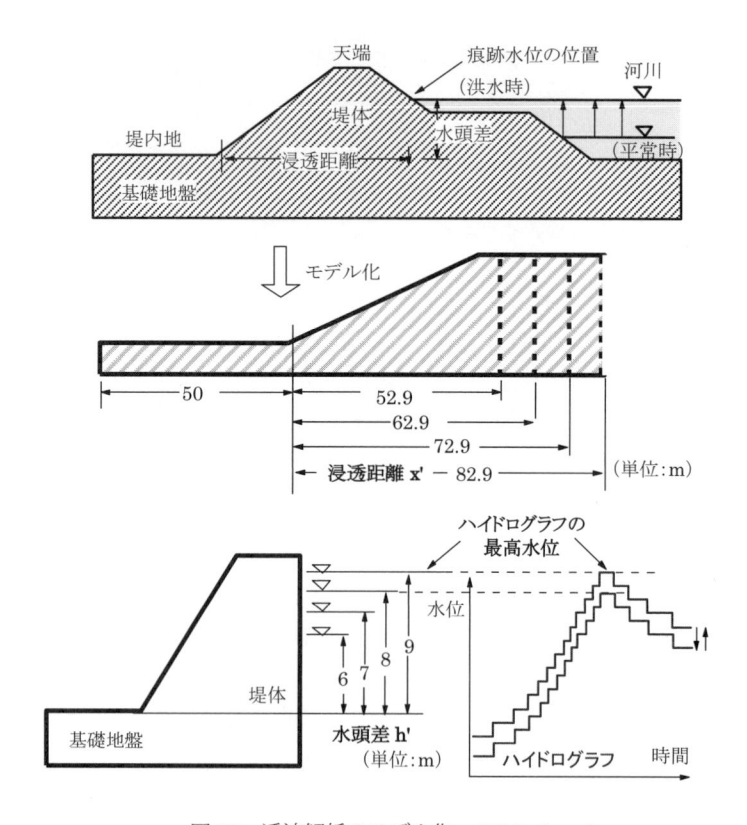

図50 透流解析のモデル化　望月ら（2000）。

超えた地点は 1 地点しかない。しかし、どの地点でも危険度が上昇していることから 20 年、30 年間の沈下を考えると、今後は、危険度が 1.0 を超えパイピングの危険度が高い地点は他にも現れてくると考えられる。

このように、GIS を用いることにより地盤沈下を考慮した場合に漏水危険度がどのように変化するかがわかるほか、逆に漏水の危険度の目標値を定め、その値に抑えるための許容沈下量を把握することができる。許容沈下量が把握できれば、村上ら（2003）が提案している地下水位変動を考慮した地盤沈下予測式を用いることにより、それに対応する地下水位変動幅の許容値も予測でき、漏水危険度という視点から考えた地下水位のモニタリングシ

(a) 地盤沈下考慮しない場合

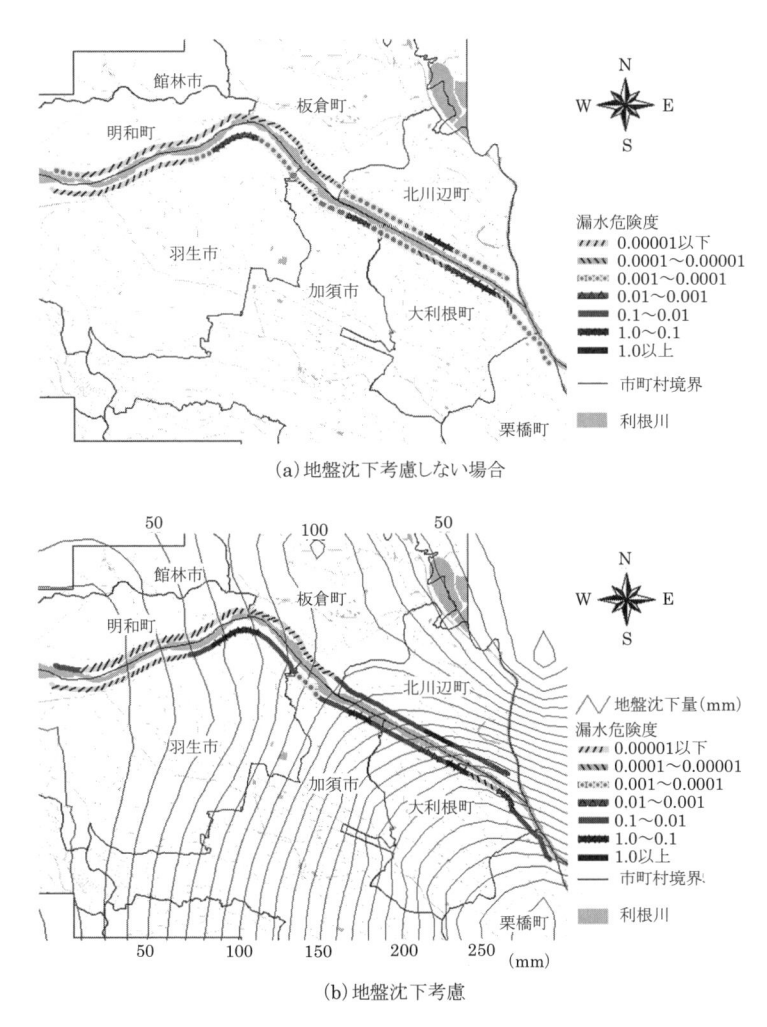

(b) 地盤沈下考慮

図51 漏水に伴うパイピングに関する危険度 望月ら（2000）。

ステムも可能になると考えられる。

3. 沿岸域の低平地における水害脆弱性
（1）解決すべき課題

新潟県越後平野は、地下水の過剰なくみ上げによる地盤沈下（年間最大

2cm 前後) が進行している。

　とくに沿岸域の浸水被害に着目すると、このような地盤沈下地域においては、沈下量分だけ相対的な海面水位の上昇になると考えられるので、地震時の越波や堤防の漏水・決壊などの災害が生じた場合、通常の地域と比較して水害の影響を強く受けることが懸念される。さらに、昨今の地球温暖化に伴う気候変動は海面上昇の危険性をもたらすため、低平地がこのような災害に対してよりいっそう脆弱になる危険性がある。

(2) 累積地盤沈下量の将来予測
i) 累積地盤沈下量の予測手法（村上ら 2003）

　通常、広域な地盤沈下地帯において、対象地域の地盤のあらゆる地点における深度方向にわたる詳細なデータを取得することは困難である。そこで、沈下量の観測値をもとに、継続的に同様な地下水揚水が行われた場合の将来的な地盤沈下量を予測するための簡易な手法（村上ら 2003）を用いた。この手法は、一定の地下水変動を受けた地盤沈下が Terzaghi の一次元圧密理論解によって近似できるという仮定にもとづいている。

　本研究では、村上ら（2003）が提案している次式

$$S_i = S_{PO}\{1-\exp(-C_R t_i)\} \quad (\mathrm{I})$$

を用いた。ここで、S_i は累積沈下量、t_i は観測開始からある観測年の経過年数、S_{PO} は観測開始年における残留沈下量、C_R は地盤沈下進行係数である。式（I）は、ある地盤沈下観測点において経年的な沈下量が観測されている場合、その観測データからパラメータ S_{PO}、C_R を決定し、沈下予測を行うものである。S_{PO}、C_R は次式

$$C_R = \frac{cv}{4H^2} \text{ および } S_{PO} = S_f \frac{8}{\pi^2}\exp\left(-\frac{T_{v0}}{4}\right) \quad (\mathrm{II})$$

で定義される未知のパラメータであるが、2 つ以上の観測値が得られれば非線形最小二乗法を用いて S_{PO}、C_R を決定することができる。

ii) 累積地盤沈下予測地図の作成

　「i)」で示した地盤沈下予測手法を用いて、新潟県越後平野に設置されている水準点 168 点の水準測量の結果を用いて推定沈下量を求めた。用いた観測点は 2005 年までに観測されている 168 点であり、1961 年から 2005

1. 気候変動と冠水害　183

年までの観測データを利用して、2100年までの将来予測地盤沈下量を推定した。求めた予測地盤沈下量を用いて、越後平野における将来的な予測地盤沈下量に関する電子地図を作成した（図52b）。図52aに示した、現状での累積地盤沈下量結果では沈下量が著しい信濃川河口や新潟港周辺といった地域においては、地盤沈下は収束に向かっているが、図52bから

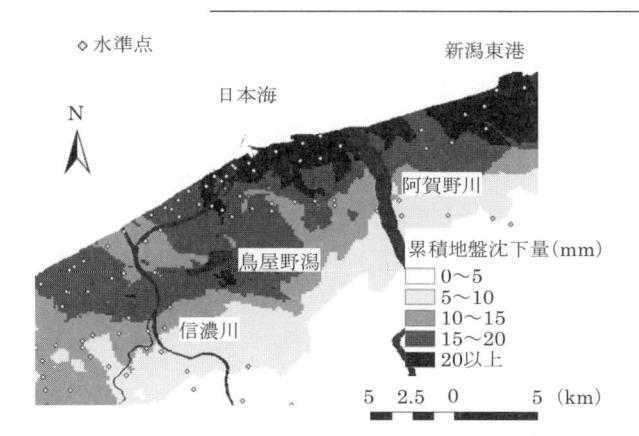

(a) 越後平野の累積地盤沈下量（2001～2005）

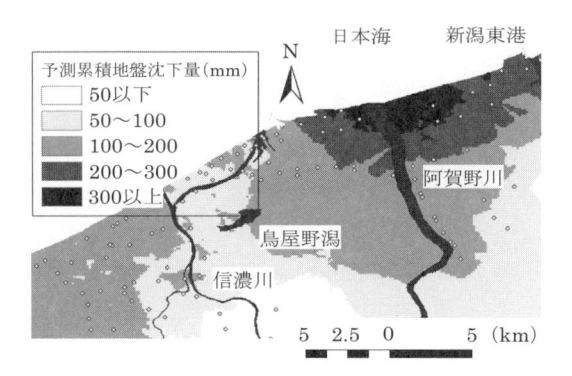

(b) 越後平野の予測累積地盤沈下量（2100）

図52　越後平野の予測地盤沈下　武井（2009）。

今後は阿賀野川河口地域を中心に地盤沈下が進行することが予想される。

(3) 海面上昇を受ける地盤沈下地帯の潜在的浸水想定

現在の満潮位以下の標高である地域を浸水想定域とし、今後の地盤沈下による標高の低下と、海面上昇による満潮位の上昇により、将来的な浸水想定区域を明らかにする。なお、ここでは護岸のような海岸・港湾構造物を考慮していないため、もし構造物が存在しなければ浸水するという、いわば潜在的浸水想定域である。

184　第5章　気候変動と洪水

対象地域 323km²に対し、現状での 0m地帯が 19.9km²である。これに 2100 年までの地盤沈下を考慮すると、潜在的浸水想定域は 24.2km²に拡大し、地盤沈下と海面上昇を考慮すると 158km²に拡大する。したがって、2100 年には対象地域の約 49％が浸水する危険性があることがわかった。

（4）地盤沈下を考慮した海面上昇による浸水影響評価

西暦を横軸に、予測地盤沈下量と海面上昇量を縦軸にとることで、将来的な影響の大きさを表現した。すなわち、地盤沈下と海面上昇の絶対量幅が大きいほど影響が大きくなると考えた。図 53 に浸水影響評価の概念図を示している。

新潟県越後平野に設置されている水準点 168 点における沈下計測データにもとづいて浸水影響度を算出した。代表的な計算結果は図 54 に示すとおりである。その結果を用いて対象地域全体にわたる浸水影響状態を GIS を用いて表示した結果が図 55 である。これによると、水準点番号Ⅱ2188 や仮空基 6（図 55 における②地点）は、地盤沈下の影響が大きく、浸水影響度が大きい値を示していることがわかる。とくに、水準点仮空基 6（②地点）がある阿賀野川左岸は標高が低い住宅地であり、浸水面積やそれに伴う被害を受ける人口も多くなる危険性が高い。このような地域ではとくに今後の地盤沈下を考慮した浸水対策が必要である。地盤沈下が沈静

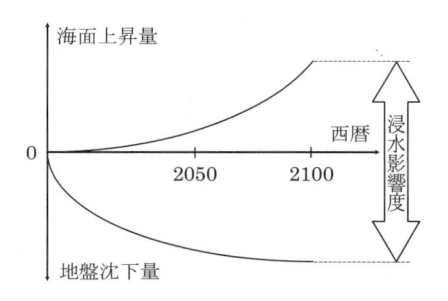

図 53　浸水影響度（相対的海面上昇量）　武井（2009）。

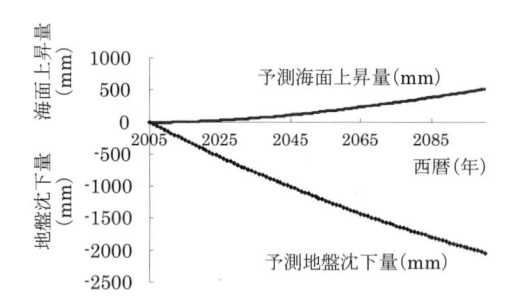

図 54　浸水影響度（相対的海面上昇量）の経時変化の例（②地点）　武井（2009）。

化するような地域において
も、今後の海面上昇は
考慮して浸水対策に取り
組む必要があると考える。

4. 地下水位上昇の影響

　ここで取り上げたような地下水のくみ上げによる広域地盤沈下を抑制するために、1970年前後から大都市では地下水の

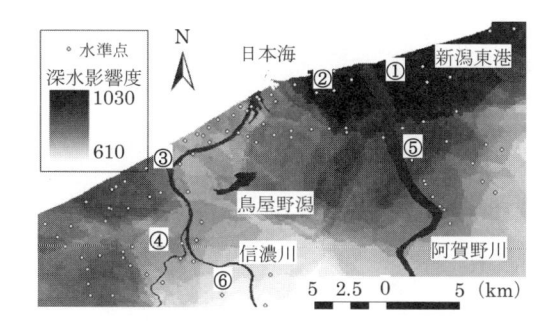

図55　浸水影響評価　武井（2009）。

くみ上げが規制され始めた。その影響で、今度は逆に地下水位が回復し始め、そのため、地下構造物に漏水がみられたり、浮力によって浮上するなどの影響がみられるようになってきた。このような問題は三大都市において今後いっそう顕在化してくることが予測されるが、ここでは紙面の都合上詳しく言及しない。

　以上のように、地下水位は下がっても上がっても社会インフラに重要な影響を及ぼすのでしっかりした地下水位監視システムを構築することが何よりも肝要である。

引用文献

Boutwell, G.P. 2008. Failures in the New Orleans levee system hurricane Katrina, August, 2005. US-Japan Geoenvironmental Eng. Workshop, New Orleans, USA.
Carbognin, L., Teatini, P., and Tosi, L. 2004. Estuary and land subsidence in the Venice lagoon at the beginning of the new millennium. J. Mar. Syst. 1: 345-353.
地盤工学会　1999. 地盤工学ハンドブック. 丸善.
環境省　2008. 地球温暖化「日本への影響」-最新の科学的知見. 地球環境研究総合推進費 戦略的研究開発プロジェクト S-4 温暖化の危険な水準及び温室効果ガス安定化レベル検討のための温暖化影響の総合的評価に関する研究. 温暖化影響総合予測プロジェクトチーム(国立環境研究所他). pp.49-64.
建設省利根川上流工事事務所　2000. 常木 4 箇所地質調査及び堤防強化対策検討業務報告書(地質調査編).
国土交通省北陸地方整備局新潟港湾空港技術調査事務所. 気象海象データベース, 潮位表. http://www.gicho.pa.hrr.mlit.go.jp/db/choui.html
望月紀子・村上 哲・安原一哉 2000. GIS 援用地下水位モニタリングシステムのための観測的手法による地盤沈下予測. 茨城大学工学部研究集報 48: 47-56.
村上 哲・安原一哉・望月紀子 2003. GIS に適用する広域地盤沈下の観測的予測法. 日本地下水学会誌. 45: 391-407.

村上 哲・安原一哉・鈴木久美子・小峯秀雄 2005. 関東平野北部における広域地盤沈下に対する都市インフラ施設の維持管理. 土と基礎(地盤工学会誌) 53: 20-22.

Suzuki, K., Murakami, S., Shizuku, N. and Yasuhara, K. 2008. GIS-aided vulnerability estimation for compound natural disasters in land subsidence area. Proc. Intn'l Symp. on Climate Change and the Sustainability, Hanoi, Vietnam 1:121-125.

鈴木 武 2007a. 三大湾奥部における温暖化による高潮浸水領域の変化の予測. 地球環境シンポジウム論文集 15: 167-170.

鈴木 武 2007b. 四国を対象とした温暖化による高潮浸水領域の変化の見積. 環境システム研究論文発表会講演集 35: 251-256.

武井洋大 2009. 海面上昇を考慮した地盤沈下地帯における浸水影響評価. 茨城大学大学院理工学研究科. 修士論文.

安田 進・清水優匡・小松佳祐 2007. 地盤沈下地帯における液状化に起因した堤防の変形に関する解析. 第42回地盤工学研究発表会講演発表集: 1899-1900.

安原一哉 2009. 地球温暖化と複合地盤災害. 地盤工学会誌 56: 1-5.

2. 耕地洪水発生のメカニズムと特徴

1. 耕地洪水発生のメカニズムと特徴

　毎年、世界各地で洪水が発生している。メディアで報道された2008年に発生した洪水記録を調べてみると、東南アジア、南アジア、アフリカ、中南米など世界各地30カ国で52回の洪水被害が報告されている。欧米諸国でも洪水は発生しているが、洪水の多くは開発途上国（地域）で発生しており、地理的に見ると、長大な河川の中下流域に広がる低平地で起こる場合が多い。また、このような低平地は農地として利用されている場合が多く、洪水による農業被害は広域に及ぶ。

　洪水は、地球規模での気候変動、水循環、地球内部変動などに起因して発生する。すなわち、異常気象（エルニーニョ・ラニーニャ現象）による降水量の増加が原因となる河川の氾濫や堤防の決壊、台風による高潮、地震による津波など洪水発生の要因はさまざまであるが、自然要因だけでなく、洪水の発生には人間活動による影響も示唆されている。たとえば、都市化や農地開発のための湖沼の埋め立てや上流部での森林伐採などが挙げられる。ここでは、代表的な洪水地帯である流域を対象として洪水・氾濫および耕地洪水の発生要因を地理・地形、土地利用、農地利用の点から整理する。

(1) チャオプラヤ川

　チャオプラヤ川（流域面積16.2万 km^2）はタイの中央平原のほぼ中央を

流れる（図56）。ナコンサワン付近より上流は、上部中央平原であり、北部チェンマイ盆地方面から北西を流れてきたピン川、ヨム川、東から流入するナン川などの支川がナコンサワン付近で合流している。中下流域の地形勾配を見ると、河口から100km地点のアユタヤ、200km地点のチャイナートで標高がそれぞれ2m、16mであることから勾配は非常に緩やかである。

毎年雨季が終わりに近づく9月頃に徐々に水位を増し、洪水氾濫が起こる。アユタヤ付近では、後背湿地を中心として、氾濫水深が数mにも及ぶ場合がある。

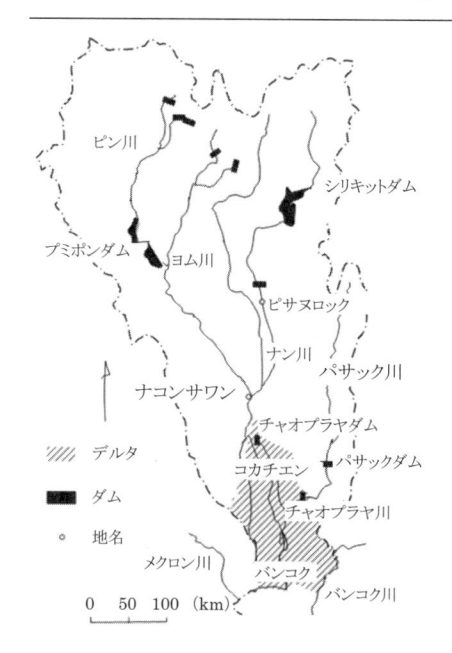

図56 チャオプラヤ川流域概要

土地利用をみると、上流域の山間盆地には天水田や灌漑田がある。中流域では、上下に貫通する氾濫原とその両側に扇状地と段丘の山麓緩斜部が取り囲んでいる。支流が氾濫原に流れ込むようになっており、それに沿う形で扇状地が形成される。氾濫原は河道、自然堤防やその後背湿地からなる。後背湿地は自然堤防より低く、その一部は沼地で、主に浮イネが栽培される。下流域は、洪水の通過域である氾濫原と拡散・受水域であるデルタである。デルタ域には、8月から河川の溢流水が流入して湛水も深く、11月の河川洪水の低減とともに減水するため、深水直播の浮イネ地帯となっている（早瀬ら 1997）。

チャオプラヤ川の洪水は次のような要因に分類される。自然的要因としては、地域特有の降雨特性、低平地形および潮位がある。時期的には5月から10月の南西モンスーンによる降雨、および8月から10月の南シナ海の低気圧に伴う豪雨によってもたらされる。また、チャオプラヤ川下流の水位

は10月の下旬から11月の初旬に、チャオプラヤ川が注ぐタイ湾の潮位は11月と12月にそれぞれ最も高くなる。この河川水位と潮位の上昇時期の一致がチャオプラヤ川の洪水被害をより深刻にしている。

人為的な要因としては、内水排除施設の不足や森林の減少など土地利用の変化によるもの、および地下水の過剰くみ上げによる地盤沈下が挙げられる。

(2) ベンガルデルタ（ガンジス川、ブラマプトラ川、メグナ川）

バングラデシュでは、ガンジス川、ブラマプトラ川、メグナ川の三大河川が流入し、国土の80％が三大河川の氾濫原であるといわれている。さらに、50本を越える中規模河川が国外より流入しており、洪水氾濫がくり返されている。国内にはこのほかにも200本以上の河川が存在し、そのうち57河川は国外からの流入河川である。河川の総延長は24,000km、水面積は9,770km^{2}で、国土の7％にのぼる。同国の年平均降水量は2,200mmであり、全降水量の80％以上が5～10月の雨季に集中する。年降水量は、西部は少ないが、北東部で多く、5,000mmを超す豪雨地帯がある。

バングラデシュは低平なベンガルデルタの上に位置するため、雨季には主要河川の水量増加の影響を受けて支流の小河川が逆流状態となり、国土のいたるところで局地的な洪水が発生する。

さらに、国内降水量の4倍強に匹敵する国外からの流入水を集めた主要河川が堤防を越えて氾濫し、低平な地形的要素と相まって広域にわたる洪水を引き起こす。洪水は例年の現象であるため、そのような水文環境に適応するように農業は成立してきた。大河川のデルタという特殊な立地環境下にあり、人為的な洪水制御はきわめて困難であるため、既往最大洪水や洪水の時期に合わせた農業が行われてきた。1987年と翌1988年には大洪水に見舞われ、それぞれ国土の35％、60％の地域が被害を受けた。洪水適応技術として、農民による栽培品種の選択、すなわち、高位部では改良品種（高収量）を、低位部では在来品種（減水期稲）を、中位部では両品種というように栽培が行われている（内田ら1992a）。しかし、その洪水の規模と時期を見誤ると、比較的湛水しにくい高位田においても大規模な洪水による湛水害や、洪水前に収穫する予定の稲が例年より早い洪水で被害に遭う（内田ら1992b）。

2. 耕地洪水発生のメカニズムと特徴

(3) メコン河

メコン河はチベット高原を源流とし、中国南西部、ミャンマー、ラオス、タイ、カンボジアを経て、ベトナムへ流下する国際河川である。河川長は約 4,800km、流域面積は約 79.5 万 km^2 であり、とくにラオスとカンボジアは国土面積の約 85％が流域に属する（図 57）。流域内の農地面積は 35 万 km^2 であり、流域面積の 44％を占めている。そのうち水田面積は約 23 万 km^2（農地面積の約 66％）で、その多くがラオスのメコン河周辺、東北タイとカンボジアの全域、ベトナムのメコンデルタに集中している。一方で、灌漑農地面積は 3 万 km^2（灌漑率 8.6％）に過ぎず、水田の多くは灌漑施設をもたない天水田である（清水ら 2006）。

図 57 メコン川下流域概要

メコン河は、カンボジア領内クラチエ付近から下流域で、河川勾配 1/30,000〜1/40,000 の低平なデルタを形成する。プノンペンでメコン本流とバサック川の 2 筋の主流に分かれ、ベトナム領へ流れ込む。カンボジア国境付近では標高 1.5m、メコンデルタの全体の平均標高は 0.8m にすぎず、全体として低平である。年間降水量はクラチエより下流では 1,300〜2,400mm の幅があり、そのほとんどが 5 月から 11 月の雨季に集中する。8 月にデルタ上位部では本流からの溢水氾濫が始まり、大規模な冠水が 11 月〜12 月まで続く（後藤ら 1997）。

近年では、2000 年に大洪水が発生し、その農地被害はカンボジアでは壊滅水田 42 万 ha、浸水水田 54 万 ha、ベトナム領メコンデルタでは壊滅水田 5.4 万 ha、浸水水田 14.6 万 ha、ラオスでは浸水水田 4.4 万 ha、東北タイでは 22.3 万 ha と報告されている（大坪 2004）。

メコン河における洪水発生と被害の甚大化の原因は、以下のようにまとめ

られる。すなわち、流域内における森林伐採の進行による流出率の増大、都市開発の進展と河川沿いに建設された洪水防御用堤防（兼用道路含む）による遊水地域の減少、流出土砂の河床堆積による洪水流下能力の低下などが流域内での洪水貯留機能の大幅な縮小を招き、加えて近年の傾向である洪水発生の早期化が収穫前の稲に甚大な湛水被害をもたらした。

　これらに加え、とくに2000年の洪水が大規模になった要因として以下のことが挙げられる。①豪雨が例年より早く、ラオスおよびタイを流下するメコン河本線の水位が急上昇した。このため、支線の洪水流入が妨げられ支線流域での氾濫が例年より早く拡大した。②トンレサップ湖の貯水が例年より1カ月早く開始された。このため、集中豪雨により増加したメコン河の洪水をトンレサップ湖で調整できず、カンボジアおよびベトナムで氾濫した。すなわち、例年には自然に働いていた洪水調整機能が例年より早い出水により機能しなかった。③メコン河の河口であるインドシナ海の海面水位が台風の影響により上昇した。メコン河およびメコンデルタの地形勾配は緩く、河口・海面水位の上昇が洪水の流下を妨げ、湛水域の拡大、湛水期間を長期化させた（大坪 2004）。

　以上のことから洪水・氾濫および耕地洪水発生の自然的要因としては、地域の降雨特性、低平な地形、潮位および河床の土砂堆積が挙げられる。また、上流域の過剰な森林伐採による流出率の増加、都市化・農地開発による遊水地の減少に伴う洪水緩和機能の低下、河口・海面水位の上昇による洪水流下の阻害、および低い排水能力や、地下水汲み上げに起因する地盤沈下が耕地洪水に大きく影響する。

2. アジア・モンスーン地域の農地の洪水被害・排水問題解決に向けて
（1）アジア・モンスーン地域における洪水・排水問題

　南・東南アジアのほとんどの国々は、一般に2シーズンからなるモンスーン気候下にある。たとえば、ベトナムの場合、1年は乾燥した冬季と湿潤な夏季に分けることができる。大河川沿いの低地とデルタ地域は毎年モンスーン（雨季）の数カ月間は湛水が起こる。過去において、このような湛水は農業にとってそれほど大きな問題ではなかった。それは、雨季にはほとんど水稲が天水・洪水を利用して栽培されていたからである。しかし、灌漑施設

が整備されて、二期作が導入されたり、収量レベルが上昇するにつれ、より湛水に繊細な短稈品種の導入や栽培作物の多様化への要望が高まり、従来の湛水に対する捉え方に変化がみられるようになった。すなわち、湛水の制御を可能にするための対策が必要とされるようになってきた。農業開発が進展しているものの、排水条件が不十分で、このことが主要な制約となってきている地域では、雨季の排水改良はもっとも喫緊の要事である（Ogino ら 1996）。

筆者らはアジア・モンスーン地域の中で、6 カ国を対象に洪水・排水問題に関する現地調査を行ったが、各国ともさまざまな洪水・排水問題に直面していた。そして、洪水防御・排水改善に対する取り組み方は、自然環境の違いと技術的・社会経済的背景の違いにより、さまざまであった。表 31 に、いくつかの灌漑地区における単位排水量（drainage duty）と排水口での排水方式を示す（Kitamura ら 1997b）。各国・各地域における洪水防御・排水改善の今後の取組は、洪水・排水問題の現状に関するあらゆる情報を得て、完全に理解することが、その出発点となる。

（2）インドにおける農地の洪水被害・排水問題の原因

アジア・モンスーン地域の洪水対策・排水整備が不十分なところでは、洪水・排水問題はモンスーン季（雨季）に必ず起こる。10 月～11 月にベンガル湾で発生するサイクロンによるインド東部海岸地帯の湛水被害も、それに含むことができる。この場合、地表湛水の形で起こり、不十分な地表排水により、地下水位は長期間にわたり高くなる。同時に不十分な地下排水能力により、地下水位が根群域まで上がるような地下部の過湿状態が長期間続く。このような洪水・排水被害は、インドでは降水量の少ない北西部よりも降水

表31　南・東南アジア地域の灌漑地区における排水方式と単位排水量

国	地区名	単位排水量 (L/s/ha)	排水方式
インド	サルダサハヤク	2.0	重力排水
マレーシア	ムダ	3.0	重力排水
タイ	メクロン	2.5	重力排水
インドネシア	バランバイ	2.5～3.5	重力排水
ベトナム	ヌエ川	3.8～4.0	重力＋ポンプ排水

量の多い東部でより広範囲に発生し、より深刻な事態となる。しかしながら、北西部の乾燥地域でも湿潤年には短期間の豪雨が発生することが多い。このような豪雨は 2 つのタイプの排水・湛水問題を引き起こす。すなわち、不十分な圃場排水による湿害と、もう一つは河川・幹線排水路の排水能力不足による湛水である（Kitamura ら 1997a）。

この問題を引き起こす主な要因は、①モンスーンやサイクロンによる高強度の降雨、②平坦な地形と河川・排水路の能力不足（排水口の能力不足も含む）、③低い土壌浸透能と高い地下水位である。さらに、排水問題は、次の関連する人為的、自然的要因によって、より深刻になる。①灌漑水路の送配水損失、②圃場での不適切な水管理による損失、③排水路底への堆泥による能力低下、④乾季における排水路底での無秩序・無分別な耕作および魚捕獲用仕掛けの設置、⑤道路、鉄道、水路の盛土・堤防などの建設による自然排水の遮断、⑥不十分な通水能力の水路あるいは排水能力の低い内陸域への過剰な灌漑水の取り入れ、⑦潮汐の影響による排水阻害、⑧サイクロン時の海岸部への高波の浸入および高潮位などである（Kitamura ら 1997a）。

3. 農地の洪水被害・排水問題解決に向けて

各地域における洪水制御・排水改善の進行過程は、図 58 に示すようにマトリックスの形で確認することができる（Smedema 1994）。ほとんどの開発途上国は、現況はマトリックスの左上の角にあり、一方で開発レベルが最終段階にある国は右下の角にある。多くの国にとって、次に進むべき過程は、明らかに洪水防御・制御対策の促進と地表排水の改善および重力排水を行うための排出口の整備をバランスよく進めることである。

河川の洪水防御がままならない状況で農地の排水改良を進めても、根本的な解決にはならないので、まずは農地・居住地域を洪水から守るため輪中堤防で囲う等の洪水防御から整備を行う必要がある。この場合、外水位が内水位より低くなるタイミングをみて、重力排水により内水の

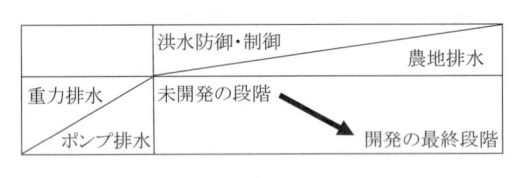

図 58　洪水制御・排水整備水準確認マトリックス

2. 耕地洪水発生のメカニズムと特徴 193

排除を行うことが基本となる。口絵 16 はインド・オリッサ州のマハナディデルタの輪中地帯における洪水期の湛水状況を示す。口絵 17 は同輪中堤の外水位が内水位より高いため重力排水ができず、外水位の低下を待たざるをえない状況を示す（Kitamura ら 1997a）。デルタ地帯の外水位は潮汐の影響を受けるため、干潮時には外水位が内水位より低下し、重力排水が可能になる場合が多い。洪水期の外水位が常に内水位より高い場合は、ポンプによる内水排除が必要となる。口絵 18 はベトナムの紅川デルタの輪中地帯からの内水の河川へのポンプ排水の状況を示す。紅川は天井川であるため、多くの輪中で内水排除のためのポンプ場が設置されている。

南・東南アジアの人口が集中した河川沿岸、デルタ地域では、半輪中タイプの水管理システムを有する。住宅地域や農地は部分的に堤防で洪水から保護され、余剰水は重力作用により排水口から排除される。このような平野の経済的ポテンシャルを 100％開発するためには、輪中堤の改善と、確実に洪水防御ができ、排水出口をポンプで管理できるような整備が最終的には必要となる（Kitamura 1996）。

今後、アジア・モンスーン地域における農業生産ポテンシャルを高めていくうえで、洪水防止・排水技術を構築していくことが必要であるが、そのためにはいくつかの研究課題について優先的に進めていくことが重要である。とくに、次に示す 6 項目は優先度が高いので、早急に推進していくべきと考えられる（Kitamura ら 1997b）。

①持続可能な開発のための低平地域ゾーニング計画ガイドラインの構築
②河川平野・デルタ地域の河川・幹線排水路整備のためのガイドラインの構築
③低平農地に適した圃場整備のためのガイドラインの構築
④水田灌漑地区の圃場レベルの排水整備のためのガイドラインの構築
⑤海岸低地に分布する酸性硫酸塩土壌・泥炭土壌地域の排水整備のガイドラインの構築
⑥モンスーン気候を有する半乾燥地の排水整備のガイドラインの構築

引用文献
後藤 章・水谷正一・角道弘文 1997. カンボジアの農業農村開発とメコン下流域の水文環境. 農

業土木学会誌 65: 367-373.
早瀬吉雄・臼杵宣春・小関嘉一・堀井 潔 1997. チャオプラヤ川流域の水文情報の表示・解析システムの開発. 農業土木学会誌 65: 391-396.
Kitamura, Y. 1996. Activities of IPTRID and Japan's participation in the program: new R&D program on drainage in the humid tropics. J. of IERP 30: 1-6.
Kitamura, Y., Murashima, K. and Ogino, Y. 1997a. Drainage in Asia (II) -Manifold drainage problems and their remedial measures in India-, Rural and Environmental Engineering 32: 22-41
Kitamura, Y., Murashima. K., Ogino, Y., Tada, H. and Smedema, L. K. 1997b: Manifold drainage Smedema, L. K. problems and research and development (R&D) needs in the Asian humid tropics, 7th ICID International Drainage Workshop, Malaysia, 3: T9-1 - T9-12
Ogino, Y., Murashima, K. and Kitamura, Y. 1996. Drainage in Asia (I) Rice-based farming in the humid tropics. Rural and Environmental Engineering 31: 4-12
大坪義昭 2004. メコン川下流域における 2000 年大洪水の実態と洪水への課題. 農業土木学会誌 72: 115-120.
清水克之・増本隆夫 2006. GIS を用いたメコン河流域における農地水利用分類. 地形 27: 13-16.
Smedema, L.K. 1994: Selected drainage issues of the humid tropics, Proceedings of 7th Seminar of the Development of Appropriate Technology, JIID, Tokyo, Japan, pp.1-8.
内田晴夫・安藤和雄 1992a. バングラデッシュの低平地における動的水文環境への適応農業. 農業土木学会誌 60: 379-384.
内田晴夫・安藤和雄 1992b. バングラデッシュ・ハオール地域の洪水害と雨季稲作の安定化. 農業土木学会誌 60: 517-523.

3. 衛星画像を利用した冠水・洪水被害の把握

1. 冠水・浸水域の広域把握に用いられる主な衛星画像とその特徴

　財団法人リモート・センシング技術センター（2009）の調べによると、これまでに世界各国で開発されている地球観測衛星の総数は、運用停止・計画中のものを含め 620 機以上にのぼる。衛星センサーは、一つのプラットフォームに複数搭載されることもあり、そのセンサー仕様（観測波長帯・バンド数・観測幅・地表分解能等）は観測目的・対象に応じて異なる。したがって、衛星画像上の冠水・浸水域の見え方は衛星センサーごとに異なり新しい仕様の衛星センサーが登場するたびに、そのセンサー特性を活用した新しい解析手法・適用事例が報告され続けている。洪水モニタリングや土地利用の広域把握を行う際に、よく使われる衛星センサーとその仕様を表 32 に示す。

（1）光学センサー
　マルチスペクトル走査放射計（Multi Spectral Scanner: MSS）を搭載し

3. 衛星画像を利用した冠水・洪水被害の把握

表32 主な衛星センサーの仕様

センサー名	プラットフォーム	センサータイプ	観測バンド数・観測偏波	地表分解能(m)	回帰日数	観測幅(km)	打上年	開発
MSS	LANDSAT-1, -2, -3	光学式(可視～近赤外)	4	80	18	185	1972、75、78	米国
TM	LANDSAT-4, -5	光学式(可視～熱赤外)	7	30(120[1])	16	185	1982、84	〃
ETM+	LANDSAT-7	〃	8	30(60[1], 15[2])	16	185	1999	〃
AVHRR	TIRON-N, NOAA	〃	4～6[3]	1090		2700	1978～[3]	〃
ASTER	EOS AM1 (Terra)	光学式(可視～近赤外)	15	15(30[4], 90[1])	16[5]	60	1999	日本
HRV	SPOT-1	〃	4	20、10[2]	26	60～120	1986	フランス
HRVIR-X	SPOT-4	光学式(可視～短波長赤外)	4	20	26[5]	60～120	1998	〃
HRG-X	SPOT-5	〃	4	10(20[4])	26[5]	60～120	2002	〃
VEGETATION	SPOT-4, -5	〃	4	1150	26	2250	1998、2002	〃
MODIS	Terra, Aqua	光学式(可視～熱赤外)	36	250、500、1000	16	2330	1999、2002	米国
AVNIR-2	ALOS	光学式(可視～近赤外)	4	10	46[5]	70	2006	日本
CCD Camera	CBERS-1, -2, -2B	〃	5	20	26[5]	113	1999、03、07	中国・ブラジル
CCD	HJ-1A, -1B	〃	4	30	31	360～700	2008	中国
RSI	FOMOSAT-2	〃	5	2～8	1	24	2004	台湾
RapidEye	1～5号機の同時運用	〃	5	6.5	5.5[5]	77	2008	ドイツ
AMI	ERS-1、-2	合成開口レーダ	C band(5.3GHz):VV	30～50[6]	35	100～500[6]	1991、95	欧州宇宙機関
SAR	JERS-1	〃	L band(1.275GHz):HH	18	44	75	1992	日本
RADARSAT-1		〃	C band(5.3GHz):HH	10～100[6]	24[5]	45～510[6]	1995	カナダ
ASAR	ENVISAT	〃	C band(5.3GHz):HH、VV、HV、VH	30～1000[6]	35	100～400[6]	2002	欧州宇宙機関
PALSAR	ALOS	〃	L band(1.27GHz):HH、VV、HV、VH	10～350[6]	46	30～100[6]	2006	日本
TerraSAR-X		〃	X band(9.95GHz):HH、VV、HV、VH	1～20[6]	11	10～200[6]	2007	ドイツ
MSR	MOS-1、-1b	マイクロ波放射計	23.8、31.4GHz	32、23km	17	370	1987、90	日本
SSM/I	DMSP	〃	19.35～85.5GHz(4バンド)、H、V	15～69km[7]		1400	1987～[3]	米国
AMSR-E	EOS PM1 (Aqua)	〃	6.9～89.0GHz(5バンド)、H、V	4～43km[7]	16	1445	2002	日本

1)熱赤外バンド、2)パンクロマチック、3)後継機が順次打上げられる、4)短波長赤外バンド、5)ポインティング機能利用可能、6、7)観測モードにより観測幅と地表分解能が異なる。地表分解能が高くなるほど、観測幅が狭くなる。

た LANDSAT 1号機がアメリカによって打上げられたのは、1972年のことである。当時としては高解像度（80m 分解能）の分光画像の入手が容易になったことにより、農耕地や陸域環境のモニタリングツールの一つとして、LANDSAT 画像を利用した衛星リモートセンシング研究が積極的に行われ

るようになった。その後、搭載する光学センサーの改良を重ねつつ（MSS、Thematic Mapper: TM、Enhanced Thematic Mapper、Plus: ETM+）、1999 年の 7 号機まで継続的に打上・運用が続けられている。残念なことに、2003 年以降の 7 号機の ETM+画像は、スキャン位置補正用装置の故障による縞状の欠測部分が含まれているが、1984 年に打上げられた 5 号機は 2009 年現在も観測を続けており、受信局によっては 5 号機の TM 画像の利用が可能である。LANDSAT シリーズによって収集・記録された分光画像データは、全世界を過去 30 年以上カバーする膨大な量に達し、過去から現在までの陸域環境の変遷を見通す貴重なアーカイブデータとなっている。継続的な陸域観測を続けることを目的として、後継機となる 8 号機の打上げが 2011 年に予定されている。そして、2008 年 10〜11 月以降、米国地質調査所（USGS）の決定により、アーカイブデータを含むほとんどの LANDSAT データが無償配布されるようになった。したがって、LANDSAT データの最大の利点は、データ取得コストを気にすることなく、世界各地の冠水・浸水被害域を過去 30 年以上に遡って確認することができることにある。一方、観測周期が 16〜18 日と長いことと雲被覆による欠測が LANDSAT の欠点として挙げることができ、観測周期と天候のタイミングによっては、必ずしも洪水発生直後の衛星画像を入手することができない。LANDSAT シリーズほど長期間のデータ蓄積は無いが、世界各国で運用されている有料の光学衛星センサーを複合利用することによって、緊急時における洪水被害地域の把握が可能である。ASTER/Terra や SPOT のポインティング機能を使えば、プラットフォームの回帰日数よりも短い間隔で観測することも可能である。他にも、数十 cm から数 m の地表分解能を有する IKONOS、QuickBird、GeoEye 1 といった高解像度衛星センサーもポインティング機能を有しているが、観測幅が十数 km と狭く、一度の観測で冠水・浸水域全体をカバーするには不向きである。無償利用可能な光学衛星センサーとしては、SPOT/VEGETATION、NOAA/AVHRR、MODIS/Terra-Aqua といったものがある。これら衛星センサーの地表分解能は、250〜1100m とかなり粗いが、雲被覆による欠測を除けば、高い観測頻度（ほぼ毎日）と広い観測幅（2200km 以上）を活かして、国・大陸スケールで広が

3. 衛星画像を利用した冠水・洪水被害の把握

る大規模洪水を準リアルタイムで観測することが可能である。

(2) 合成開口レーダ

可視・近赤外域の光は雲を透過することができないため、光学衛星センサーには曇天下の冠水・浸水域を観測することができない弱点がある。そこで、雲の透過性が高いマイクロ波を利用した合成開口レーダやマイクロ波放射計データを用いることによって、曇天下の冠水・浸水状態を観測する方法が数多く提案されている。合成開口レーダ（SAR: Synthetic Aperture Radar）は、偏波面と位相のそろったマイクロ波（波長：1mm～1m、周波数：3～300GHz）を能動的に照射し、地表面の粗度や誘電率の影響を受けた後方散乱波の強度や位相差を検知することによって、対象物の物理的特徴を観測するセンサーである。湛水面では斜め方向から照射されたマイクロ波が鏡面散乱するため、衛星方向に反射される後方散乱波の強度は低く、後方散乱係数を用いた閾値判別により入水後の水田や浸水域を抽出することが可能である。SAR の利点として、昼夜・天候に関係なく安定的にデータを取得することが挙げられるが、山間部におけるレーダシャドウやスペックルノイズといった SAR 特有の問題も有しており、光学衛星画像とは異なる補正処理を行う必要がある。また、後方散乱強度が低い凹凸の少ない平らな地表面が湛水面として誤分類されることもあり、場合によっては光学衛星画像や GIS 情報といった参照データを併用利用したり、洪水前後の複数枚の SAR 画像を解析したりしなければならない。

(3) マイクロ波放射計

マイクロ波放射計は、地表面から自然放射される微弱なマイクロ波を受動的に観測するセンサーである。大気によるマイクロ波の減衰程度は、観測周波数帯や雨滴粒子の大きさによって異なるが、利用する周波数帯によっては、曇天日の地表面情報を観測することが可能である。現在運用中のマイクロ波放射計には、AMSR-E や SSM/I といったものがあり、その地表分解能は数～十数 km 以上と粗く、冠水・浸水した土地の詳細な特定や被害面積の推定には不向きである。しかしながら、AVHRR/NOAA、MODIS/Terra と同様に観測データが無償配布されており、広い観測幅（1400～1445km）によって全球を高頻度観測していることから、突発的に発生した浸水被害地域を早

期発見する警戒システムへの利用に適している。

　洪水規模の時間的・空間的スケールや発生年次によっては、利用可能な衛星画像のスペックが異なるため、どの衛星センサーが洪水モニタリングに最適であるかを一概に言い切ることはできない。天候状態や周回軌道によっては目的とする冠水・浸水域を観測していない可能性もあるため、インターネット上にある複数のデータベースを検索することによって、利用可能な衛星画像がどの程度あるのかを調べる必要がある。また、衛星画像から冠水・浸水域を抽出する方法は、対象地域・目的・衛星センサーの種類に応じて数多く提案されており、ここですべてを紹介することは難しい。具体的な解析手順や表 32 に紹介しきれなかった衛星センサーについては、良くまとめられた参考文献を紹介するので、そちらをご覧いただきたい。

2. 高頻度観測衛星 MODIS データによるベトナム・メコンデルタの環境モニタリング

　ベトナム・メコンデルタ（以下、メコンデルタと略する）は、インドシナ半島南端、国際河川メコン河の最河口部に位置する巨大な三角州である（図 59）。低緯度地帯の一年中温暖な気温とメコン河のもたらす豊富な水資源の恩恵を受け、生育日数の短い（90〜110 日）非感光性の多収品種を用いることによって、水稲二期・三期作が行われている。メコンデルタは、ベトナム（世界第 2 位のコメ輸出国）から輸出されるコメの 80〜85％を供給しており、世界の食料需給を支える重要なコメ生産地帯である。メコンデルタの環境は、アジアモンスーンによって極端に季節変化する降水量とメコン河の流量によって特徴づけられている。雨季（5〜10 月頃）に集中する降水量は、メコン河、バサック川の河川水位を急激に上昇させ、毎年発生する洪水によってメコンデルタの半分近くの面積が浸水する。一方、乾季の沿岸部では、メコン河、バサック川の流量の減少と潮汐作用によって、海水が河川・灌漑水路網内に浸入する。この塩水遡上の影響を受ける地域は、約 170 万 ha に達するといわれている。

　メコンデルタのような洪水常襲地帯において、年次変動する洪水規模が水稲栽培にどのような影響を与えているかをマクロな視点から理解するには、浸水エリアといった空間情報に加えて、湛水開始・終了時期といった時間情

3. 衛星画像を利用した冠水・洪水被害の把握

報を広域で把握することが重要である。このような目的には、無償利用可能・広い観測幅（2330km）・中分解能（250～500m）・高頻度観測（1～2日に1回）という特徴を有した高頻度観測衛星MODIS（Moderate Resolution Imaging Spectroradiometer）が適している。MODISは、湛水域把握に有効な短波長赤外域と、水稲の生育評価に有効な青色・赤色・近赤外域の波長帯をほぼ毎日観測しており、洪水と水稲生育の時間変化を同一の時間・空間スケールで追跡することができる。また、時系列データを活かし、コンポジット処理や時間周波数解析による平滑化処理を行うことによって、欠測・異常値を低減することができる。

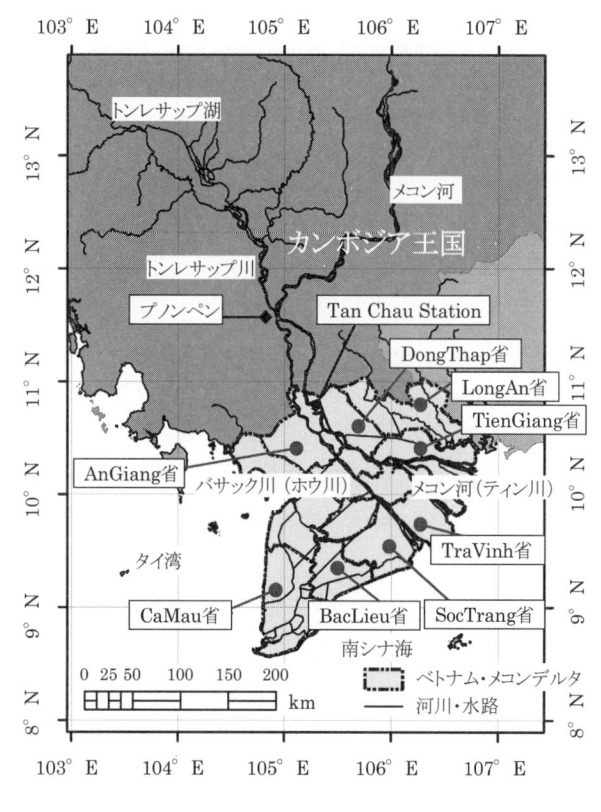

図59　カンボジアおよびベトナム・メコンデルタ

現在運用中のMODISには、1999年打上げのEOS-AM1（通称: Terra）に搭載されたものと、2002年打上げのEOS-PM1（通称: Aqua）に搭載されたものがある。それぞれ、高度705kmの太陽同期準極軌道を99分周期で周回しており、午前10時30分ごろ（南下）と午後1時30分ごろ（北

上）に赤道付近上空を通過する。専用の Web サイトには、大気補正や地図投影された地表面反射率、植生指数、純光合成量、地表面放射、土地利用図等の MODIS プロダクトが整備されており、それら高次プロダクトを作成すための研究開発は、アメリカ・イギリス・オーストラリア・フランスの研究者から構成される MODIS Science Team を中心に、4つの研究グループ（大気・海域・陸域・補正）によって行われている

3. 洪水・水稲生育モニタリングに用いる指数（EVI、LSWI、DVEL）

ここで紹介する研究事例は、2000年以降の MODIS/Terra により観測され、EOS Data Gateway から無料配布されている高次処理プロダクト（MOD09: 8日コンポジットされた地表面反射率プロダクト）を利用している。水稲生育の季節変化および作付方式の判別には、青、赤、近赤外領域の反射率から算出される植生指数（EVI: Enhanced Vegetation Index、式［Ⅰ］）を用いる。EVI の特徴は、従来の植生指数（NDVI）よりも高密度の植生に対する感度が良く、大気や背景土壌の影響に強いとされている。湛水状態の判別には、近赤外と短波長赤外域の反射率から算出される水指数（LSWI: Land Surface Water Index、式［Ⅱ］）および EVI との差分値（DVEL: Difference Value between EVI and LSWI、式［Ⅲ］）を用いる（Xiao ら 2005）。

$$EVI = 2.5 \times \frac{\rho_{NIR} - \rho_{RED}}{\rho_{NIR} + 6 \times \rho_{RED} - 7.5 \times \rho_{BLUE} + 1} \qquad [\text{Ⅰ}]$$

$$LSWI = \frac{\rho_{NIR} - \rho_{SWIR}}{\rho_{NIR} + \rho_{SWIR}} \qquad [\text{Ⅱ}]$$

$$DVEL = EVI - LSWI \qquad [\text{Ⅲ}]$$

ここで、ρ_{NIR}、ρ_{RED}、ρ_{BLUE}、ρ_{SWIR} は、分光反射率を示し、それぞれの観測波長帯は、近赤外（841〜875nm: band2）、赤（621〜670nm: band1）、青（459〜479nm: band3）、短波長赤外（1628〜1652nm: band6）である。

MODIS プロダクトには、大気補正やコンポジット処理で除去されなかった雲被覆や観測角度によるミクセル影響が残っており、それら異常値・欠測値は、短期的に変化するノイズ成分として時系列指数データの中に表れる。

3. 衛星画像を利用した冠水・洪水被害の把握

したがって、時系列指数データから短周期のノイズ成分を除去し、水稲生育や洪水拡大に伴う季節変化情報のみを抽出することを目的として時間周波数解析が可能なウェーブレット変換を用いた平滑化処理を行う。図 60 に異なる土地利用・土地被覆における時系列指数データ（EVI、LSWI、DVEL）の平滑化曲線を示す。

EVI は、植生成育とともに増加し、出穂期付近においてピークを示した後に、登熟期を通して減少する。日本の作柄地帯別生育調査データを用いた検証結果によると、平滑化 EVI データにおける極大値を同定することによって、9 日程度の二乗平均平方誤差で水稲出穂日を推定可能であることが示されている。そして、メコンデルタにおける平滑化 EVI データの波形も水稲多期作の特徴を反映していることから（図 60）、推定出穂日の現れる季節と回数によって水稲作付様式を分類することが可能である。

メコン洪水の時空間変化の把握には、Xiao ら（2005）の方法を参考に、いくつかの改良を加えたアルゴリズムを用いる。湛水状態にある水田は、植生指数（EVI または NDVI）と LSWI の差分値が 0.05 未満になること分かっている。しかしながら、海面や湖面のような開放水域の近赤外と短波長赤外域の反射率は、限りなく 0 に近づき、近赤外と短波長赤外域の反射率の大小関係が逆転することによって LSWI が負の値をとる（図 60）。このような場合の EVI と LSWI の差分値（DVEL）は、湛水状態を判別する閾値

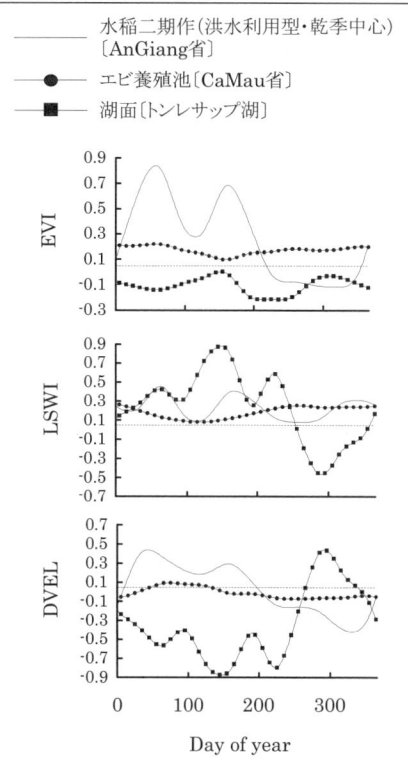

図 60 異なる土地利用・土地被覆における、平滑化指数データ（EVI、LSWI、DVEL）

（0.05）を大きく上回ってしまい、明らかに開放水域であるものを非湛水域として誤判別する問題があった。そこで、下記のに示す 4 種類の判別式を用いて、平滑化指数データからメコンデルタの地表面状態を 3 段階（非湛水：Mixture、Flood）に分類するアルゴリズムが提案されている（Sakamoto ら 2007）。

　　　EVI＞0.3　　　　　　　　　　　　　　　　　［Ⅳ］
　　　DVEL≦0.05 かつ 0.1＜EVI≦0.3　　　　　　　［Ⅴ］
　　　DVEL≦0.05 かつ EVI≦0.1　　　　　　　　　［Ⅵ］
　　　LSWI≦0 かつ EVI≦0.05　　　　　　　　　　［Ⅶ］

　条件式［Ⅳ］を満たす画素は"非湛水"、条件式［Ⅴ］を満たす画素は"Mixture"、条件式［Ⅵ］または［Ⅶ］を満たす画素は"Flood"として分類される。"Flood"領域は、画素内のすべてが水面に満たされている状態を想定している。"Mixture"領域は、画素内に植生・土壌・湛水領域が混在し、"Flood"よりも相対的に湛水深が低い状態を想定している。

　高解像度の衛星画像から作成された湛水分布図を用いた検証によると、MODIS から推定された湛水分布面積は、山間部においては過小評価され、平野部では過大評価される傾向にあり、MODIS の低い地表分解能（500m）によるミクセル影響が主な原因であると考えられる。

4. MODIS を通して見るメコンデルタ洪水と稲作
(1) 年次変動するメコンデルタ洪水

　An Giang 省 Tan Chau において計測される河川水位は、メコンデルタ洪水の規模を指標する値として用いられている。最高水位が、4.5m を超えれば大規模洪水に、4.0〜4.5m の範囲にあれば中規模洪水に、4m 未満であれば小規模洪水に分類される。河川水位が各基準レベルを超える日数を年次別に整理し、2000〜2005 年の洪水規模を判定したものを表 33 に示す。2000年の洪水は、過去 70 年以上の中で最も大規模なものであり、平年よりも 4〜6 週間早く拡大し、湛水期間の長期化によって 80 万戸以上の家屋の浸水、14 万 ha 以上の農作物被害、2 億 5,000 万 US ドル以上の経済損失をもたらした。河川水位データや報道情報は、洪水規模やその被害を把握するうえで重要な情報源であるが、現地に明るくない専門家にとっては、これら計測

値・活字情報から洪水の全体像をイメージすることが難しい。衛星リモートセンシングの強みは、解析結果を二次元情報として示すことができる点であり、リモートセンシングの専門家で無くとも年次変動する洪水規模を視覚的に理解することができる。MODIS から推定された湛水分布図（図 61）によると、カンボジア国境付近において発生した氾濫水は、毎年 8〜10 月にかけて扇状形に拡大した後、10 月から翌年 1 月にかけて縮小していることがわかる。

表33 メコン河の日平均水位が基準レベルを超えた日数と洪水規模

年	400cm以上	450cm以上	500cm以上	洪水規模
2000	97	33	–	大
2001	70	46	–	大
2002	64	25	–	大
2003	2	–	–	小[1]
2004	25	–	–	中
2005	46	–	–	中

1）厳密な定義に従えば、2003年の洪水規模は「中」に分類される。ここでは、400cmを超えた日数がわずか2日間であったことと、最高水位が403cmであったことを考慮し、他年次の洪水規模との比較を容易にするため、便宜上、小規模洪水に区分した。

　湛水終了日、湛水期間を可視化した結果（口絵 19）からわかるように、2000〜2002 年のような洪水規模が大きい年ほど、湛水状態にある期間が長期化し、洪水の終息する時期が遅くなる傾向にあることがわかる。とくに 2000 年は、湛水状態が 5 カ月以上続いた地域が広域に分布しており、大量流入した氾濫水が海洋に流出するまでに長期間の時間を要したことを示している。また、メコンデルタ上流部（Long An 省と Dong Thap 省）における"Flood"面積の時間変化が、Tan Chau 観測所における河川水位データの年次・季節変化パターンとよく一致しており、MODIS データから作成された冠水・浸水域の時空間変化情報は、年次変動するメコンデルタ洪水の実態についての客観的な理解を深め、洪水被害を早期予測するシュミレーションモデルの構築に貢献すると考える。

（2）洪水地帯における稲作と変わりゆく土地利用
　平滑化 EVI データの波形情報と年間湛水日数から推定された土地利用分類図を口絵 20 に示す。果樹・森林・畑作地を除けば、メコンデルタの主な土地利用は、水稲二期作［乾季中心・洪水利用型］、三期作、雨季二期作、

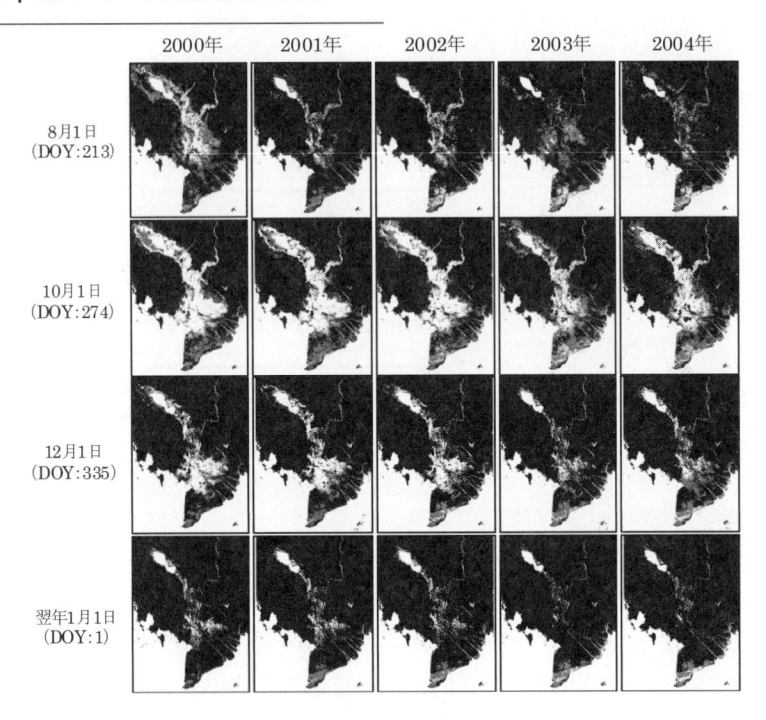

図61 MODIS 時系列データによるメコンデルタの湛水分布図

エビ養殖地の4種類に分類され、それぞれ順に上流部から沿岸部に向かって弧を描くように分布している。

i) 水稲二期作［乾季中心・洪水利用型］

　前述のようにバサック川・メコン河に沿った上流部地域では洪水によって水深1mを超える湛水状態が長期間続くため、雨季の数カ月間は水稲栽培を行うことができない。したがって、洪水常襲地帯の土地利用は、洪水後退から洪水開始までの限られた期間に冬春作と夏秋作の2回稲作を行う水稲二期作［乾季中心・洪水利用型］として分類される。

　直播栽培の冬春作は、圃場内の氾濫水が一定以下に減水するのを待ってから作付けが開始される。MODISによる冬春作の推定出穂日と湛水終了日（口絵19）が、上流域で遅く中流部にかけて早い、似通った扇形のパターンを示しているのはこのためであり、洪水と冬春作の栽培時期が空間的に

連動していることを見て取れる。

　近年、AnGiang 省では水田を囲む堤防（輪中）を築き、洪水の浸入時期を遅らせることによって、雨季作を新たに行うようになった三期作地域が徐々に拡大しつつある（口絵 20）。この堤防建設による三期作地域は 2000 年以降に急激に拡大していたが、2006 年のトビイロウンカ被害の大発生を境に急減している。これは、病害虫対策と洪水による洗浄効果を目的に、3 年に 1 度の頻度で三期作を自粛するように奨励されるようになったためである。

ii）雨季二期作

　沿岸付近（エビ養殖地の内側）は、その立地条件から洪水による湛水被害は少ない。しかし、乾季に発生する塩水遡上が水稲栽培の制限要因となりうる。乾季に水門を閉じることによって、灌漑水路に塩分濃度の高い河川水が流入を防ぐことが可能であるが、灌漑水の供給不足と降雨不足によって乾季の稲作ができない沿岸部は、天水に依存した雨季二期作として分類される。TienGiang 省の東側、GoCong 地区のように沿岸部に位置していても、堤防や水門の整備によって塩水の浸入を防止し、海から遠く離れた頭首工から取水することによって、乾季の水稲栽培を可能にした三期作地域も少なからず存在する。BacLieu 省の一部地域においても、雨季二期作に乾季作を加えた三期作地域が拡大している（Sakamoto 2009）。

iii）三期作

　洪水と塩水遡上による制限要因が少ない中流部は、灌漑排水施設が整備され酸性硫酸塩土壌の影響が深刻でない土地であれば、水稲三期作を行うことが可能である。2001 年以降、メコンデルタ全体で拡大を続けてきた水稲三期作であったが、2005 年のピークを境に減少傾向にあった。この三期作面積の減少には、前述の病害虫対策によるものも含まれるが、中には三期作を試みたものの安定的な収益確保が難しく、三期作による増産を断念したケースも含まれている（口絵 20）。

iv）エビ養殖

　南シナ海に隣接した沿岸部は、汽水性の土地を活かしたエビ養殖地が広く行われている。近年、CaMau 省・BacLieu 省・SocTrang 省を中心に拡大

するエビ養殖地のほとんどは、沿岸部の年一作・雨季二期作を行っていた水田からの転用である（口絵 20）。2000 年の土地利用に関する規制緩和（No.09/NQ-CP）をきっかけに、不良な環境条件におかれ安定的な収益を確保することが難しい土地に限り、収益性の高い土地利用方法に変更することができるようになった。その結果、雨季の日射量不足や乾季の塩水遡上によって高収穫量が見込めない稲作を止め、より収益性の高いエビ養殖に転向する農家が増えてしまった。場所によっては、高塩分濃度の水を引き入れたいエビ養殖農家と低塩分濃度の水を引き入れたい稲作農家との間において、水門操作をめぐる争いが報告されている。また、地域的な水門操作の変更により灌漑水の塩分濃度が常態的に高くなったことで、水稲作を続けることが困難になりエビ養殖に転向せざるを得ない事例も確認されている。

　稲作栽培に関する土地利用変化について、MODIS データから明らかになった特徴的な傾向は次の二点が挙げられる。一つは、メコンデルタ中上流域を中心に 2005 年まで拡大していた三期作面積は 2006〜2007 年にかけて減少傾向にあること。もう一つは、沿岸部においては、水田からエビ養殖池への土地利用変化が進行していることである。一方、統計データに目を向けると、メコンデルタのコメ生産量は、2000 年から 2005 年にかけて 15.5％増加し、2005 年の 1,930 万 t をピークに、2007 年の 1,864 万 t（速報値）にまで減少している。メコンデルタでは、堤防・水路・水門建設による基盤整備と生育期間の短い品種の導入によって、洪水や塩水遡上といった水資源の量的・質的な季節変化に適応した水稲多期作が行われてきた。しかし、近年の土地利用変化とコメ生産量の伸び悩みを鑑みれば、輸出米の生産拠点であるメコンデルタの潜在的なコメ生産能力が限界に達しつつあるのかもしれない。

5. 最後に

　衛星リモートセンシングによって得られる結果の信頼性・精度は、利用する衛星センサーの性能に大きく依存する。本節で紹介した MODIS は、高頻度観測データである点、9 年以上のデータ蓄積がある点、無償配布されている点で、洪水や干ばつといった自然災害を継続的に監視するのに適しており、世界各地の農業環境の変化・傾向を早期に察知することができる。しかしながら、MODIS の地表分解能（250〜500m）は、所得保障を目的とした

圃場単位での農業被害評価に用いるには十分なスペックであるとはいいがたい。表32に紹介したようなポインティング機能を有した高解像度衛星センサーを複数利用すれば、圃場ごと毎の湛水状態や作物生育の時間変化を精度良く観測することは可能であるが、メコンデルタのような広域を時系列でカバーするために、1枚数十万円以上の衛星画像を膨大な数購入することは、コスト面から現実的な方法ではない。中国は、環境モニタリングを目的とした地球観測衛星2機（HJ-1A/B）を2008年に打上げた。その光学センサーの有する地表分解能（30m）は日本のAVNIR-2/ALOS（10m）よりも劣るが、観測幅が720kmと広く、観測周期も4日ときわめて短い特徴をもつ。中国は、HJ-1A/Bから送られてくる可視・近赤画像（4バンド）を用いることによって、2日に1度の頻度で中国全土を観測できる態勢にあり、環境科学分野における高頻度観測衛星の国家的運用という面ではわが国よりも先に進んでいる。また、中国は、大豆輸出国ブラジルと地球観測衛星を共同運用（CBERSシリーズ）しており、食料安全保障分野において衛星リモートセンシング技術を積極的に活用する中国のしたたかな世界戦略が垣間見える。わが国も食料海外依存の高さ（供給熱量ベースで約60％）を考えれば、海外における洪水や干ばつの農業被害は他人事ではなく、不足の事態における迅速な食料確保を行うためにも、世界の作物生育と農業環境を常時モニタリングすることが可能な高頻度観測衛星の運用が必要であると考える。

引用・参考文献

秋山侃・石塚直樹・小川茂男・岡本勝男・斎藤元也・内田諭 編著 2007. 農業リモートセンシングハンドブック. システム農学会. pp.518.
Binh T.N.K.D., Vromant, N., Nguyen, T.H., Hens, L. and Boon, E.K. 2005. Land cover changes between 1968 and 2003 in Cai Nuoc, Ca Mau Peninsula, Vietnam. Environ. Dev. Sustain. 7: 519-536.
長 憲次 2005. 市場経済下ベトナムの農業と農村. 筑波書房, 東京. pp.326.
飯坂譲二 監修, 日本写真測量学会 編 1998. 合成開口レーダ画像ハンドブック. 朝倉書店, 東京. pp.208.
国際農林水産業研究センター 2001. 変貌するメコンデルタファーミングシステムの展開. 松井重雄 編. 農林統計協会, 東京. pp.169.
日本リモートセンシング研究会 編 2001. 改訂版 図解リモートセンシング. 社団法人日本測量協会, 東京. pp.325.
岡本勝男 2007. リモートセンシング技術を用いた環境評価, 災害把握, 防災の試み. システム農学 23: 119-126.
Sakamoto, T., Yokozawa, M., Toritani, H., Shibayama, M., Ishitsuka, N. and Ohno, H. 2005. A

crop phenology detection method using time-series MODIS data. Remote Sens. Environ. 96: 366-374.

Sakamoto, T., Nguyen, N. V., Ohno, H., Ishitsuka, N. and Yokozawa, M. 2006. Spatio-temporal distribution of rice phenology and cropping systems in the Mekong Delta with special reference to the seasonal water flow of the Mekong and Bassac rivers. Remote Sens. Environ. 100: 1-16.

Sakamoto, T., Nguyen, N.V., Kotera, A., Ohno, H., Ishitsuka, N. and Yokozawa, M. 2007. Detecting temporal changes in the extent of annual flooding within the Cambodia and the Vietnamese Mekong Delta from MODIS time-series imagery. Remote Sens. Environ. 109: 295-313.

Sakamoto, T., Cao, V.P., Kotera, A., Nguyen, D.K. and Yokozawa, M. 2009. Detection of yearly change in farming systems in the Vietnamese Mekong Delta using MODIS time-series imagery. JARQ. 43: 173-185.

Sanyal, J. and Lu, X.X. 2004. Application of Remote Sensing in Flood Management with Special Reference to Monsoon Asia: A Review. Natural Hazards. 33: 283-301.

Xiao, X., Boles, S., Liu, J., Zuang, D., Frolking, S. and Li, C. 2005. Mapping paddy rice agriculture in southern China using multi-temporal MODIS images. Remote Sens. Environ. 95: 480-492.

財団法人リモート・センシング技術センター 2009. 総覧 世界の地球観測衛星 Web 版. http://www.restec.or.jp/databook/index.html

衛星画像の検索サイト URL

財団法人リモートセンシング技術センター. ALOS, LANDSAT, SPOT 他多数を販売. https://cross.restec.or.jp/cross/CfcLogin.do?locale=ja, http://www.restec.or.jp/?page_id=461

財団法人資源・環境観測解析センター. ASTER GDS. http://imsweb.aster.ersdac.or.jp/ims/html/MainMenu/MainMenu_j.html

NASA. EOS Data Gateway-WIST. MODIS, AMSR-E 他多数. https://wist.echo.nasa.gov/~wist/api/imswelcome/

USGS. 世界中の LANDSAT 画像を無料配布 http://landsat.usgs.gov/products_data_acces s.php

Free VEGETATION distribution site. SPOT/VEGETATION 画像を無料配布. http://free.vgt.vito.be/

eoPortal. ENVISAT, ERS を含む欧州宇宙機関の衛星画像を検索可能. http://catalogues.eoportal.org/eoli.html

第6章 湿地における洪水被害と作物栽培技術の活用

1. わが国における洪水とその農業被災

　わが国の国土はアジア大陸の東端に位置し中緯度偏西風帯の中でアジアモンスーン気候区にあり、南北に長い日本列島で地域差を多分に含んでいる。そのため、天候不順、季節変化の異常というような広域で長期的に起こる災害は、過去において干ばつ、冷夏、風水害および虫害など天災に襲われると凶作になり飢饉につながることがしばしばあり、多くの餓死者を出すなど気象災害の洗礼を受けてきた。気象災害被害者の大小や数え方にもよるが、数年に一度あるいは毎年のように日本列島の中で被災しているといっても過言ではない。とくに、古代において干ばつの占める割合が、比較的高く、飢饉の主要因である。日本書紀の中で仁徳天皇の記事が飢饉を記述した最初である（菊池 2000）。しかし、12世紀になると干ばつが減少し、代わって長雨・冷夏が増加し、稲作地域が北進していくにしたがって、冷夏が災害の中で重要な意味をもってきた。一方、台風災害は短期的で直接な災害であるのが特徴で、耕作期間内の来襲により被害はいっそう大きなものになるが、台風の進路により全国的には及ぼす範囲が狭く限られるため台風による飢饉は少ないと考えられる。ここでは、日本における湿害の主要因となる大雨・長雨・風水害・洪水についての発生頻度を記述する。

1. 気候変動と気象災害の変遷について

　気象災害の歴史の推移をみていくには過去の気候変化の関係性が必要である。遠い過去の時代の気候に関する情報は、過去の自然条件に関するいろいろな資料の研究から調査をする必要がある。災害の記録や古気候を調査するには多くの古文書等で調べる必要があり、たとえば、観桜の日記や開花の記録、雪日数や災害・飢饉、農作物の収穫期などの記事および樹木の年輪などがあり、これまで多くの報告例がある。近年では年輪内の炭素同位体比分析

210　第6章　湿地における洪水被害と作物栽培技術の活用

や堆積土壌層内のハイマツ花粉数等により過去の気候変化が明らかにされている。その結果を図62に示す（大場ら 2004）。

　日本は紀元前398年から紀元後17年までを弥生温暖期とし、紀元後17年から240年までが中間的な気候で、次の古墳寒冷期までの移行期としている。3～5世紀前半が温暖な気候であったが、450～500年頃には天候が悪化し冷涼な湿潤気候で、降水量の増加がみられた時期である。5世紀の気候は4世紀の気候の延長線上にあり、寒冷気味であり、中国災害史年表の中で大水の記事が多いこと、三国史記による洪水数のカーブ曲線から4世紀には比較的小さいが5世紀にかなり鋭いピークがみられ、降水量が全期間通して多かっ

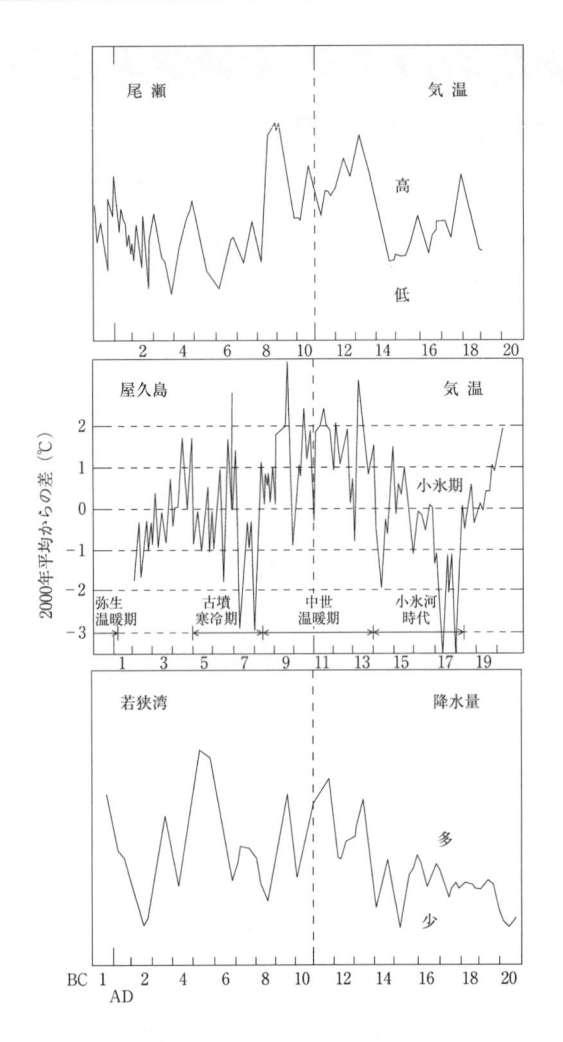

図62　日本における過去2000年間（BC1～AD20世紀）の気温と降水量の変化　注）出典データは、鈴木（2000）の書籍から、「尾瀬」（坂口 1984）、「屋久島」（北川 1995）、「若狭湾」（福沢 1994）を引用・改修した。

1. わが国における洪水とその農業被災

たと考えられる。このように、紀元 5〜7 世紀にかけて、小氷期といわれる寒い時期があり、本州北端の稲作農耕集団（弥生）が壊滅的な打撃を受け、稲作前線が南に後退した時期と考えられる。

　7 世紀以降の気候の変化は温暖な気候に転じ、750 年過ぎ奈良時代の後半から暖かくなって、8 世紀後半は北日本が湿潤で、南日本は温暖湿潤である。この期間の干ばつの記録が 30 年、霖雨が 10 年で干ばつがきわめて多い時期である。平安時代開始から 9 世紀の 800 年代はかなり暖かく、9 世紀末の寒の戻りが示され、10 世紀には 900 年代も温暖な気候であったが、後半からは気温が下がり始めた。11 世紀となる 1,000 年後半を過ぎた頃から少しずつ気温が上がり始め、とくに 11 世紀後半から 12 世紀前半にかけては冬を中心に一時的に厳しい寒さに見舞われた。13 世紀は明らかに気温が高く、過去 2,000 年の中で最高の一つである。また 14 世紀の気温は低温が顕著となっている。このように 800〜1300 年は一般に「中世温暖期」と呼ばれている時期である。13 世紀以降は「小氷期」と呼ばれる太陽活動の不活発な時期がくり返し出現している時期で、極端な寒冷期は 1300 年頃、1460〜1550 年、1680〜1720 年および 1780〜1850 年である。

2. 気象災害の発生頻度

　全国における過去の気象災害の発生データは斎藤錬一編（1966）によってまとめられており、その中で湿害に関係する気象災害の要因は大雨・豪雨・洪水・集中豪雨・水害・台風であるが、その気象災害に占める湿害に関係する要因を図 63 に示す。図に示されるように、801〜850 年の 18.2％から 1101〜1150 年の 75％の範囲内である。

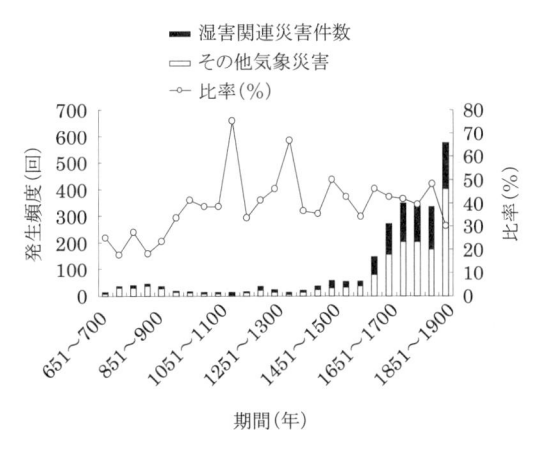

図 63　全国における湿害関連災害の発生頻度の推移

江戸時代においては 39.3～47.9％の範囲内である。また、651～1900 年までの期間において、気象災害の発生件数は 2,573 件で、そのうち湿害に関連する災害は 995 件で、約 39％を占めている。

その中で、九州・沖縄地域における気象災害の発生頻度割合は 7 世紀は 8％で、11～12 世紀が 11.5～3.7％と少なく、14 世紀以降から上昇し、18 世紀には 62.9％と最大値を示し、19 世紀には 52.6％となっている。その中で、江戸時代になると人口も増加し、土地利用の拡大化、山林の荒廃化、被害予測地帯への施設の増加などの原因で災害が増加することになった。享保、寛保、天明、弘化の大水害または飢饉と知られ、その中でも「天明の大水害」が全国的なものである。明治に入ると、明治 29 年（1896 年）にはわが国古今未曾有の大水害といわれており、この年に河川法が制定されて河川行政の一大転換期になったのである。

湿害に関係する気象災害は 7～19 世紀までの期間において九州沖縄地域での発生回数が台風を起因する暴風害（大風雨・暴風雨・風水害）が 341 回と一番多く、続いて水害（洪水・豪雨洪水・大雨洪水・水災）が 201 回である。

1901 年以降の 2007 年までの湿害に関連する気象災害（宮澤ら 2008）を 10 年ごとに区切ってみたものが図 64 である。豪雨の出現回数は、1951 年から 1980 年までの期間において発生頻度が高く、その中で 1961～1970 年の期間が最も多い。また台風による発生回数も同様な期間において多くなっている。

3. 近年の九州地域における気象災害被害

近年における 1976 年から 2007 年までの 32 年間について、九州農政局が取りまとめた九州地域の農作物等関係被害額の推移を図 65 に示す。農作物被害額の推移は年

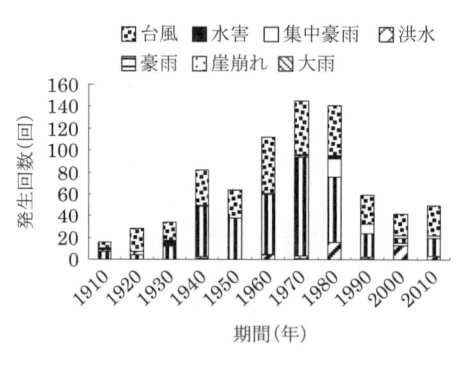

図 64　九州地域内の湿害に関連する気象災害の発生回数の推移

次による上下変動が大きく、1,000億円以上の被害額を出した年は1980、1991、1993および1999年である。この期間での1,000億円以上の気象災害被害の出現頻度は、約8年に1回程度である。これら出現した年次の大きな気象災害被害は台風と豪雨が中心で、九州本土では気象被害の主体は台風である。

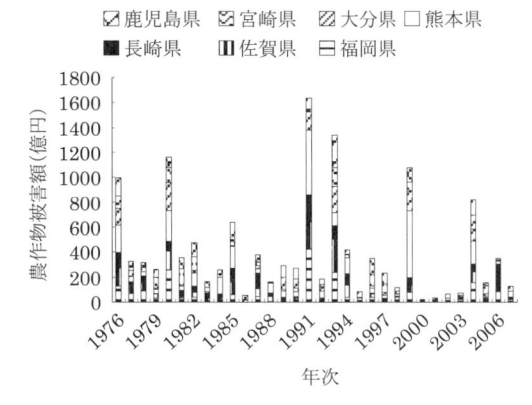

図65 九州地域内における気象災害による農作物被害額の推移

　農業被害の最大値は1991年の台風17、19号の上陸による被害で総額2,069億円、最小値は台風の上陸・接近等の影響がなかった2001年の32.9億円である。この期間の九州全体の平均被害額は381億円とかなり大きく、また変動係数は約104％と大きな値である。

　九州本土でのこの期間内における県別の農作物被害をみると、県別平均被害額の最大値は熊本県の90.2億円、最小値が大分県の約42.6億円である。このように、九州地域は台風被害による作物生産に大きく影響を及ぼしていることがうかがえる。

4. 風水害・洪水対策の変遷

　わが国では縄文晩期（BC300～AD100年）頃から稲作農業が展開されてきたが、初期の稲作は谷間の湿地や河口付近の低地などで栽培されてきたと考えられている。したがって、洪水による水害を頻繁に受けるために築堤が行われたと考えられ、仁徳天皇時代に淀川の茨田堤の修築工事と天満川の開削工事があり、難波の都の水害防止を問題にしていたことが窺え、これらは部分的な小規模なものである。

　広く全国的に行われるようになったのは、16世紀頃の戦国時代以降で国内が一応安定し始めた戦後の建設という段階であり、城が山城から平地の城

に変わり、城下町が漸次出来つつあって、洪水に直面しなければならなくなったこと、築城という石垣を組み合わせた土木技術の発展から大規模な治水工事が始まったと考えられる。

　洪水が起因とする水害は現在においても、流域の森林の保全、上流域のダム建設、河川堤防のかさ上げなどの管理が主体となって防いできた。しかし、最近においては流域の環境保全が重視される世相によりダム建設が難しい時代となってきている。一方、行政では下流域の水害のハザードマップなどが作成され、住民に公開され、リスク回避が行われてきている。農業面においては、水害を受けた農作物に対する被害対策は、作物によって異なるが、一般的には農耕地内の停滞水の早急な排除、浸水に伴う作物の根基が出現する場合の根元の土寄せによって作物体の固定をすること、収穫時期間際では穂発芽など問題が生じるので、なるべく早く収穫をして乾燥を実施すること、生育が初期段階では弱っている作物を早く回復させるための施肥、病害防除の薬剤散布などが必要である。

5. 近年の水害予測

　2008年には時間雨量100mm以上を超えるゲリラ豪雨（報道用語）が発生し、地域において大きな水害被害が発生し、社会的に大きな問題を起こした。近年の地球温暖化が進む中での、降水量の出現は大きく変化している現状にあり、気象庁でもこの豪雨の発生形態や位置を把握する研究を取り組むことになっているが、現在のレーザー観測を用いてもゲリラ豪雨範囲がきわめて局所的であるため、予測は難しい問題と指摘している。温暖化シナリオの中でも降雨量の予測は難しく予測結果も増大か、減少かが明確になっていない。

　近年の地球温暖化傾向にある中で温暖化による集中豪雨・ゲリラ豪雨の発生形態・発生位置がどのように変化するかはわからないが、現在における豪雨の発生頻度が多くなっていることは統計的にも明らかになっており、作物栽培における生育時期別によって湿害は大きな問題となってくると考えられる。

引用文献

菊池勇夫 2000. 飢饉－飢えと食の日本史－. 集英社新書, 東京. pp.210.

宮澤清治・日外アソシエーツ 編 2008. シリーズ災害・事故史 3, 台風・気象災害全史. 日外アソシエーツ KK 発行, 東京. pp.1-476.

大場和彦・鈴木義則・黒瀬義孝・丸山篤志・中本恭子 2004. 九州・沖縄地域における気象災害に関する農業気象学的研究. 九州沖縄農業研究センター研究資料 90: 1-23.

斎藤錬一 編 1966. 府県別年別気象災害表. 地人書館, 東. pp.1-250.

2. わが国における治水の歴史

1. わが国の農業と湿地開発の歴史

（1）水田としての湿地利用の始まり

　わが国で水田稲作は湿地から始まり、古来、湿地とその周辺は重要な農地であった。登呂遺跡は弥生時代後期（3 世紀）の遺跡で、集落と付随する水田跡が日本で初めて一緒に出土したものだが、ここでも集落が自然堤防上にあり、水田が隣接する湿地にあったことが知られている。

　この当時はまだわが国の人口密度も高くはなく、土地はたくさんあった。したがって、自然に存在する湿地のうち水を制御しやすい部分、つまり条件のよい湿地が利用されたと考えられる。灌漑や排水の技術が未発達な時代に、労力をかけて灌漑用水を運ぶ必要のあるような、相対的に周囲より標高の高い微高地や、船を使う必要のあるような沼地などが優先的に使われることはなかっただろう。湿地という語で表される地表面の状態には一般にさまざまな状態が含まれるが、その中で最初は最も使いやすい、いわば優良湿地とでもいうような湿地が利用されたと考えられる。

（2）水田面積の拡大

　やがて、社会の発達と人口増加に伴う食糧増産のために、水田面積の拡大が図られた。水田は、上流側のより高地へか、下流側のより低地へかのどちらかへ拡大された。いずれにせよ後発の水田は、より条件の悪い土地を使わざるをえなかったのは当然である。そのために、前者では灌漑技術、後者では排水技術が必要となり、それらの発展に裏打ちされて新田開発が進められた。これにより、次第に条件の悪い湿地へも水田が拡大した。

　灌漑技術の進歩によって標高の高い土地を安定的に灌漑できるようになると、相対的に湿地の重要性は低下した（籠瀬 1972）。安定した灌漑用水さ

え担保されれば、微高地は、良排水性による土地生産性の高さ、良歩行性による労働生産性の高さ、洪水時の被災確率の低さの点では湿地よりも優位性があった。

実際には、土壌特性、水利特性、開田可能性など、地域による、また時代による違いを反映しつつ、灌漑施設を整備して微高地へと新田開発する戦略と、排水施設を整備したり干拓を行ったりしてより低い湿地へと新田開発する戦略のいずれかまたは両方が各地域で推進され、水田が拡大された。

荘園時代には新田開発は各荘園の枠内で個別に進められたが、続く戦国時代には、経済基盤の拡充をめざして有力戦国大名はみな農業生産基盤の整備に力を注いだ。まず大前提として治水工事により洪水被害を軽減し、洪水被害を受けにくくなった湿地で新田開発を行った。

(3) 大規模な湿地開発の始まり

近世以降には、農業土木技術の発展により大規模な干拓事業が可能となった。一方で食糧増産はいっそう重要となり各地で大規模な新田開発が行われた。前述の2つの方向、すなわち、灌漑施設を整えて微高地あるいは山麓や傾斜地まで水田が拡大される一方、これまで利用されていなかった沼や湖面などの湿地が新田開発のターゲットとなった。湿地をそのまま農地として利用するのではなく、干拓や排水といった事業を大規模に行い、手を加えて開発して農地とするという方向性が定着した。

さらに、明治以降には、土木技術や土木材料の進歩とともにコンクリートやポンプなどが導入され、低湿地の排水を飛躍的に効率よく行えるようになった。

(4) 現代の湿地開発

第二次大戦直後のわが国は深刻な食糧危機に陥り、食糧確保と開拓が大きな国策となった。1945年には閣議により「緊急開拓事業実施要領」が制定されたが、この中には開墾に加えて大規模な湖面干拓、海面干拓の計画が含まれており、翌1946年には多くの干拓事業が着工された。湖沼面干拓は中小湖沼でも行われたが、大部分は大きな湖沼、汽水湖の周辺で行われた（吉武ら 1995）。

さらに、土地生産性、労働生産性の向上をめざし、湿田の乾田化が国家事

業として展開された。すなわち、水田土壌での過剰な水を排水することにより、正常生育を促進して生産性や品質を向上させるとともに、歩行困難な沼地状の水田での重労働を無くし、農業機械の導入を促進するという事業が推し進められた。

現在の農村地域における排水では、豪雨の際の地区排水システムの高度化が進められるとともに、農地の高度利用のための汎用耕地を目的とした圃場排水技術の高度化が進められている。

2. 東関東の湿地と印旛沼開発の歴史
(1) 印旛沼

本節では、実際の湿地開発の事例として印旛沼を取り上げ、印旛沼を含む関東平野東部の湿地開発の歴史を概観する。印旛沼開発に関しては、栗原（1972、1973、1976）が詳しく述べている。

印旛沼は千葉県北西部にある天然淡水湖である。1969年に完了した開発事業により現在は北部調整池（北印旛沼、6.3km^2）と西部調整池（西印旛沼、5.3km^2）に分かれていて、両者が捷水路で結ばれているが、もともとは両調整池を含む大きなW字の形をした湖だった。水質汚濁の進んだ湖沼としてよく知られており、湖沼水質保全特別措置法の指定湖沼である。環境省が2008年11月に発表した「平成19年度公共用水域水質測定結果」では、CODの年間平均値が11mg/Lで、全国の湖沼で最も高かった。

(2) 印旛沼開発構想の起こり

印旛沼開発構想は数百年来のものであり、古くは10世紀中ごろに平将門が開発を図ったとも伝えられている。その後、多くの紆余曲折と、多くの人々の艱難辛苦に満ちた歴史が存在し、今に至っている。図66に10世紀ころの東関東の水系の概略を示した。実は、印旛沼を含む今の東関東一帯には、当時は広大な湿地帯が広がっていた。現在の東京の下町もかつては湿地だった。

(3) 利根川東遷事業

利根川東遷事業とは、図66に示したように東京湾へ流れ込んでいた利根川の流路を、現在のものへ変更する一連の事業を指す。1590年に徳川家康が江戸へ入府した直後に端を発し、17世紀前半には関東郡代の伊奈備前守

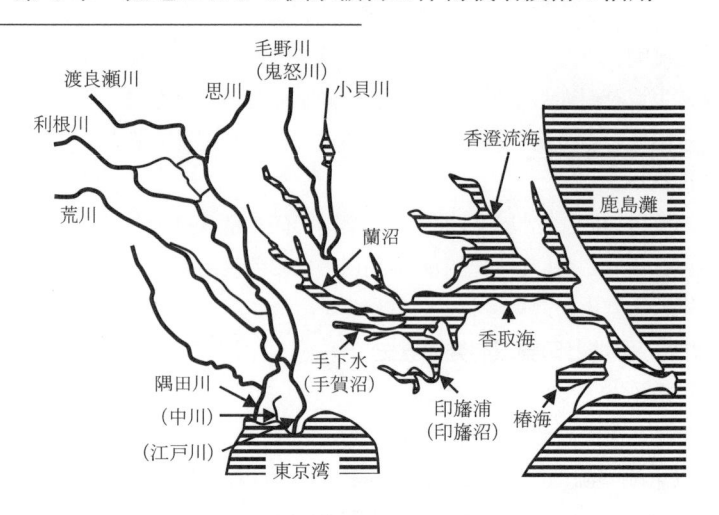

図66　10世紀ごろの東関東の水系概略

忠次がこの事業で活躍した。最終的に利根川が現在の流路に確定したのは明治時代である。

　時代とともに変遷はするが、この事業の目的は江戸の洪水防御と周辺湿地の開発による食糧増産だった。治水事業の意味も、現代の治水事業とは異なり、洪水被害の防除というよりむしろ、洪水常襲地帯である低湿地の水を制御して新田開発を行うという意味合いが大きかった。

(4) 印旛沼干拓の紆余曲折

　さて、利根川東遷事業の進展によって利根川の洪水は東へ迂回させられ、もともと標高の低い印旛沼周辺は次第に利根川の洪水の影響をより受けやすくなった。徳川政権が安定して関東の人口が増加するにつれ印旛沼周辺の治水工事と新田開発を行う機運が高まり、享保9年（1724）、天明3年（1783）、天保14年（1843）に印旛沼開発が着手されたが、資金不足、利根川の大洪水、幕府の政変などによりすべて失敗に終わった（鏑木 2001）。

　天保期の事業以降第二次大戦までの間にも、何回となく印旛沼の開発計画が起こったが、いずれも着工には至っていない。この間、昭和初期の1935、1938、1941年に立て続けに大洪水に見舞われ、洪水時の余剰水の排除を含

む印旛沼開発が周辺住民から強く望まれるようになった。

（5）第二次大戦後の印旛沼開発事業

先に述べた「緊急開拓事業実施要領」により、1946年に印旛沼開発事業が着工された。計画は数度にわたり変更されたものの、この事業の主眼は一貫して、印旛沼の洪水を東京湾へ放流する疏水路の建設とそれに伴って排水された土地の干拓による農地造成だった。第二次改定計画では、印旛沼の水量調整機能を用いた工業用水の供給が追加され、1969年に事業が完了した（水資源開発公団印旛沼建設所 1969）。

（6）印旛沼開発の歴史

印旛沼開発といえば狭義には第二次大戦後の国営事業を意味する場合もあるが、これは、徳川家康の江戸入府以来の利根川筋の東関東広域にわたる治水、湿地開発、新田開発の流れの中に位置していると捉えるべきであろう。その根底に一貫してあったのは、治水と同時に新田開発を行い、優良農地を確保して食糧増産する必要性だったといえる。

3. 今後の湿地開発の方向性

20世紀後半になって、わが国は水稲生産調整の時代へ入り、これまで有史以来の一貫した課題だった食糧増産という目的が大きな転換期を迎えた。この転換は湿地の開発にも大きなインパクトを与えた。優良農地の開発の必要性は低下し、干拓に代表される大規模な湿地開発を行う必要性も低下した。また、国内での干拓適地も少なくなった。同時に、生物多様性や自然景観の保護が尊重されるようになり、とくに複雑な生態系を育む湿地は、そのままの状態で保全する方向が指向されるようになった。

しかし、農村の少子高齢化による後継者不足、耕作放棄地の増加等の現代農業が抱える問題と、食糧自給率上昇の必要性を鑑みると、低平地の開発による優良農地の確保が将来の選択肢として再び浮上する可能性はある。また、アジア開発途上国では、湿地の開発により農業生産の安定を望んでいる地域は多い。オランダと並ぶ干拓の先進国となったわが国の技術の未来への継承という意味も重要であろう。

今後の湿地開発は、食糧問題と環境問題という2つの大きな問題のバランスを十分に見定めつつ、検討される必要があるだろう。

引用文献

鏑木行廣 2001. 天保改革と印旛沼普請. 同成社, 東京. pp.179-225.
籠瀬良明 1972. 低湿地. 古今書院, 東京. pp.73-85.
栗原東洋 1972. 印旛沼開発史第一部 印旛沼開発事業の展開(上巻). 印旛沼開発史刊行会, 佐倉市.
栗原東洋 1973. 印旛沼開発史第一部 印旛沼開発事業の展開(下巻). 印旛沼開発史刊行会, 佐倉市.
栗原東洋 1976. 印旛沼開発史第二部 印旛沼水系誌 その自然と歴史. 印旛沼開発史刊行会, 佐倉市.
水資源開発公団印旛沼建設所 1969. 印旛沼開発工事誌. 水資源開発公団印旛沼建設所, 佐倉市. pp.2-12.
吉武美孝・松本伸介・篠 和夫 1995. 戦後干拓事業の変遷について. 農業土木学会論文集 177: 87-97.

3. アジア地域における洪水環境と洪水を活用した作物栽培

1. モンスーンアジア地域の洪水状況

アジアの面積は世界の陸地の24%にすぎないが、そこに世界人口68億人の中の約6割が暮らしている。モンスーンアジア地帯に限れば、面積にして世界の14%で世界人口の54%の生命を支えていることになる。これは、大気循環のもとで形成される多湿な環境と古くからコメを主要な穀物としてきたことに起因している。実際に、中国では7,000年前の稲作の痕跡が見つかっているが、このことからもアジアにおいて持続している水田稲作は、地域の気候、風土に適合し、多くの地域資源を有効利用した持続的で環境に優しい経済活動であったことがわかる。すなわち、アジアの稲作は、生産性の高い水田と水田灌漑に支えられ、持続的な経済活動として成り立ってきた。一方で、降水量が過剰となって、洪水も毎年のように引き起こされている。

（1）モンスーンアジア域の定義

モンスーンアジアは、従来の欧米型の水文区分とは別に、上流山地から中・下流域が連なる流域としてマクロな水文・水資源上の特徴で大きく区分され、気候的要因と地文的要因という自然要因に加えて、さまざまな人間活動により変化するものとして特徴付けられる。そこでは、モンスーンアジア地域は、年間降水量が1,000mm以上の「多雨温暖地帯」と定義され、概ね

3. アジア地域における洪水環境と洪水を活用した作物栽培

日本、朝鮮半島、中国（北西部内陸地域と黄河流域およびその周辺を除く）、東南アジア全域（インドシナ半島および島嶼国）、ネパール、ブータン、バングラデシュ、スリランカおよびインドのデカン高原以東と西南海岸地域と考えられる（増本 2004）。

世界の年平均降水量は約 1,000mm であるが、モンスーンアジア地域は年降水量が非常に多い地域といえる。これは、南にインド洋、北に広大なチベット・ヒマラヤ山塊と中国大陸、東に太平洋を要し、偏西風と相まった南西モンスーンや低気圧の影響によるものである。また、モンスーンアジア地域の可能蒸発散量は、600～1,500mm と緯度が低くなるに従って増大し、1,500mm を超える赤道付近の地域も存在する。

世界の年間取水量は 3,760km^3 であり、このうち、農業用水は 7 割を占める。また、世界の水使用量の 60％近くはアジアが占めているといわれる。一方、世界の灌漑耕地（水田と畑地）は全耕地面積の 18％であるが、その約 66％（全耕地面積の 12％）はアジア地域に存在している。気候・水文環境の違いにより、世界全体での農業は多様な地域性を有しているが、モンスーンアジアに限れば、当地域は、ほぼ全域にわたり水田による稲作地域が広がる点で均一な地域であるといえる（図 67）。

（2）モンスーンアジアの代表的な河川

上記のモンスーンアジアに存在する代表的な河川の中では、水利用に関する開発程度の違いの観点から、開発がまったく進んでいない国際河川のメコン河、開発がかなり進んだ利根川、その中間に位置付けられるチャオピヤ川を、それぞれの特徴を表す流域として挙げることができる。ただし、以下では大流域のメコン河（日本全土の約 2 倍の流域面積）と開発の進んだ利根川（同 18,600km^2）を例示のための河川として取り上げる。

図 67　世界の水田分布　農水省（2002）。

222　第6章　湿地における洪水被害と作物栽培技術の活用

図68　メコン河流域の位置図　斜線部はメコン河下流域を示す。

　メコン河流域は、79.5万 km^2 の流域面積をもち、河道全長が 4,800km で 6 カ国に跨っている大流域である。流出のパターンとしては、5〜6 月に流出量が増大し、上流部は 8〜9 月、下流部は 9〜10 月に流量のピークが発生し、4 月に最低水位を記録する。メコン河の流量はほとんど未調整であり、河状係数（流量の最小と最大の比率）は 40〜50 と大きく、雨季と乾季の水位差でみると、カンボジアの首都プノンペン（図 68 の地点参照）で 7m にもなる。1992 年の土地利用を大きく水田、畑、非農地（主として森林、水域）として分類すると、農地面積は 35 万 km^2、そのうち灌漑農地面積は 3 万 km^2、灌漑率はわずかに 8.6％である。さらに、流域内の水田は下流域であるラオスのメコン河周辺、東北タイ、カンボジア、ベトナムのメコンデルタに集中しており、その面積は約 23 万 km^2 であり、農地の 7 割弱を占める。

(3) モンスーンアジアの水利用の特徴

　コメの生産量からみると、9 割近くが世界の上位 10 カ国で生産されており、このうち 9 カ国がアジア地域の国で占められている。これらの 10 カ国の年降水量は 1,500mm 以上となっている。モンスーンアジアにおける水田稲作は、灌漑形態や技術面においてさまざまな相違点がみられるが、世界の乾燥・半乾燥地域における灌漑との比較対照で考えると、以下のようなモンスーンアジアの水田灌漑に共通する特徴をあげることができる。まず、モン

スーンアジアでは、雨季と乾季があるように水資源の供給量の季節的な変動や短期的な変動が大きい。このため、水資源の豊富な時期に水稲の作付けや栽培を行うことが基本となる。さらに、この時期に水の一部は、地下浸透や排水路への流出を経て下流の地下水や河川水に環流している。

(4) メコン河における過去の洪水

メコン河における洪水は毎年くり返し発生し、農業、農村基盤や人間活動にさまざまな規模で被害を引き起こすが、時には食料や人命にも多大な被害を及ぼすこともある。とくに、8月から11月にかけたモンスーン期に台風、熱帯暴風雨、低気圧による洪水が発生する。メコン河流域を例にとれば、1996年や2000年の洪水は多くの地域で甚大な規模となった。過去の50年間の水位情報からは、1961、1966、1971、1978、1981、1984、1988、1989、1991、1996、2000、2008年に大きな洪水が発生しているが(たとえば、Masumoto 2001)、メコン河下流部の洪水としては2000年の洪水が過去最大のものであった。前述のように、河川水位は雨季と乾季の間で大きく変動し、ビエンチャンで11m、プノンペンで7m、ベトナムデルタ域で2mの差が生じる。2000年の水位変動は、さらに大きく、カンボジア域全体とベトナムデルタ域で氾濫域が38,900km^{2}まで拡大した。この2000年の大洪水の挙動や原因は科学的に検討されている(Masumoto 2001)。

大洪水の規模は、カンボジアで20～60年に1回、ベトナムで30年に1回の規模であったが、カンボジアでの死者は347名、39万人(8.5万世帯)が家を奪われ、345万人に影響があった。さらに、6,200km^{2}の農地が湛水し、そのうち3,700km^{2}の農地が完全に崩壊した。道路被害も含めて1億4,500万ドルの被害額に達した。同時に、ベトナムでは、362人の死亡、数十万人が家を失い、デルタ周辺に居住する5百万人が影響を受けた。

2. アジアにおける洪水処理の歴史

(1) 利根川における洪水処理の歴史

i) 線としての洪水管理

日本の近世における水管理技術の変化は、利根川における具体例をみるとその流れが明らかになる(増本 1998)。すなわち、利根川筋の治水、利水、土地利用の技術は、江戸時代の享保期を境とし、その前期を関東流あるいは

伊奈流といわれる土木技術、後期を紀州流あるいは伊沢流といわれる土木技術とに2分されて実施された。その技術については、計画を含めてかなりの相違がある。関東流の技術は、現在の水処理の方向からみると、初期における原始的色彩の強かった地域での技術の構築であり、河川を蛇行させるとともに一貫して小規模な築堤を奨励し、大洪水時には地区内に氾濫させ肥沃な土砂の流入を図り、常習的な水害を排除することをめざしたものであった。この関東流の治水・利水の特徴はその自然を巧みに利用し、洪水を馴化させたところにあった。一方、紀州流の技術はそれを受けて、治水と利水を究極的に分離させて河川開発を行い、往古の遊水池は耕地化し、霞堤は連続堤へと変化発展させる適応技術であった。

さらに、明治時代以降は、低水工事から洪水防御を中心とした高水工事へと、河川政策のいっそうの転換が図られ、基本的に連続堤防方式による洪水防止工事が実施され、「集めて迅速に流す」方式による洪水制御が行われてきた。また、大正末期からは高水工事として、貯水池を設け洪水を制御しようという考えが導入された。最近では、従来からの河道内処理に限界があることから、流域対策に大きく依存する総合的対策が登場してきた。

ii) 水田地帯にみる技術進歩の方向

水田地帯における水利施設（灌漑施設、排水施設）の整備は、水田の汎用化ならびに湿田の解消のために行われた。かつては用水路と排水路を兼用した水路システムをとっていたが、明治以降の西洋技術の導入により、用排水の分離が盛んに行われてきた。とくに、排水施設にみられる整備では、圃場整備等の面的な整備に加えて、排水路を整備し、10年確率を基準とする降雨規模以内では水田の湛水被害を生じさせない方策がとられてきた。さらに、低平地においては機械排水が導入され、排水路の整備で水を最下流に集め増強された排水機場で排水を集中的に行うこと（いわゆる集中排水方式）が主流となった。これにより、乾田化が進み、作業効率の向上と畑地等への転換も可能となった。さらに、混住化が進んでくると、地域住民を含んだ地域防災の面から、排水施設規模は20～30年確率へと能力の増強がなされる地域も出現してきた。

iii）水田のもつ洪水防止機能

かつて、農地は単に生産の場としての機能を果たしてきたが、最近ではその見方も大きく変わってきた。すなわち、水田を中心とした農地がもつ洪水防止機能等が定量的かつ経済的に評価されてきた。水田のもつ雨水保留量は、①土地利用の違いによる流出量や流出波形の違いとしての貯留量の変化と、②計画洪水時における水田地帯がもつ遊水地機能としての洪水貯留量に分けられる。前者は、流出場の違い、たとえば水田域が都市域に変化することにより貯留量が減少し、結果として流出ピークの増大と流出波形の先鋭化が起こる現象として理解される。すなわち、それらは雨水保留量の違いと流出ハイドログラフの波形変化として説明できる。後者の②については、広域の水田地帯が、流域レベルでみた場合洪水を貯留するバッファーとしての遊水地機能（ここではポテンシャル）をもっているというものである。

（2）世界の洪水処理との比較

上述の水管理の方向性は、日本だけでなく、諸外国、とくに米国とヨーロッパ諸国において、同様に見出すことができる。しかし、河川改修やダムの建設を主体とした洪水対策に多額の投資をし、技術開発も行ってきたにもかかわらず、超過洪水の発生に対しては、かえって甚大な被害を被った。これらの例は、米国のミシシッピ川（1993 年 4～7 月の洪水）やヨーロッパのライン川（1993～1994、1995 年の大洪水）の大氾濫にみることができ、最近では河川の自然化と遊水地の建設へと氾濫原管理の目標が変化してきた。

3. 作物生産のための利水と洪水

（1）作物生産の概要

他の作物と異なり、イネは非常に多様な水環境で栽培され、陸作生態系は灌漑水田、天水田、深水田、陸稲に分類されている（鴨下 2009）。とくに、メコン河の中下流域代表されるモンスーンアジアは年間を通して稲作が可能な気温を有しているため、作期は気温の影響をほとんど受けず、必要な水量が確保できた水田から作付けが開始される。とくに用水の大半を降水に依存する雨季作においては、天水田、灌漑水田とも植付け期から生育前期に当たる雨季前半の降水の状況に応じて、作付状況が変動する。

イネの花成は、基本栄養成長性、日長感応性、温度感応性の 3 要因と環

境条件によって決定される。メコン河流域の水稲品種は、日長に関して非感応性と感応性の 2 種類に大別できる。また、日長感応性は短日感応性と限界日長の 2 要因からなっている（ルーミスら 1995、星川 2001）。日長非感応性イネは、日本で作付けされている水稲と同様、植え付けから刈り取りまでの日数が決まっている品種であり、生産性が高いという特徴がある。一方、日長感応性イネは、生産性は日長非感応性イネに及ばないものの、日長時間の変化に感応して決まった時期に出穂・開花するという特徴がある（渡辺ら 1996、Fukai 1999）。そのため、雨季の遅れによる収量への影響や、洪水による冠水被害を回避できる利点がある。たとえば、これら異なる日長反応性のイネに対して個別の作付けパターンは図 69 のようになる。同一地域であっても、作付けが完了するまでにはある程度の期間を要するため、日長感応性イネ、日長非感応性イネともに作付け遅れ日数を設定している。同じく、日長非感応性イネについては、植え付けから刈り取りまでの生育日数が決まっているため、作付け遅れ日数分と同じ日数だけ刈り取り遅れが生じる。一方、日長感応性イネは、出穂・開花時期が日長時間によって決まるため、刈り取り遅れ日数は日長非感応性イネよりも短く設定される。さらに、メコン河流域では温度感応性はまったく関与しないと仮定している。

（2）農業水利用の多様性

メコン河流域の主体をなす天水田には、現地調査等により、表 34 に分類したように、補助水源がなく降水のみに依存する「完全降水依存型水田」と

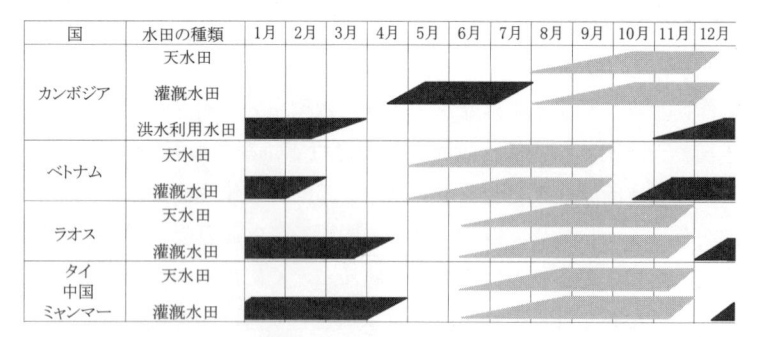

図 69　国別・水田タイプ別の作付けパターン　黒は日長非感応性イネ、グレーは日長感応性イネを示している。谷口ら（2009a）。

3. アジア地域における洪水環境と洪水を活用した作物栽培

表 34　農地水利用の分類

水田水利用の分類			特徴
天水田	完全降水依存型水田		降水のみに依存
	補助水源利用型水田		降水に加えて、微地形を有効利用した小ため池などの補助的な用水の利用
	洪水利用水田		氾濫水の利用
灌漑水田	地表水灌漑	堰	地表水を灌漑用水として利用
		ポンプ	
		貯水池	
		コルマタージュ	
		潮汐ゲート	
	地下水灌漑		小型ポンプの利用

谷口ら(2009b)。

同一水田域内の小ため池やくぼ地、微地形に貯まった水を補助的に利用する「補助水源利用型水田」の 2 種類が存在することも見出した（谷口ら 2009b）。また、洪水利用水田の作付けは、洪水後の氾濫水深が低下した地域から進行するため、作付開始時期は洪水の状況に応じて毎年変動する。こういった状況の再現には、氾濫水深の消長を知る必要があるが、その情報はたとえば、既存の氾濫モデル（Pham ら 2008）から氾濫水深を推定し、その値が作付け可能な水深以下に低下した日を作付開始日とすることができる。天水利用の中の洪水利用の形態は東北タイやカンボジアにみられる。一方、灌漑農地の水利用方式については、灌漑施設から、河川（重力、ポンプ）、貯水池、コルマタージュ、塩水遡上コントロール、地下水利用に大きく分類し（表 34）、0.1°のメッシュ内で最も施設数の多い灌漑方式を代表として GIS マップ化されている（口絵 21）。図から、ラオスでは重力灌漑、およびポンプ灌漑、東北タイでは貯水池灌漑システムおよびポンプ灌漑、カンボジアでは、重力灌漑やコルマタージュシステム（フランスが導入した技術で、河川堤防を掘削して洪水を氾濫域に導く構造や粗の周辺の施設のこと）、ベトナムではメコンデルタでほぼ重力灌漑、沿岸域で塩水遡上管理が行われていることがわかる。ただし、前述の通り流域の灌漑農地面積率は約 9％と小さく、農業水利用を考えるうえでは、口絵 21 のように分類された灌漑農地の水利用分類と同時に天水田の水利用を考慮することが重要である。

農業用水利用量の算定には、上記の多様な水利用を考慮した分布型水循環モデルが開発されており（Masumoto ら 2009、谷口ら 2009c）、水田作付け状況、作物の必要水量、利用可能水量、取水量、土壌水分量等が対象とする流域の任意の地点や時点で算定できるようになっている。

(3) 洪水と農業の関係

i) 貯留量と流下量の関係の定式化

低平水田地帯が流域での洪水防止に役立つ例は、京都南部巨椋流域、迫川水系夏川流域、メコン河流域の例にみることができる（増本 1998）。いずれも水田が、洪水を貯留するバッファーとしての洪水貯留と灌漑水の補給の両機能を果たしている典型例である。上記のような機能を流域レベルで評価しようという試みがなされてきた（Masumoto ら 2006）。そこでは、流域レベルの洪水防止機能をマクロ的に評価する方法が考案され、都市河川の流下量と都市近郊水田の洪水防止能力の関係は排水能力と貯留能力の関係と言い換えて、図 70 の適用例（利根川支川鬼怒川流域）が示されている。

ii) 利水と洪水

水資源管理を考えた場合、利水と洪水は深く関わっているといえる。新潟県や房総半島の中山間地に存在する田越し灌漑地区では、上流水田に蓄えられた雨水の余剰分が下流の水田の灌漑水として使われている。このような地域は、水田が水路の役割を担っており、洪水時には流出が抑制されて出てくることになる。さらに、利根川水系のような大流域では、農業用水として取水された灌漑水のいくらかは再度河川に戻され、循環利用される。たとえば鬼怒川流域と小貝川流域は、水循環からみると不可分の関係にあるといえる。すなわち、小貝川水系の平均年流出高のうち 4 割程度が鬼怒川からの流入水を水源としており、その流入水の 8 割程度を農

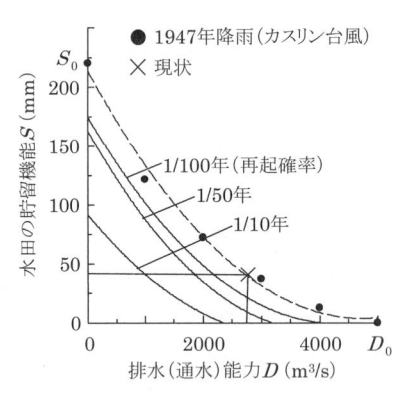

図 70 水田地帯の通水能力と貯留能力の関係（鬼怒川流域）
Masumoto ら（2006）。

3. アジア地域における洪水環境と洪水を活用した作物栽培　229

業用水から、また残りの 2 割を地下水の伏流水から得ているとの推定結果が得られている。ただし、利根川水系内の主要な取水地点は多数におよぶうえに、それらの還元量の分量が完全には把握されてはいない。このように、農業用水の還元量を規定する還元系統や排水系統は複雑である。この空間的・時間的に複雑な水循環系統を考慮して、河川管理を行う必要がある。

水田における水資源の確保と洪水処理がうまく機能した事例をメコン河流域にみることができる。メコン河流域は、前述したように、河川流量はほとんど未調整で雨季と乾季の水位差が大変大きいが、この水文特性を利用して、洪水期の氾濫水を乾季の灌漑水として利用する方式に 2 つのものがある。

一つは、カンボジアのトンレサップ湖による洪水貯留とプノンペン近くの洪水防御堤防による洪水貯留である（図 71 参照）。まず、メコン河において、7 月以降、トンレサップ湖の水位よりメコン河の水位が高くなり、逆流が生じ（図 72）、洪水貯留が行われる。湖では、年間で 7〜8m 程度の水位変動がある。トンレサップ湖の水収支は明らかにされていないが、推定で本川の全流量の 2 割程度が湖に入るとされている（後述のコルマタージュは同 1 割程度）。そのため、トンレサップ湖は平均で $8,155km^2$ の水面積をもち、最大時には $10,000km^2$ を越える（増本 1998）。そこでは、洪水と農業は密接な関係にある。すなわち、カンボジアの水田 200 万 ha のうち 60 万 ha、畑 50 万 ha のうち 25 万 ha が洪水による氾濫域に存在している。カンボジアの稲作には 3 種類あり、雨季栽培、乾季栽培、減水期栽培（recession cropping）である。減水期栽培は、雨季には氾濫により作物栽培ができないが、氾濫減水期に作付けし、乾季にイネを

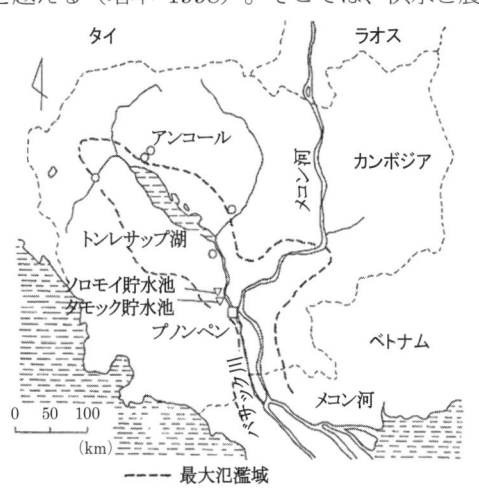

図 71　トンレサップ湖周辺の概要

第 6 章 湿地における洪水被害と作物栽培技術の活用

2002年雨期のPhnon Penh Portにおけるハイドログラフ

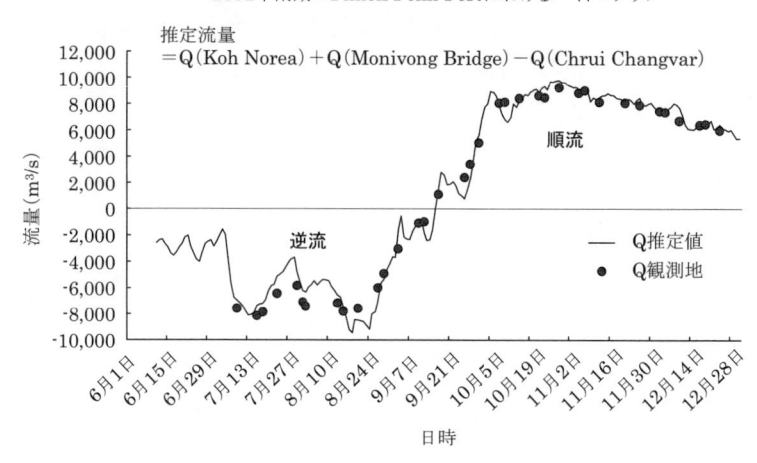

推定流量
＝Q(Koh Norea)＋Q(Monivong Bridge)－Q(Chrui Changvar)

図 72　世界的に珍しい湖への逆流　増本（2007）を参照。

栽培するものである。ここでは水田が洪水を貯める役目を果たすとともに堆積土壌が養分を多量に含んでいるため、通常の乾季作よりも収量が多い。さらに、プノンペンの北方には洪水氾濫から都市を守るために作られた 2 つの堤防がある。元来、後退水田として利用されていた土地に 2 本の洪水防御堤防を築造した。その建設により、堤防の上流部に広大な貯水池（ソモロイ貯水池、タモック貯水池）ができあがった。この洪水用貯水池は雨季には 2m の最大水深、1.5m の平均水深をもつ。下流側のタモック貯水池の堤防には 4 カ所の取水ゲートが設けられ、乾季には貯留水で下流の灌漑が行われる。その結果、下流では 2 期作（4〜10 月、11〜3 月）が可能となり、貯水池では減水期栽培による一期作が行われる。水田が都市部への洪水緩和と灌漑水の供給という役割をもっている。さらに、堤防上には道路が整備され、洪水防御のための堤防は、主要農村道あるいは都市環状道としても機能している。

　もう一つは、コルマタージュによる流水客土の利用である。コルマタージュとは、フランスの技術を基本として自然堤防の一部を掘削し、洪水期にメコン河とバサック川の水位上昇に応じて、河川流水を背後湿地へ導入する施設である。たとえば、代表的な施設規模は幅 600m、深さ 3〜5m、延長

3. アジア地域における洪水環境と洪水を活用した作物栽培　231

2kmの水路をもつ。洪水期にコルマタージュにより背後湿地に蓄えられた洪水は、両河川水位が低下した後も一部貯留され、乾季においては、コルマタージュ水路内に貯留された水をポンプで揚水したり、背後湿地に残った水を利用している（図73参照）。このように、沼地を含む背後湿地は水文環境を形成する重要な要素である。洪水期に河川から溢れた水は、いったん背後湿地に蓄えられ河川水位の低下とともにゆっくりと排水されるため、流域管理としては農地が遊水地としての洪水調節の機能をもっているといえる。

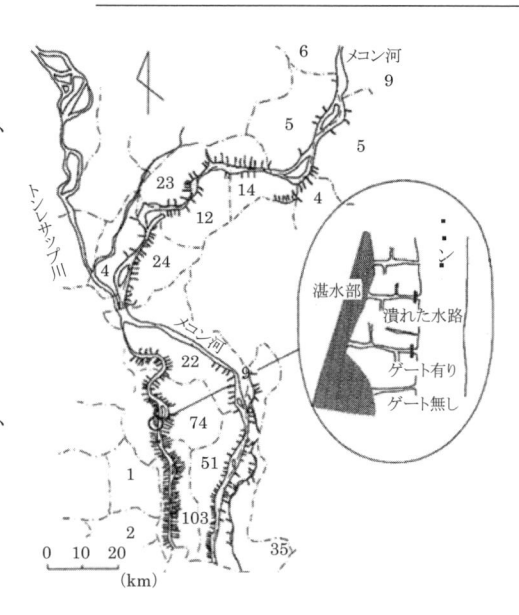

図73　メコン河におけるコルマタージュの位置

メコン河の洪水対策に関しては、一般論では地域を洪水氾濫から守るという点での技術は随分遅れているようにみえるが、逆の立場からみると、自然の水文条件をうまく使った合理的な水資源の確保が行われているといえる。

4. 洪水環境を積極的に取り入れた洪水適応型農業生産の可能性
（1）水田のもつ洪水防止機能の定量化（メコン河の例）
i）氾濫域の土地利用とモデル化

　トンレサップ湖や周辺域の農業土地利用は大半の水田と若干の畑地に分けられる。図74は、USGSの1kmメッシュデータを基にカンボジア国内を水田、畑地、森林に大きく分類したものである。水田は、乾季・雨季栽培、作付け体系などによりさらに細分類できる。

　メコン河流域に代表されるように水文気象観測データの極端に少ない地域では、各種データの復元が望まれる。ここでは、トンレサップ湖周辺の低平

地には、実用性を重視し、氾濫域を河川・湖沼の一部として解析する1次元モデル（図75a）、あるいは、水位の平面分布を正確に得て、信頼度と頻度の高いデータの復元・活用を行うために、氾濫湛水と灌漑が表裏一体となった水循環過程を有する地域の解析に、2次元有限要素法による氾濫湛水シミュレーション法

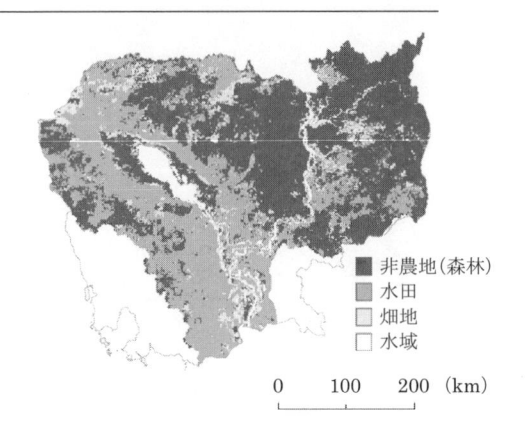

図74　カンボジアにおける農地土地利用の分類 Masumotoら（2008）。

（図75b）などが利用される（Phamら 2008）。トンレサップ湖周辺の湛水域の移動境界条件の設定、道路・堤防等人工構造物の効果の導入等により、洪水年（たとえば2000年）や渇水年（2003年）の洪水の連続再現が可能で、モデルは水田の洪水防止機能の評価にも有用である。

ii) 水田の氾濫量の推定

洪水時に周辺水田が受け持つ機能を評価するために、水田上の洪水貯留量

(a) 1次元モデルによる推定　　(b) 2次元FEMモデルによる推定

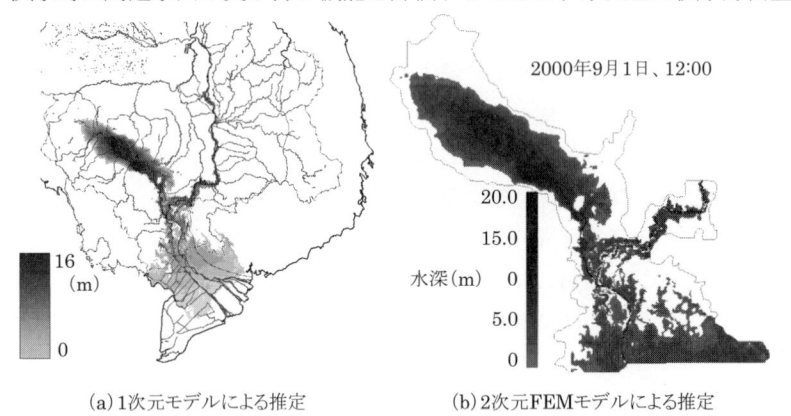

図75　最大氾濫域・水深の推定（2000年）　Masumotoら（2008）、Phamら（2008）。

表35　1999年（小規模）、2001年（中規模）および2000年（大規模）の氾濫水深と水田貯留量の推定結果

		洪水規模	湛水した水田面積(1,000ha)	水田に湛水した推量 $10^8 m^3$	全氾濫量に占める割合(%)
(a)	トンレサップ湖周辺	小規模洪水	292	56.0	11.2
		中規模洪水	450	97.6	15.1
		大規模洪水	502	114.7	16.5
(b)	コルマタージュ	小規模洪水	314	57.1	38.5
		中規模洪水	409	91.0	42.0
		大規模洪水	450	99.9	42.4
(c)	合計 [(a)+(b)]	小規模洪水	606	113.1	17.5
		中規模洪水	859	188.6	21.8
		大規模洪水	952	214.6	23.0

Masumotoら(2008)。

が算定されている（Masumoto ら 2008）。そこでは、トンレサップ湖周辺とコルマタージュ域に分けて、1999（小規模洪水）、2001（中）、2000（大）の最大氾濫水深（上記氾濫モデルによる 100m メッシュごとの計算推定値、図 75 は 2000 年の例）と土地利用メッシュを重ね合わせて、氾濫した水田面積と水田上の氾濫量が算定される（表 35）。同表の（a）と（b）の合計値では、水田が受け持った氾濫量の割合は洪水規模によらず 20％程度にもなっている。

iii）小規模貯留施設の効果

上記の効果をトンレサップ湖北部湖畔の堤防（85 カ所）がもつ役割と比較した。水貯留のための堤防は、2m の堤防高を設定しても全氾濫量の 0.21～0.29％の貯留効果しかなく、さらにトンレサップ湖周りすべてに同様な堤防を仮定しても 1.2～1.67％程度にしかならない（Masumoto ら 2008）。

(2) 広域水田に遊水地としての機能をもたせる方式（メコン河の例）

洪水と農業は密接な関係にある。すなわち、前述の氾濫水を利用した減水期栽培（洪水を利用した作付体系）では、雨季には氾濫により作物栽培ができないが、氾濫減水期に作付けし、乾季に稲を栽培する。ここでは水田が洪水を貯める役目を果たし、さらに下流のベトナムでの乾季稲作の灌漑水として利用される。また、洪水期にコルマタージュにより背後湿地に蓄えられた

洪水は、両河川水位が低下した後も一部貯留され、乾季に、コルマタージュ水路内に貯留された水をポンプで揚水するか、背後湿地に残った水を利用している。洪水期に河川から溢れた水は、いったん背後湿地に蓄えられ河川水位の低下とともにゆっくりと排水されるため、流域管理としては農地が遊水池としての洪水調節の機能をもっており、水田が環境流量の維持に大きく役立っているといえる（増本 2008）。

(3) 作物生産場の超過洪水時における流域管理としての利用法（利根川の例）

低平地において機械排水を行う水田流域では、排水先の河川計画が 100 年確率規模の洪水を対象としているのに対して、最大排水量を通常 10 年確率の規模（最近は 20〜30 年の例もみられる）に想定している。そこでは、10 年規模の排水能力を越える流入量は、流域外に排水することができないため、排水路や水田で強制的に貯められることになる。すなわち、農業用排水路や水田を含む農地は排水河川に対して洪水貯留機能を有し、結果として河川下流の洪水危険度の減少に役立っているといえる。また、さらに、河川での超過洪水は、河道の通水能力を越える流出量については、堤防上の越水や堤防自身の破堤により、流域の低地部に貯留される。そこでの土地利用としては、河道沿線に沿って水田が広がっていることが多い。実際に、小貝川のように古来より水害の多い地帯では、1986 年の氾濫時には、水田に氾濫水が貯留されたため、水田部における最大の浸水深が 3〜5m になったにもかかわらず、中心市街地は浸水を免れた例もある。これをさらに発展させて、上記機能を強化・利活用する方策も考えられる。一方、上記のような機能をもつ水田は、超過洪水以外の時には、主要な作物生産の場として利用できる。

5. おわりに

モンスーンアジア地域における洪水状況について作物生産と関係付けながら解説した。水文・水循環の観点からは、モンスーンアジアでは数千年の持続性をもつ最適な作物は稲作であることは明らかである。また、将来の地球温暖化に伴って渇水や洪水といった両極端現象が激化すると予想され、農業への影響もある中では、適応策として当地域の農業水利用や作物生産がもっている多様性を維持する必要がある。そのためにも、現存する品種の多様性

を保ち，洪水の起こりやすい地域性を利用した日々の生産の確保と洪水環境を積極的に取り入れた作物生産の方式を実現するために，超過洪水時における洪水防御防止の機能を積極的に利用した低平水田地帯の利用法など，洪水適応型農業生産の可能性を論じた。このことが画一的な洪水対策に頼らない地域のもつ多様性を利用した持続的な方策に繋がるものと考えられる。

引用文献

Fukai, S. 1999. Phenology in rainfed lowland rice. Field Crop. Res. 64:51-60.
星川清親 2001. 新編食用作物. 養賢堂, 東京. pp.108-110.
鴨下顕彦 2009. 熱帯の稲作. 農文協 編. 最新農業技術 作物 Vol.1. 農文協, 東京. pp.107-120.
増本隆夫 1998. 水田の貯留機能評価と水資源の流域管理にみるパラダイム・シフト. 水文・水資源学会誌 11: 711-722.
増本隆夫 2004. モンスーンアジア水田灌漑の多面的機能. 農業土木学会誌 72: 11-16.
増本隆夫 2007. トンレサップ湖での現地観測と国際研究. 竹内邦良・福嶌義宏 編著.メコンと黄河―研究者の熱い思い―. 学報社, 東京. pp.45-70.
増本隆夫 2008. メコン流域の水文環境と水田の役割. 農業農村工学会誌 76: 15-19.
Masumoto, T. 2001. Preliminary Analysis of the 2000-Flood in the Lower Mekong River Basin. 実践水文システム研究会 2000 年度報告書 第 4 号: 103-122.
Masumoto, T., Yoshida, T. and Kubota, T. 2006. An index for evaluating the flood-prevention function of paddies. Paddy Water Environ. 4: 2005-210.
Masumoto, T., Pham, T.H. and Shimizu, K. 2008. Impact of paddy irrigation levels on floods and water use in the Mekong River basin. Hydrol. Process. 22: 1321-1328.
Masumoto, T., Taniguchi, T., Horikawa, N. and Yoshida, T. 2009. Development of a distributed water circulation model for assessing human interaction in agricultural water use. M. Taniguchi, W.C. Burnett, Y. Fukushima, M. Haigh & Y. Umezawa (Eds.), "From Headwaters to the Ocean: Hydrological Changes and Watershed Management". Taylor and Francis. pp.195-201.
Pham, T.H., Masumoto, T. and Shimizu, K. 2008. Development of a tow-dimensional finite element model for inundation processes in the Tonle Sap and its environs. Hydrol. Process. 22: 1329-1336.
谷口智之・増本隆夫・清水克之・堀川直紀・吉田武郎 2009a. 多様な水田水利用を考慮した分布型水循環モデルの開発(Ⅰ)―作付時期・作付面積推定モデル―. 水文・水資源学会誌 22: 101-113.
谷口智之・増本隆夫・堀川直紀・清水克之・吉田武郎 2009b. 多様な水田水利用を考慮した分布型水循環モデルの開発(Ⅱ)―水利用分類と水管理に基づく必要水量の推定―. 水文・水資源学会誌 22(2): 114-125.
谷口智之・増本隆夫・吉田武郎・堀川直紀・清水克之 2009c. 多様な水田水利用を考慮した分布型水循環モデルの開発(Ⅲ)―モデルの構成と農地水循環量の推定―.水文・水資源学会誌 22: 126-140.
ルーミス, R.S.・コナー, D.J.(堀江 武・高見晋一 監訳) 1995. 食物生産の生態学. Ⅰ農業システムと作物. 農林統計協会, 東京. pp.151-157.
渡辺弘之・桜谷哲夫・宮崎 昭・中原紘行・北村貞太郎 1996. 熱帯農学. 朝倉書店, 東京. pp.58-70.

4. アフリカ地域における洪水を利用した低湿地氾濫原稲作

　近年、地球環境変動・温暖化等の影響を受け、世界的には洪水が頻繁に発生する傾向にある。洪水は人間の生活ばかりでなく、農業生産にも影響を与えている。その影響は一般的には負のイメージを連想する。アフリカの河川氾濫地帯は、比較的に土壌が肥沃であり、雨期の自然氾濫水によって耕地が湛水されることから、稲作など農業生産のポテンシャルは高いと考えられる。本節では、西アフリカのニジェール河流域内陸デルタで古くから農家によって実践されてきた、自然に調和した氾濫原稲作生産体系の特徴について述べる。

1. アフリカの氾濫原農業の自然環境

　西アフリカのサハラ砂漠に接するマリ共和国（以降、マリ）は、年間降雨量が約 100～1200mm の乾燥から湿潤地帯に位置している。年間を通して水の絶えぬ全長 4,200km のニジェール河は、ギニアにある標高 850m のタンビ渓谷を出発点として北上し、マリの Bamako を通り Mopti を経て Timbuktu 付近を境に南下する。Timbuktu からサハラ砂漠を南下したニジェール河は、ニジェールの Niamey を通りナイジェリアを経てギニア湾に注がれている。このようにニジェール河はサバンナ・湿潤地域から乾燥・半乾燥地域までの多様な植生を横断し、雨期から乾期にかけて、その支流域では氾濫原による広大な湿地が形成される。

　Mopti から Timbuktu 周辺では、雨期から乾期にかけて発生するニジェール河流域の氾濫によって季節的大氾濫原が出現する。この大氾濫原を内陸デルタと呼んでいる。このような氾濫原は、ボルタ川やザンベジ川などアフリカ主要河川流域においても形成されている。ニジェール河内陸デルタの雨期の最大氾濫域面積は約 12,000ha に広がる。Mopti の降雨量は、5～10 月まで観測されているが、最近 20 年間の平均は 280～589mm/年ときわめて少なく、天水に依存した稲作の実践は容易でない。そのため、河川流域では水の管理が可能な灌漑水田が開発される一方、灌漑施設によらない自然湛水を利用した氾濫水田が広がっている。本稿で言う氾濫原稲作とは後者の非灌

4. アフリカ地域における洪水を利用した低湿地氾濫原稲作

漑水田における在来農法のことである。Mopti 付近のニジェール河水位は、5〜11 月頃にかけて増加しその後に減少する。また、降雨のピークが 7〜8 月なのに対して、内陸デルタの氾濫のピークが 10〜11 月であることが特徴的である。これは、内陸デルタ氾濫域の水量・水域が、ニジェール河上流地域にもたらされる降雨量と密接に関連しているためである。たとえば、2002 年においては上流域での降雨量は少なく、そのため同年の内陸デルタでの氾濫水域は狭くなり、一部の水田において乾燥の害を被った。このことは、内陸デルタにおける氾濫水利用型の農業生産が、上流域の降雨量に大きく依存していることを示唆している。一般に気温は年間を通じて高く、その平均気温は約 32℃である。最も気温の高い時期は雨期の始まる前の 4〜5 月で、40℃前後まで上昇する。湿度は雨期を除き一年を通して 50％以下である。

2. 内陸デルタのコメ生産

マリの内陸デルタでは約 3500 年前から稲作が営まれてきたといわれている。その栽培の歴史はアフリカ諸国の中で最も古い。地域のイネの栽培種の多様性は、マリの内陸デルタがアフリカの稲作の発祥地であること、栽培化の始まりの地であることを意味している（森島 1984）。内陸デルタでは、現在約 11,000ha の非灌漑水田でアフリカ固有種であるアフリカイネ、*Oryza glaberrima* Steud.が栽培されている（口絵 22）。残りはアジアイネの *O. sativa* L.である。アフリカイネの種名は、"glabrous" 無毛、の意味から名づけられたとおり、籾の表面に生える毛の数がアジアイネに比べるときわめて少なく、短いことが特徴的である。内陸デルタにおけるアフリカイネ栽培の理由は、環境ストレスに対する耐性など環境適応性を示すなどの利点があるためと考えられている。

内陸デルタに広がる氾濫原稲作の耕地は広大で、一筆が数 ha から数十 ha にもおよび、水田を区分する畦畔や排水路はない。このような耕地を水田とするか、あるいは畑とするか、研究者間においてもとらえ方はさまざまである。本節では、対象地が一定期間湛水し、栽培されている品種も水稲であることから、これら生態系を水田（Rainfed Lowland）と位置付けている。水田の湛水の様子は以下のとおりである。ニジェール河支流域の水量の増加

に伴い水位が上昇し、その結果水田に氾濫水が流入し湛水されていく（口絵23）。一方、雨期から乾期にかけて、ニジェール河本流の水量の減少に伴って水田湛水域は縮小していくことが観察されている。内陸デルタでは、放牧による牧畜が伝統的に行われており、乾期の氾濫原一帯は家畜の格好の飼料・水分供給地となっている。水田に化学肥料は施用しない。その理由は、生産コストの削減、また乾期における家畜の糞尿が有機物として土壌の肥沃度を一定のレベルに維持することに貢献しているためと推察される。無施肥でも一定の収量を維持することができる。家畜から排泄された糞尿の分解中での有機成分と土壌中の無機成分が相互的に作用（インターカーレート）していると仮定すると、これらの相互作用によって、家畜の有機物がイネの生育に肥料養分として貢献することが考えられる（八田ら 2004）。収量は平均で 1.0〜1.5t/ha で、西アフリカにおける陸稲収量と同水準である。

　栽培方法はすべて乾田直播で行われている。6〜8 月の降雨の始まりとともに播種を開始する。収穫は品種にかかわらず退水時期の 12 月頃に行われている。その理由は、作付品種の多くが感光性を示し、ある予測した時期に収穫することが可能なためである。農家は、自然条件に応じた播種方法を選択している。健全な発芽を確保するために、播種時期に土壌が湿っている場合は、播種をしてから耕耘する。土壌が乾燥している場合は、耕耘してから降雨を待って播種をする。耕耘作業は家畜を利用しておこなっている。いずれの場合も、農家は播種・耕耘の後に表層の土壌を鍬などで攪拌して、種籾が土中に埋まるように工夫をしている。この方法は、鳥害防止に効果があり、さらに播種後の種籾の乾燥や湛水による流亡を防ぐ技術の一つでもある。作期は 1 年に一度である。播種を 2 年に一度の間隔で行なう場合がある。前年の収穫時に自然に脱粒して落下し、土壌中に留まった脱粒籾が、翌年の一定時期に休眠が解除され、降雨や氾濫水など水分を吸収することによって、自然に発芽するためである。アフリカイネの脱粒性および休眠性の特徴が、この生産体系を可能にしている。現場では、収穫量の約 10％以上の籾は刈り取り、運搬の際に脱粒していることが観察されている。

　播種後の氾濫水流入による水位上昇に伴ってイネは急速に成長し、さらに水量の増加に伴ってイネは地上部伸長および節間伸長をくり返す。節には側

根が形成されるが、このことは節根を通じて氾濫水に含まれる微量養分の吸収を容易にしているのかもしれない。また、伸長したイネは水面上に葉身をすばやく展開することで光合成による物質生産性の向上を可能にしていると考えられる。さらに急激な氾濫水の増加は、一年生雑草の種子発芽と繁殖を抑制していると考えられる。収穫方法は、穂刈でおこなう場合がほとんどである。水深がある場合は小船などを利用して収穫する場合もある。病虫害の発生はほとんど観察されていないが、その理由は不明である。

3. 内陸デルタで栽培されるアフリカイネの特徴

内陸デルタで栽培されているアフリカイネはアジアイネとともに稲属栽培種の一つで、遺伝子型は双方とも AgAg である。アフリカイネは一回結実性の一年生であるところが、一年生から多年生まで変異のあるアジアイネと生態的に異なっている（坂上ら 1999）。アフリカイネの起源は、前述の通り栽培品種の多様性から、マリの内陸デルタ地帯であろう。近年、アフリカイネは見かけ上の低収量のため、高収量のアジアイネに取って代わられ、その栽培面積は年々減少している。しかしながら、アフリカイネは、地域の環境ストレスに対してさまざまな抵抗性を有していることが知られている。たとえば、アフリカタマバエやライスイエローモットルウイルスなどに高い抵抗性がある（Tobita and Sakagami 2004）。また、長期間の冠水に対してきわめて高い地上部伸長や光合成能力など冠水抵抗性を示す（Sakagami ら 2009）。ニジェール河内陸デルタ地帯付近で農家が栽培しているイネを166 品種収集し、それらの種（Species）について形態学的な手法を用いて分類したところ、139 品種はアフリカイネであった。内陸デルタにおけるアフリカイネの特徴は、生育期間が 150〜210 日の晩生品種である。また、登熟期における籾の脱粒性は高いが、穂発芽性はきわめて弱い。穂長は 18〜28cm の品種間差異が認められ、穂当たりの籾数も 30〜230 と大きく変異していることが明らかになった（坂上、未発表）。大半の玄米色は薄赤であるが、一部に乳白色も認められる。芒はよく発達している場合が多い。

内陸デルタにおいては、イネの生育期間中の日中最高気温が 40℃前後になることが知られている。そこで、アジアイネとアフリカイネの高温による開花・稔実に与える影響を比較した。ポットで栽培したイネを人工気象室で、

穂ばらみ期から開花期にかけて、大気温 35℃、40℃および 45℃に設定し、それぞれ 1 週間処理した。その結果、35℃の処理では、品種間に有意な差は認められなかったが、40℃の場合はアフリカイネがアジアイネに比べて有意に不稔歩合が低下した。このことから、アフリカイネはアジアイネに比べて開花期の高温抵抗性は強いことが推察された（坂上、未発表）。このようなアフリカイネの高温抵抗性は、氾濫原における栽培化の過程で、野生種から受け継がれた不良環境で生育するための重要な遺伝的特性であると思われる。

以上から、アフリカイネは栽培種でありながら、一部で野生的な特性をよく示し、環境によく適応している。これは、イネの栽培の歴史において、アフリカイネがアジアイネに比べて人間による淘汰の頻度が少ないことが関係しており、アフリカ稲作にとって貴重な遺伝資源であることは言うまでもない。

4. 今後のアフリカ氾濫原稲作のありかた

21 世紀の大気における二酸化炭素の排出量増加に伴う地球温暖化は、世界的にみて深刻で、人の生活や農業生産の現場で大きな問題を引き起こす事が懸念されている。毎年くり返される干ばつと洪水は各地で大きな被害がもたらされている。一方、世界的な人口爆発による食料安全保障の問題を一刻も早く解決しなければ、世界の平和は実現しないであろう。このような情勢の中で、農業研究者は環境と調和しながら、農業生産性を向上させる、そのような性質の異なる使命を負っているといっても良い。そのためのとくにアフリカの農業研究においては、近代化による高投入技術の開発や導入のみに傾斜することなく、地域に適応した在来技術の評価と改良こそが重要である。

アフリカのマリにある内陸デルタの氾濫原では、乾期にイネが生育することで、周辺の地域と比べて異なった植生活動の季節変化を示すが、その変化は、氾濫水域の変化と合致しており、稲作の栽培面積の変化にも影響を与えている。氾濫原における伝統的稲作の特徴は、自然のサイクルを生かした低投入型栽培である。水田には畦畔がなく水田面は均平で広大である。雨期から乾期にかけて、氾濫水と作物残渣を目当てに、牛やヤギなどが放牧される。そこには、イネの生育にとって貴重な栄養源となる家畜の有機物（糞尿）が

投入され、土壌の肥沃度を一定に保つことに効果のある可能性が考えられる。また、土壌特性の一つである全窒素は他の西アフリカ地域の氾濫原より比較的高く、このことがイネの生育が維持されている要因の一つと考えられる（坂上ら 2008）。作付されているイネは、氾濫原の自然環境に適応したアフリカイネが大部分である。アフリカイネは、水位の上昇とともに草丈や節間を伸長する生育を示し、登熟期に冠水するようなことがあっても、穂はきわめて高い穂発芽抵抗性（休眠性）を示し、品質が大きく低下することはない。さらに、アフリカイネは退水後の倒伏からの起き上がり能力が高いこともわかってきている。これらの特性に収量を改善できるような形質、たとえばシンク能の向上などが付加されれば、より利用価値が高まるであろう。また、アフリカイネのもつ開花期高温抵抗性や冠水時の草丈伸長性をアジアイネに導入することも、品種改良の点から興味深い。

このように、ニジェール河デルタ地帯における氾濫水を利用した稲作は、アフリカ固有種のアフリカイネと生育に必要な最低限の土壌肥沃度を利用した、低投入の氾濫利用型農業であるといえる。一方で、アジアイネの普及によって、かつて用いられてきたアフリカイネの栽培面積が減少し、遺伝資源の消失につながっている。最近では種間雑種（New Rice for Africa：NERICA、ネリカ）が育成されるなど、アフリカイネの重要性はますます高まっており、収集と保存は、今後のアフリカ稲作研究においてきわめて価値があろう。

引用文献

八田珠郎・小口千明・根本清子・坂上潤一 2004. 地球表層環境条件における粘土圏の役割－熱帯半乾燥地域における有機-無機複合体形成の例－. 粘土科学 43: 116-119.

森島啓子 1984. イネの進化と生態. 化学と生物 22: 695-700.

坂上潤一・八田珠郎・上堂薗明・増永二之・梅本貴之・内田 諭 2008. ニジェール河内陸デルタ地帯における氾濫原伝統稲作の実態. 坂上潤一・伊藤 治 編. 国際農業研究情報, アフリカにおける稲作最前線. 57: 37-52.

坂上潤一・礒田昭弘・野島 博・高崎康夫 1999. アジアイネ(*Oryza sativa* L.)とアフリカイネ(*O. glaberrima* Steud.)の一年生・多年生の特性とその変異. 日作紀 68: 524-530.

Sakagami, J-I., Joho, Y., and Ito, O. 2009. Contrasting physiological responses by cultivars of *Oryza sativa* and *O. glaberrima* to prolonged submergence. Ann. Bot. 103: 171-180.

Tobita, S. and Sakagami, J-I. 2004. New rice for Africa. Farming Japan 38: 35-39.

5. 湿地帯でのイネ栽培と塩害

　湿地には河川の氾濫に伴って一時的に雨季の間だけ形成されるものがある。その中でも平原地帯に大規模に広がる湿地（季節性湿地帯）は、先進諸国では長年にわたる治水事業に伴い過去のものとなりつつあるが、開発途上国では現代でも多くの地域でみられる一般的な湿地といえよう。とくにアフリカ地域では、いまだ開発の手がほとんど入っていない多くの未利用の季節性湿地帯が残存しており、昨今の地球環境変化を考慮すれば、湿地環境に調和するような農業開発が望まれる。たとえば南西アフリカの砂漠国ナミビアでは、半乾燥地であるにもかかわらず人口密集地には雨季になると湿地が広がり、あたかも砂漠の中の広大なオアシスの様相を示す（口絵 24）。このような湿地では乾季の間に湿地が消滅するとともに、土壌表層に多量の塩類が集積する場合が多いため作物生産が困難であると考えられてきた。本節では、塩類が多量に集積する季節性湿地帯でイネを実験的に栽培した事例を紹介し、湿地環境での作物栽培を制限する環境要因としての塩害について簡単に考察したい。

　ナミビアは世界最古の砂漠といわれる赤いナミブ砂漠と広大なカラハリ砂漠とをもつ国土の大半が乾燥した国であるが、国境を接するアンゴラ高原に降った雨が標高の低いナミビア側に洪水となって押し寄せるため、上記のような湿地帯が形成される。そのためこの地域では地下水が涵養され、古くから人々が集まることにより砂漠のオアシス様の人口密集地が形成されてきた。この湿地帯の水量の年次変動は大きく、短い年には 2 ヶ月、長い年には 5 ヶ月間にわたり約 70〜120 万 ha の湿地帯が生まれる。乾季になるとほとんど雨が降らないため、多くの湿地は乾燥が進み、そのため毛管現象に伴い土壌中の可溶性塩類が土壌表層に徐々に集積し、乾季の終わりには塩類が集積する荒涼とした大地があちこちに出現する。アンゴラから押し寄せる洪水の終着点であるエトーシャ国立公園には巨大な塩性湖が現れ、湿地帯の農業利用が一見して容易ではないことが印象付けられる。事実、近隣住民らは季節性湿地帯での作物生産は困難で、放牧地としての利用しかできないと考えていた。われわれは、はたして本当に作物が育たないのか確かめるため、塩類

5. 湿地帯でのイネ栽培と塩害

が集積しやすい湿地で通年のイネの栽培試験を実施した（Awala ら 2007）。この地では乾季には土壌表層に雪が降り積もったような様相で塩類が集積し（口絵 25）、たとえ灌漑水を常時使用しても土壌中の塩を十分に除去することは容易ではない。そのため、イネの耐塩性品種として有名な Pokkali や Nona Bokra という品種であっても出穂期までの生存は困難であった。ところが雨季に洪水が土壌表層を覆う時期になると表層土壌中の塩濃度は徐々に低下し、洪水で耕地が完全に覆われてから 1～2 週間後にはイネの生存が十分に可能なレベルまで塩濃度が低下する。この時期以降に耐塩性イネの成苗を移植栽培すれば十分な収量が得られ、経済的な籾生産が可能であることがわかった。ここで不思議な現象としては、湿地帯には広範囲にイネ科雑草が繁茂しているが、それらが自生していた場所では耐塩性品種であっても成育が不十分であったのに対し、むしろ雑草が繁茂しなかった場所のほうがイネの成長が盛んであることを観察した。このように性格の異なる場所を耕起し除草作業などの栽培管理を徹底した場合には、雑草が生息可能なところのほうが、イネの成育にとっても良いはずだと予想できる。なぜ予想とは逆の現象がみられたのか、はっきりとした理由は現状では不明である。可能性としては、イネ科雑草が繁茂しない場所では洪水による水の流れが良く、土壌中の塩濃度が低下しやすいことがその理由の一つなのかもしれない。

　以上のイネの栽培試験の結果からいえることは、乾季の間に多量の塩類が集積しても、洪水によって表層の塩濃度が薄まりやすい土壌条件では、湿地が形成されてからある程度の時間が経過すれば、十分にイネ栽培などに活用できるということである。注意しなければならないことは、季節性湿地帯の水環境を改変することのない稲作の導入を図ることである。乾季の間に蓄積した表層の塩類は、豊富な雨量を誇る日本でみられるような、かけ流し灌漑を実施すればある意味で比較的容易に除塩が可能であろう。しかし、半乾燥地気候の脆弱な水資源であることに十分な注意を払わないと、取り返しのつかない環境改変につながるリスクも併せ持っている。21 世紀は水資源の枯渇の時代ともいわれる昨今の事情を勘案して、塩害が発生する季節性湿地帯に半乾燥地の水資源を収奪しないような稲作を導入することが望まれる。

引用文献

Awala, S., Nanhapo, P., Lwinga, T., Kompeli, P., Kanyomeka, L., Sakagami, J., Ipinge, S. and Iijima, M. 2007. Salinity tolerance of *Oryza glaberrima* Steud. and NERICA: Evaluation in seasonal wetlands in northern Namibia. Jpn. J. Crop Sci. 76 (Extra issue 2): 172-173.

6. 湿地における農業土木工学技術

1963年から始まった圃場整備事業は、30a 標準区画化と農道整備による機械化農業の推進、用・排水路の分離による自由な水の駆け引きなど、近代農業の推進に大きな役割を果たしてきた。田畑輪換を進めるために排水路が深くなり湛水被害が防止され、また、透排水性の悪い圃場は暗渠排水が施工された。しかし、汎用化が図られたものの、いまだに田畑輪換が定着しているとはいいがたい。この原因には、農家が転作作物の栽培技術を習得していないことや播種機、汎用コンバイン等への投資が困難なことがあるが、もう一つの理由は、排水性の改善のみでは畑作物の高品位安定多収が困難なことがある。すなわち、転換畑では、灌漑用水を利用するという観念がなかったように思われる。現実にローテーションに伴う畑作ブロックには用水を送水しない地区も多いが、畑作物も用水は必要であり、とくに大豆栽培では7～8月の開花・子実肥大期における用水供給は重要である。多収を実現している農家は畝間灌漑によって品質と収量の安定化を図っている。一方、排水性の良い水田は、大型農業機械の導入が容易であり、これによって大規模経営への展開が可能となる。さらに、畑作時の用水利用が加われば、高品位安定多収が期待できる。

水田畑作や乾田直播の最大課題は湿害対策であるが、地下水位が低下しすぎると逆に干ばつが発生することもある。従来から実施されてきた暗渠排水施設を利用した地下水位制御は、排水口の開放と閉鎖のどちらかであり、各作物が生育期別に必要とする水位を設定することは困難であった。そこで、暗渠排水機能の維持に必要な管理と水位調節並びに水稲栽培時の水管理も容易に行え、圃場の整備水準の向上に際して換地等を伴わないことなどを特徴とする、地下水位制御システム「FOEAS」（フォアス）を開発した。一方、近年は集中豪雨が頻発しており、これに伴う湛水被害を防止してリスクを軽

減する必要がある。表面水排除技術としては、従来から明渠掘削が一般的であり、また、営農では高畝栽培が行われてきた。しかし、今まで以上に地域の担い手農家への農地集積が進んだ場合には、メンテナンスの少ない表面排水技術を必要とする。そこで、レーザレベラーによる圃場面緩傾斜化技術を開発した。

1. 従来からの湿地の排水対策

　排水対策は土木的な事業で行うものと、明渠や弾丸暗渠など営農で行うものに区分される。広域および地区単位の排水対策は事業で行われており、河川や排水路の水位を低下させ、かつスムーズに流下させるために、河川では河床掘削や拡幅、湾曲部の直線化等が河川管理者において実施されている。一方、排水路については、排水改良や圃場整備事業等により新設や拡幅改修が行われ、さらには、排水路が放流河川よりも低い地区では排水ポンプ場による強制排水が一般的である。

　圃場ごとの排水は、圃場整備前は用排兼用の土水路などに流下させていたが、低平地では水路底面高と田面との落差がほとんどなく、地下水位の低下が条件である乾田化・汎用耕地化を図ることは困難であった。そこで、圃場整備では用排水路は分離されているが、兼業の深化や大規模経営体への農地集積に伴い、一筆圃場の用・排水管理は粗放化され、掛け流し灌漑による用水不足や排水路の泥さらい、草刈りの不徹底による通水阻害に起因する湛水被害などが発生している。このことから、農家等の用排水管理労力削減と水管理の適正化を図るために、近年では用水路、排水路ともにパイプライン化されている事例も増加している。1963年に創設された圃場整備事業で30a区画が標準となり、1989年には1ha以上の大区画化事業もスタートし、区画拡大は機械化農業の推進に大きな効果をもたらしたが、一方では圃場内排水の迅速化が課題となった。そこで、溝掘り機が開発され明渠掘削が一般的な営農技術となり、また、土壌に起因する田面や表土層の排水不良、隣接山地等からの侵入水対策等については、圃場整備事業等で暗渠排水が実施され、転作を積極的に行う農家等では、営農において弾丸暗渠を施工している。そして今日では前記したように、より効率的な排水対策として、圃場面の高精度な均平化や傾斜化がレーザー光線やRTK-GPS利用のレベラーによって

実現しており、また、暗渠排水はFOEASの開発により、迅速化されるとともに地下水位を一定に保つ機能も附加されるに至っている。

2. 地下水位制御システム「FOEAS」

(1) 概要

圃場に埋設した有孔管等による幹線・支線パイプおよび補助孔に対して、用水を供給するとともに、田面排水機能を兼ね備えた、用排水ボックスと地下水位を調節する水位制御器等を独自のレイアウトで配置することにより、暗渠排水と地下水位制御を両立し、水管理の適正・省力化を実現した（図76）。

また、用水供給時の水位の適正化とかけ流し防止、水管理労力削減を目的に簡易な水位管理器をあわせて開発した。水稲栽培においては、代かき時や中干し後など、最大取水時のバルブは全開であることから自動制御を行わず、これ以外の期間の用水補給や地下灌漑にのみ対応する構造とすることで、構造の単純化と低コスト化を図った。

(2) FOEASの特徴とメリット

i）特徴

①圃場全面の均一な地下水位維持が可能である（図77）。

②暗渠組織を使用して地下灌漑を行う際に、用水中に含まれる泥や砂などによる管内堆積とこれに伴う暗渠機能の喪失が問題となる。用排水ボックス

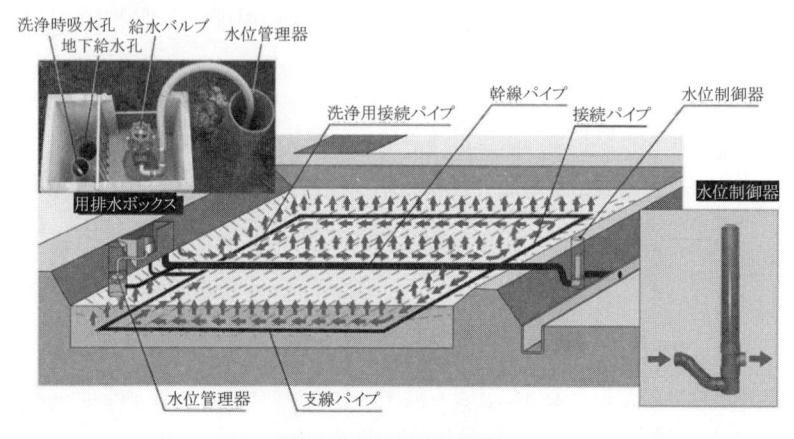

図76　FOEASの概要

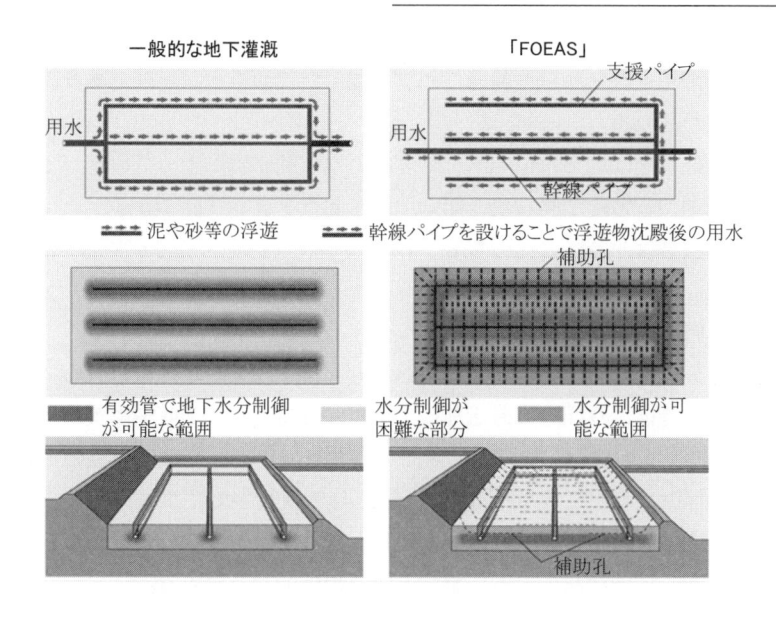

図77　FOEASによる地下水位維持と一般の地下灌漑

から幹線パイプに流入した泥・砂などは、用水とともに水位制御器に到達する間に沈殿する。これの除去は水位制御器の中筒を外し、用排水ボックスから多めの用水を流下させるだけでよい。

ii）水稲栽培時のメリット

　①無代かき移植や乾田直播が可能となり、代かきが不要となるため濁水による公共水域の汚染が発生しない。また、代かきを行わないと土壌が還元状態になりにくいことから、中干しが不要となる。これにより、生育期間中湛水を継続すれば、深水管理による冷害への迅速な対応やカドミウム対策が可能となる。

　②中干し期に落水した場合、排水路側は過乾燥、用水路側は湿潤な状態となるが、地下水位を－20cm程度に保つことで水田全体が均一に乾く。

　③中干しにより、過乾燥状態になった水田は畦畔亀裂やネズミ・モグラ穴等が発生し漏水も多くなり、極端に用水使用量が増加する場合がある。地下灌漑によって水位を田面下10cm程度に保つことで生育に必要な水が供給さ

れ、コンバイン収穫に必要な地耐力も確保できる。

　④用排水ボックスからも幹線パイプを通じた田面排水が可能であり、排水の迅速化が図れる。

　⑤湛水位または地下水位を水位管理器と水位制御器によって設定しておけば、水管理の省力化が図られ、無効放流も防止できる（図78）。

　⑦稲の収量は対照区と比較して、12％の増収（7地区平均・宮城県と山口県の農家、試験場など）をみた。

iii) 畑作時のメリット

　①本暗渠と補助暗渠の組合せによる迅速な排水で湿害が回避される。また、地下灌漑機能により作物に最適な地下水位が維持され、増収や品質向上が期待できる（口絵27）。全国の試験研究機関等で実施した栽培試験の平均では、対照区と比較して大豆が39％、麦が41％増収した。

　②転作を続けると畦畔や下層土に亀裂が入り、水田に戻した際に水持ちが悪くなるが、地下灌漑によって水田としての機能が持続する。

　③過乾燥になると地力が極端に低下するが、地下灌漑で地力維持が可能と

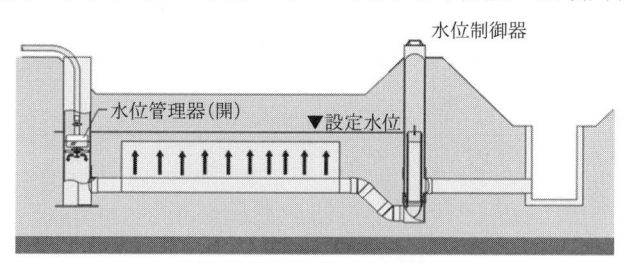

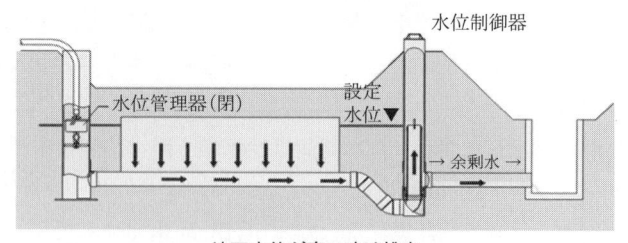

図78　水位管理器と水位制御器による地下水位の自動コントロール

なる。

①畑地において作物を連作すると、雑草の繁茂や連作障害等が発生するが、水田で田畑輪換を行えばこれらが回避される。

②地表灌漑は畑作に必要な土壌の団粒構造を壊す恐れがあり、また、播種・定植時における種子や苗の流亡等が発生するが、地下灌漑はこれらを回避できる。

(3) コスト

従来の暗渠排水にはない工種である、用排水ボックスや水位制御器、幹線パイプ、1m間隔の補助孔、特許使用料などが加わっているが、施工単価は一般的な暗渠排水の18万円/10a程度を若干上回る程度である。この理由は、支線パイプの田面下60cmの水平施工と新たに開発したベストドレーン工法による掘削断面の縮小（9cm）による疎水材（一般に用いられている）使用量の削減や、従来工法であるトレンチャ（一般に用いられている）利用と比較して作業人員が4人に半減することなどがあげられる（図79）。

3. 圃場面傾斜化工法

レーザー光線で制御されるプラウとレベラーを用いて微傾斜でかつ均平度の高い圃場面を造成する技術である。作業手順は、最初に表土厚や用・排水路の位置に関する事前調査や傾斜方向、傾斜度、整地時期などを検討する。微傾斜化は表面排水の促進が図れるが、FOEASや暗渠排水、心土破砕、明渠といった従来からの排水技術との組み合わせを考慮することも重要である。

(1) 作業方法

i) プラウ作業

造成後の表土厚の均一化を図り、作物の生育ムラを抑制することと、土を乾燥させレベラー作業時の土移動の容易化を図ること、および圃場面に残る稲わらなどの残渣をすき込むために、レーザー光線によって制御されたプラウにより反転耕起を行う。鋤床は予め定めた

図79 ベストドレーンの作業員数

圃場面の傾斜角度と同様とする。耕起深を15cmとする場合は、傾斜上端の耕起深が15cmとなるように設定する（図80）。

ii）レベラー作業

レーザレベラーは均平度±15mm程度で整地が可能な機械である。通常の均平作業を行う場合はレーザーを水平に発光するが、傾斜圃場造成の場合は設定した傾斜角に合わせてレーザーを発光する。レベラーには直装型と牽引型があり、直装型（幅3～5m）はレーザコントロールを装着した55～160psクラスのトラクタが必要であるのに対し、牽引型（3.2～4.1m）はレベラー側にすべての機能が附加されており、40～140psクラスのトラクタであれば機種を選ばない（図81）。

iii）造成時間

全国8カ所の条件のことなる圃場で、造成時間を調査した結果、レーザプラウは各圃場とも概ね2h/haであった。レベラー作業は、傾斜を付

(1) 現状
田面が均一ではなく、排水の悪い圃場

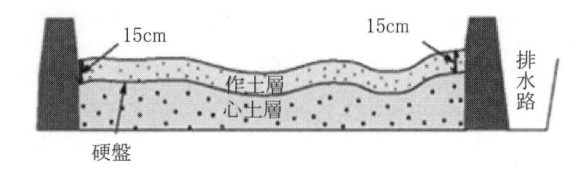

(2) 反転・耕起
傾斜付けたレーザー光線に沿って、傾斜に反転耕起
（100mで10cm排水路側が下がる）

(3) 傾斜・均平
傾斜をつけたレーザー光線に沿って、傾斜に均平
（100mで10cm排水路側が下がる）

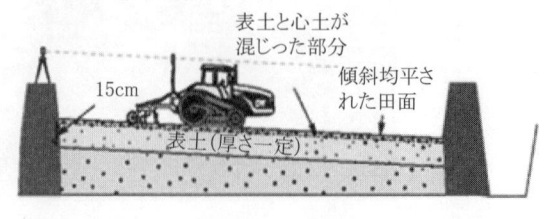

図80　圃場面の緩傾斜化方法

ける方向に前進と後進をくり返す。
区画の形状や土壌、使用する機械
等によって作業時間はことなるが、
概ね 6h/ha を要する。これは、水
平な整地均平作業の約 2 倍の時間
である。

（2）傾斜度

　水平圃場と 0.05‰、1‰、3‰
の傾斜圃場を造成し、降雨を想定
して 140mm の灌漑を行い、表面
排水量を測定した結果、水平圃場

図81　クローラ型トラクタと装着
レベラー

は 11.6mm であったのに対し、傾斜圃場はいずれの傾斜度においても 18mm で、1.5 倍以上増加した。これらのことから、傾斜度は 0.5‰より急傾斜としても、灌漑・排水促進効果は変化しないことが判明した。一方、傾斜 0.5‰で整地を行う場合、傾斜方向 100m に対して 5cm 下がる傾斜面となり、かなり高い精度の均平度が要求されることから、営農上では傾斜 1‰による造成が望ましい。

（3）排水促進効果

　(独)農研機構農村工学研究所内の 40×110m 区画で隣接する 2 圃場おいて、片方を傾斜化し、総降雨量 150mm 時の表面排水量および地下水位、土壌水分を測定した。表面排水量は傾斜圃場で 23.4mm、水平圃場は 14.0 mm となり、流出率は傾斜圃場が 17.2%、水平圃場は 10.3% であった（図82）。また、水平圃場では地下水位が上昇して約 17 時間湛水状態となったが、傾斜圃場は湛水には至らなかった。このように、表面排水の促進効果により湛水被害が回避され、発芽不良や根腐れ等による収量低下や品質悪化を抑制することができる。さらに、傾斜圃場は降雨後も速やかに土壌水分が低下することから、地表面の乾燥が早くなり、トラクタ等の作業機械を搬入しやすく、適期作業が可能となる。傾斜化は排水性が悪く湿害が発生しやすい重粘土壌において、降雨が地中に浸透する前に排出され、顕著な効果がみられる。

(4) 排水性の悪い現地水田の傾斜化と効果

つくば市松塚地区の水田は畦畔漏水と用水路の老朽化に伴う漏水が著しく、用水不足が顕在化していることから、河川取水以外に地下水汲み上げのポンプが設置されている。また、用水路からの漏水によって、圃場は湿潤な状態にあることと、田面均平度もきわめて悪いため、コンバイン収穫が不能な箇所もみられる。一方、麦の転作についても低収量で推移していることから、レーザレベラーによる圃場面傾斜化を図るとともに、現況の用水路内にパイプを埋設する自然圧パイプラインを施工し、漏水防止と水不足の解消を図りその効果を実証した。

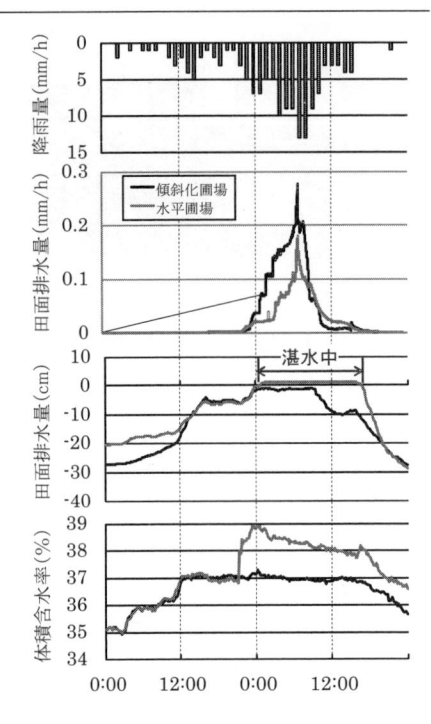

図82 傾斜圃場の排水特性　若杉・藤森（2006）。

圃場整備完了後40年を経ており、U字溝用水路の沈下や接続力所の分離による漏水と隣接水田からの浸入水で湿地状態のため転作が困難な状態にあるため、夏作は栽培されず、冬作では麦が作付けられるものの収穫は皆無である。そこで、用水路の漏水対策としては、水源と田面との標高差が20cm以上あれば、ポンプ加圧を行わなくてもパイプライン化が実現し、電気代等の維持管理費削減と用水不足の解消、水管理の省力化、適正化が可能となる自然圧パイプラインで対応した。整備方法は、既存のU字溝内に支配面積に応じてφ150～100mmの高質塩化ビニル管を埋設し、各圃場にバルブ・取水枡（ます）を取り付ける（口絵28）。資材費は30a区画に1カ所取水枡を設置することを前提とした場合、2,500円/m程度であり、既存のU字溝の補修や改修では4,000円/m、コンクリート廃棄物の処理費も必要なことから、本技術はこれらと比べても低コストであ

る。隣接水田からの浸入水対策は、幅 90cm の庶水シートを畦畔下へ 70cm 埋設、20cm は畦畔内に埋め込み劣化を防止した（口絵 29）。資材単価は 100m 当たり 2 万 2,000 円程度で施工は油圧ショベルを用いて行う。

　漏水対策以外には、大豆栽培では表面排水の迅速化が重要であることから、レーザレベラーを用いて排水路側に向かい 100m で 10cm の田面傾斜化を図った。整備前は、湿害から転作作物は生育せず、雑草が生い茂っていたが、整備後の大豆の坪刈り収量は、10a 当たりでタチナガハが 411kg、納豆小粒は 274kg となった。なお、表面排水技術は、大規模経営体等が所有する農業機械で施工可能である。

（5）傾斜圃場における水稲栽培

　宮城県古川他 3 地区において傾斜圃場で水稲栽培を実施し、その影響を調査した。水深の差による生育ムラ等が懸念されたが、圃場の全体収量は水平圃場と大差がみられなかった。なお、傾斜度の維持を考慮すると、不耕起乾田直播栽培が望ましい。

（6）傾斜度と均平度の経年変化

　茨城県稲敷市南太田（泥炭土壌）で 1‰の傾斜圃場を造成し、大豆と大麦の不耕起栽培を行い均平度の経年変化を調査した結果、均平度の標準偏差は造成直後が 11.9mm であったのに対し、一年後は 12.6mm とほとんど変化がみられず、また、傾斜度も維持されていた。このように、不耕起栽培は土の移動がほとんどないため、凸凹が発生しない限り整地作業を必要としない。なお、まくら地部分は収穫時にコンバインの旋回によって轍が発生することから、この部分の整地を必要とする。

　農地の有効利用による食料自給率の維持・向上が重要な課題となっている今日、低コストで個別技術を体系化した営農密着型の基盤整備技術が田畑輪換体系の確立に寄与することを願っている。

引用文献

若杉晃介・藤森新作 2006. 転換畑の圃場面傾斜化による排水・灌漑促進効果. 農工研技報 204: 185-193.

7. 栽培技術の改善による湿害の軽減

　湿害は、モンスーン地域のみならず、地形や土質によっては半乾燥地においても、しばしば農作物の収量低減を引き起こす。その対策としては、湿害に強い作物・品種を選択する、あるいは育種・遺伝子工学によって作出するといった植物自体の遺伝的改善を図る方策のほかに、土木技術・栽培技術によってストレスの低減を図るという環境改善の側面からの方策がある。洪水を防ぐ、強湿田を乾田化するといった抜本的な対策は、前節で扱うような土木技術に追うところが大きいが、栽培技術でも、たとえば、畑栽培で、地表面の窪んだ部分で土壌の乾きが遅いために作物の発芽・生育が阻害されてパッチ状に発生する湿害は、耕起の均平度を高めることで軽減できる。この節では、栽培技術による湿害の軽減を、根域の土壌環境と根の反応という視点で考えたい。

1. 畝立て栽培

　畑作物の栽培において畝立てを行うことは、株周りの土壌環境、とくに水分状態を適正に保つ一つの方策であり、世界で広く行われている技術である。畝を立てることにより、土壌水の下方への移動が促され、畝の中の根が嫌気的状態にさらされるリスクが軽減する。日本の水田裏作としての麦（コムギ・オオムギ）栽培においても、高さ10〜20cm×幅1.5〜3.0mほどの平らな畝（平高畝）を設けて、各畝に数条ずつ麦を条播している地域がある。日本の多雨の環境下では、畝立てだけで麦の収量・品質を十分に維持できるわけではないが、根の周りの環境を幾分かは改善する効果がある。畝立てには、労力を要するが、近年では、麦・ダイズなどの栽培用に、耕耘同時畝立て播種作業機が開発され、省力化と併せて、湿害の軽減に役立つことが期待されている（細川 2006）。幅広の大きな平高畝に限らず、小型の畝であっても効果が期待できる。

　水稲は、根に通気組織を形成することで、湛水条件に適応しているが、強湿田などでは土壌中の鉄イオン、硫酸イオン、有機物などの還元が進み、硫化鉄、硫化水素や有害な有機酸などが発生する。過度の根腐れで養水分の吸収が阻害されると、水稲の収量・品質が著しく低下する「秋落ち」となる。

中国福建省の山間地・中山間地には還元が進んだグライ土壌の水田が多く、とくに谷間にあたる地形での秋落ちが大きな問題となっていたが、田水面より 10cm ほど高い平高畝を設けて数条ずつ移植することで、収量が 2 割以上改善された。畝の中では Eh が高く土壌の還元化が緩和されていること、根量が多く根の活性も高いことが報告されている（Li and Huang 1997）。

2. 畑作物の中耕・培土と湿害からの回復期の施肥管理

　中耕は、畑作物の栽培において、雑草防除を目的として畝間の土壌表面を攪拌することであるが、しばしば、株元に土を寄せる培土（いわゆる土寄せ）と合わせて行われる。培土は、土で株元を押さえることで物理的に作物の倒伏を防ぐ働きをするほか、茎下部からの不定根形成を促すと考えられている（加藤ら 1956）。

　イネ科植物が、幼根由来の初生種子根 1 本と多数の不定根（その他の種子根と節根）で構成されるひげ根型根系を持つのに対して、双子葉植物は主根型根系を形成するとよくいわれる。しかし、実際の双子葉作物をみると、ひげ根型根系ほどではないが、不定根を形成することが多い。とくに、土壌が過湿あるいは湛水状態になると、双子葉植物であっても胚軸や茎の下部から多くの不定根を発根する（古林ら 2003）。こうした過湿環境下での不定根は、土壌深層に比べれば溶存酸素があり、還元化の進行が遅い表層土壌、あるいは、土壌表面上の水中に薄く発達することで根としての機能を保持し、湿害の影響を軽減したり、湿害が解除された後の回復に寄与することが期待される。培土には、こうした不定根をさらに増やす効果がある。

　ダイズを例に、培土が根に及ぼす効果をみてみよう。現在の日本においては、ダイズ生産の大部分が水田からの転換畑で行われており、病虫害とともに湿害が大きな減収要因である。梅雨時の湿害はダイズの根の発達を強く抑制するため、夏には、逆に乾燥のストレスを強く受けやすくなるという問題もある。図 83 に示すように、土壌が過湿の条件下では、培土の中に形成される不定根が大きく増加し、全体の根長も培土をしない場合に比べて大きくなる。さらに、培土の中は、上述の畝の中と同様に、本来の平坦な土壌表層に比べると水はけが良く、嫌気（還元）の程度が緩やかである。そのため、培土は不定根の発根を促すと同時に、形成された不定根が致命的な障害を受

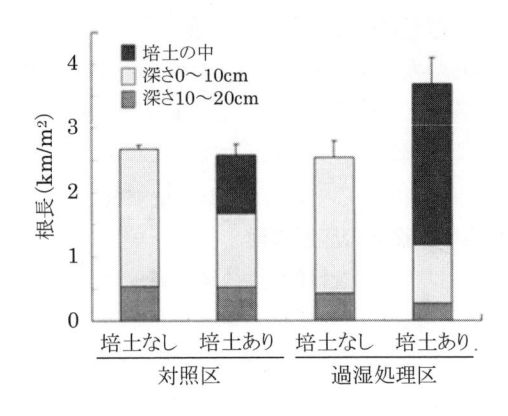

図83 培土の有無と土壌の過湿処理がダイズの根の形成に及ぼす影響　黒ボク土の圃場で栽培したダイズについて、播種後26日目に培土を行うとともに、20日間の土壌過湿処理を施し、直後の土壌の層別の根長（圃場 $1m^2$ 当たりの量）を測定した。深さは、培土前の本来の地表面を基準とした土壌の深さを示す（Moritaら（2004）より改変）。

けにくく、水が引き始めた後に、いち早く養水分吸収を開始できる環境を提供することになる。図83のダイズの場合、培土の効果は、過湿処理期間中の根系の活力や茎葉部の生育にはみられなかったが、処理解除直後からの生長において明瞭であった。

このように利点の大きい培土であるが、土壌の特性を考慮する必要があることを指摘しておきたい。重粘で培土内への通気が著しく悪くなる土壌の場合には、不定根を培土内に閉じ込め、また、土壌下層の嫌気状態を促進することで、逆効果となる可能性がある。重粘土壌に関しては、その特性に応じて土壌の破砕程度や培土の時期など、検討が必要であろう。

　湿害で根の発達が抑制された後の回復期には、吸水だけでなく養分吸収が不足することもある。とくに、ダイズなどマメ科作物の場合は、過湿によって根粒の形成や機能が強く抑制されることがあり、根の吸収機能低下とあいまって、窒素不足が作物の回復を遅らせる。マメ科作物では一般に、過度の窒素施肥は根粒形成を阻害するとされ、窒素肥料を少なめに与えるが、湿害からの回復期においては、むしろ窒素肥料の追肥が生育を促進することがダイズやキマメで報告されている（杉本・佐藤 1990、松永・伊藤 1993）。

　ダイズに関しては、第4章4節で扱っているほか、(独)農研機構作物研究所の「大豆を作ろう」ホームページ（http://daizuweb.job.affrc.go.jp/）に湿害対策も含めて多くの技術が紹介されているので、参照されたい。

3. 不耕起栽培・無代かき栽培

　水田の耕起・代かきは、単に移植（田植え）を容易にするというだけでなく、雑草防除の上で重要な作業であり、また、透水性を低下させて水持ちを良くするなど重要な役割を果たしている。一方で、労力と機械を必要としコスト高の一因となる、代かき後の懸濁した田面水が河川に流れ込むことで水質汚染の原因になる、あるいはアメリカなどでは休閑期の表土の流亡（Erosion）が促進されるなどの理由で、不耕起あるいは無代かきでの栽培も取り入れられている。水田で不耕起栽培を行うと、旧来のすき床（耕盤）より上の土壌が固くなるとともに腐植が土壌中に攪拌されず土壌表面に蓄積することにより、畑作の不耕起栽培と同様、根がごく浅い層に多く分布するようになる。水持ちや雑草の問題もあり、アメリカやオーストラリアの水田では、不耕起栽培でも3年に1度位は耕すことが多い。

　こうしたコスト低減や環境負荷の低減を目的とした不耕起栽培・無代かき栽培とは別に、秋落ちが問題になるような土壌還元の著しい水田では、不耕起栽培・無代かき栽培が、有効な対策となることが知られている。典型的な事例は、八郎潟干拓地である秋田県大潟村の成功例である（庄子 2001）。不耕起栽培した水田では、前作までの根の跡とみられる微細な孔隙が土壌中に多数、分断されずに残ることがX線造影法で確認されている（佐藤 1992）。こうした孔隙が、代かきをしないことと併せて、土壌の透水性を高め、土壌下層への溶存酸素の供給を促進して還元化を軽減していると考えられる。さらに稲わらなどの有機物が土壌中にすき込まれないことで、土壌の還元化が抑えられ、メタンガスの発生も小さくなる（金田 1998）。大潟村では、不耕起栽培の水稲では、根が、土壌表層だけでなく、深さ10～30cmの比較的深い層でも増えており、とくにこうした深い層の根の活性が高いことが報告されている（金田 1998）。

　インドでは、谷間の強湿田で雨季の水稲作を不耕起栽培にすることで、乾季畑作の湿害が軽減された研究例が報告されている。日本でも、田畑輪換でダイズを栽培する場合に、ダイズの湿害を避ける方策の一つとして、水稲の不耕起栽培や無代かき栽培の導入が検討されている。不耕起栽培・無代かき栽培では、翌年春～初夏の機械作業の多い時期に雨が降っても、圃場の水は

けが良く地耐力が高いので、作業のスケジュール管理が容易だという利点もある。

引用文献

古林秀峰・阿部淳・森田茂紀 2003. 過湿条件に対するダイズ根系の形態的適応. 農業および園芸 78: 318-322.

細川 寿 2006. 排水不良地域における耕うん同時畝立て播種技術. 農林水産技術研究ジャーナル 29: 20-24.

金田吉弘 1998. 不耕起栽培－水稲－. 根の事典編集委員会 編. 根の事典. 朝倉書店, 東京. pp.266-267.

加藤一郎・川原政夫・内藤文男・谷口利策 1956. 大豆の培土に関する研究(第Ⅱ報)培土による不定根の発生及びその品種間差異に就いて. 東海近畿農試研究報告 4: 69-73.

Li, Y.Z. and Huang, Y. M. 1997. The characters of rice root in gleyed paddy soils and their improvement by ridge cultivation. In Abe J. and Morita S. eds. Root System Management That Leads to Maximize Rice Yields. JSRR, Tokyo. pp.30-31. (http://www.jsrr.jp/4sympo/30-31.htm)

松永亮一・伊藤 治 1993. 早生ピジョンピーの根系に及ぼす短期冠水ならびに窒素追肥の影響. 根の研究 2: 87-88. (http://root.jsrr.jp/archive/pdf/Vol.02/Vol.02_No.3_087.pdf)

Morita, S., Abe, J., Furubayashi, S., Lux, A. and Tajima, R. 2004. Effects of waterlogging on root system of soybean. Proceedings for the 4th International Crop Science Congress, Brisbane, Australia, 26 September -1 October 2004. (http://www.cropscience.org.au/icsc2004/poster/2/7/4/743_morita.htm)

佐藤照男 1992. 八郎潟干拓地重粘質水田土の粗孔隙の発達とその意義. 農業土木学会誌 60: 25-30.

庄子貞雄 監修 2001. 大潟村の新しい水田農法. 農文協, 東京.

杉本秀樹・佐藤 亨 1990. 湿害発生時における根粒の役割について. 日作紀 59:727-732.

索　引

英数字

α-アミラーゼ……………………117
α-エクスパンシン………………111
β-エクスパンシン………………111
Alcohol dehydrogenase
　（ADH）………………………118
Aman………………………………138
Aus…………………………………138
Boro…………………………………138
C_3光合成………………………50
C_3植物…………………………54
C_4光合成………………………52
C_4植物…………………………50
CAM 植物…………………………50
DNA マーカー……………105, 155
Flash Flood………………………107
Floating ability…………………107
FOEAS……………………………244
FR13A………………………………103
GIS……………………………………22
Low Oxygen Escape
　Syndrome（LOES）………125
Lowest elongated internode…108
MODIS……………………………196
NADH………………………………118
O. glaberrima……………………103
Os-ERS1…………………………112
Os-ERS2…………………………112
Pyruvate decarboxylase………118
QTL…………………………………105
RAmy1A…………………………117
RAmy3C…………………………117
RAmy3D…………………………117
RAmy3E…………………………117
ROL バリア………………………129
Shoot elongation………………107
Sub1………………………………105
Submergence escape…………107
Submergence tolerance………107

あ行

秋落ち………………80, 87, 254, 257
アジアイネ………………………237
アスコルビン酸…………………113
アセトアルデヒド………………113
アブシジン酸……………………109
アフリカイネ……………………237
アルコール脱水素酵素……118, 164
暗渠……………………75, 145, 146
暗渠排水…………………………244
硫黄…………………………………47
維管束植物…………………………56
遺伝子組換え技術………………148
遺伝資源…………………………155
イネ…………………………… 58, 116
インターカーレート……………238

浮イネ ･････････････････････ 107, 135, 187
畝立て ･･････････････････････････････ 254
畝間灌漑 ･･････････････････････････ 244
衛星リモートセンシング ･･････････ 195
栄養繁殖 ･･････････････････････････ 14
液状化現象 ･･････････････････････ 174
エクスパンシン ･･････････････ 111, 120
エチレン ････････････････ 58, 109, 119
エネルギー利用効率 ･･････････････ 114
塩害 ･･････････････････････････････ 242
塩性湿地 ･･････････････････････ 4, 6, 9
塩腺 ･･････････････････････････････ 64
オオムギ ････････････････････････ 254
温室効果 ･･････････････････････････ 19
温暖化 ････････････････････････････ 19

か行

解糖系 ････････････････････････････ 61
海面上昇 ････････････････････････ 174
過酸化カルシウム ････････････････ 121
過湿 ･･････････････････････････････ 82
活性酸素 ････････････････････････ 113
活性酸素種（Reactive Oxygen
　Species：ROS） ･････････････ 124
灌漑技術 ････････････････････････ 215
灌漑水田 ････････････････････････ 225
還元化 ････････････････････････････ 83
感光性 ･･････････････････････････ 103
冠根 ････････････････････････････ 107
冠水 ････････････････････････ 58, 150

冠水回避性 ･････････････････････ 107
冠水耐性遺伝子 ････････････････ 107
冠水抵抗性 ･････････････ 102, 135, 151
乾燥 ･･････････････････････････････ 56
干拓 ･････････････････････････････ 216
乾田 ･･････････････････････････････ 36
乾田直播 ･････････････････････ 238, 247
機械排水 ･･･････････････････････ 234
気孔 ･････････････････････････････ 50
気孔コンダクタンス ･･･････････････ 64
気象災害 ･･･････････････････････ 209
季節性湿地帯 ･･･････････････････ 242
キマメ ･･･････････････････････････ 256
休眠性 ･･････････････････････････ 238
強湿田 ･･････････････････････････ 257
均平度 ･････････････････････ 249, 254
クエン酸回路 ･･･････････････ 118, 125
クチクラ ･････････････････････････ 52
グライ土 ･････････････････････････ 95
茎葉伸長 ･･･････････････････････ 107
嫌気呼吸 ･････････････････････ 37, 85
嫌気条件 ･･･････････････････････ 117
嫌気ストレス ･････････････････････ 60
嫌気的微生物 ････････････････････ 73
嫌気発芽 ･･････････････････････････ 36
減水期稲 ･･･････････････････････ 188
高位泥炭地 ･･･････････････････ 2, 3
好気性微生物 ････････････････････ 83
好気的微生物 ････････････････････ 73
光合成 ･････････････････････････ 49

洪水 ·················· 108, 186, 234
洪水調整機能 ··················· 190
洪水適応型農業 ················ 231
洪水適応技術 ··················· 188
洪水防止機能 ·············· 20, 225
高層湿原 ········ 2, 3, 4, 5, 7, 9, 17
後背湿地 ··················· 93, 187
コケ植物 ·························· 56
糊粉層 ··························· 157
コムギ ··························· 254
コルマタージュ ················· 230
根系形成 ························ 164
根粒 ····························· 256
根粒菌 ···························· 86

さ行

最大光合成速度 ·················· 54
栽培技術 ························ 254
在来農法 ························ 237
酸化還元電位(Eh) ······· 78, 85, 144
酸性硫酸塩土壌 ············· 79, 193
酸素濃度 ···················· 77, 83
酸素漏出（Radial Oxygen Loss：ROL） ·························· 128
自然堤防 ··················· 93, 187
湿害 ······· 123, 139, 140, 141, 142, 143, 144, 145, 146, 147, 149, 150, 254, 255, 257
湿原 ························ 2, 3, 4, 5

湿地 ··············· 11, 15, 16, 17, 19, 20, 21, 22, 236
湿地植物 ·········· 11, 12, 13, 14, 19
湿地の土壌 ······················ 92
湿地林 ··························· 2, 7
湿田 ························ 36, 135
地盤沈下 ························ 174
ジベレリン ················ 109, 118
集中排水方式 ··················· 224
重力灌漑 ························ 227
重力排水 ··················· 191, 192
種子死滅 ·························· 36
種子植物 ·························· 56
種子発芽 ·························· 57
種皮 ····························· 157
硝化作用 ·························· 85
沼沢湿原 ······················ 3, 4, 5
沼沢植物 ·························· 60
沼沢地 ············ 2, 3, 4, 5, 17, 19
鞘葉 ····························· 117
植生 ····························· 3, 4
植物群集 ··················· 12, 17
植物成長調整剤 ················· 121
植物ホルモン ··················· 118
シロイヌナズナ ················· 111
深根性 ···················· 144, 147
深層施肥法 ······················ 85
新田開発 ························ 216
浸透流解析 ····················· 179
スイートコーン ················· 163

水害脆弱性	175
水生植物	13, 56
水田	34, 82, 257
水田裏作	142
水田雑草	34, 57
水田転換畑	140, 143
水稲異常穂	99
水陸両生植物	52
生育形	12, 13
生活形	12, 13, 14
生産力評価	96
節間伸長	107, 238
絶滅危惧植物	33
浅根性	144, 147
全層施肥法	85
草本類	2, 5
ゾーニング	193
疎水材	249
塑性限界	79

た行

耐塩性	103
耐湿性	140, 141, 146, 147, 148, 149, 150
耐湿性育種	153
ダイズ	156, 255, 256, 257
耐水性	143
田越し灌漑	228
短稈品種	191
炭酸ガス	56, 58

湛水	83, 251
炭水化物	113
湛水直播栽培	121
地下水	2, 3, 4, 5
地下水位制御	244
地下排水能力	191
地上部伸長	238
地球温暖化	174
治水	223
地耐力	248
窒素循環	16, 20
窒素施肥	256
窒素無機化	75
地表灌漑	249
地表根	153
地表湛水	191
地表排水	191
中間湿原	2, 9, 10
中耕	255
抽水植物	13, 54
沖積土	5, 94
直播栽培	121
貯蔵物質	14
地理情報システム(GIS)	178
地力増進作物	101
沈水植物	13
通気性	77
通気組織	54, 58, 127, 134, 144, 147, 148, 152
低位泥炭地	2, 3

低酸素条件 …………………… 117
低酸素分圧 ……………………… 57
低湿地土壌 ……………………… 92
低層湿原 …… 2, 3, 4, 5, 7, 9, 10, 17
泥炭 ………………………… 2, 4, 5
泥炭湿地 ………………… 3, 18, 19
泥炭地 ………………………… 2, 3, 5
泥炭土壌 ………………… 79, 193
低平地 ……………………… 173, 234
テオシント …………………… 153
鉄砲水 ………………………… 107
転換畑 …………………… 86, 244
電子受容体 ……………………… 73
電子伝達系 …………………… 118
天水稲 ………………………… 135
天水田 …………………… 187, 225
田畑輪換 ………………… 86, 257
土壌 ……………………………… 4
土壌水分 ……… 142, 143, 144, 146
土壌生産力可能性分級 ………… 97
土壌窒素の発現 ………………… 99
土壌の障害 …………………… 97
土壌の退化 …………………… 91
土壌微生物 ……………………… 82
利根川 …………………… 178, 221

な行

内水位 ………………………… 192
中干し ……………………… 75, 247
二期作 ………………………… 191

ニジェール河 …………… 134, 236
日長感応性 …………………… 225
乳苗 …………………………… 121
根腐れ ………………………… 254
熱帯多雨林 ……………………… 3
ネリカ ………………………… 241
農業生態系 ……………………… 90

は行

灰色低地土 ……………………… 95
バイオマス ………………… 54, 68
排水技術 ……………………… 215
培土 …………………………… 255
パイピング …………………… 179
発芽 …………………………… 117
氾濫原 …………… 4, 5, 17, 20, 21,
　　　　　　　　22, 26, 32, 187
氾濫原稲作生産体系 …………… 236
氾濫利用型農業 ………………… 241
ヒエ …………………………… 61
光呼吸 ………………………… 49
光飽和点 ……………………… 54
微生物バイオマス ……………… 72
表面排水量 …………………… 251
ピルビン酸 …………………… 118
貧栄養 ………………………… 2, 4
品種間差異 …………………… 151
不圧地下水 …………………… 173
富栄養 ………………………… 2, 4
深水イネ ………………… 102, 135

不耕起栽培 145, 253, 257
フタバガキ科 3
不定根 125, 152, 166, 255
浮漂植物 12
浮葉植物 13, 54
フラッシュ現象 30
ブロッコリー 163
分布型水循環モデル 228
芳香族カルボン酸 74
放射的酸素漏出 60
補助暗渠 248
圃場整備 193, 244
圃場排水 192
穂発芽 139, 140
穂発芽性 239

ま行

マメ科作物 256
マングローブ 63
水管理技術 223
ミズゴケ類 2, 5
ミズタカモジ（*Elymus humidus*） 148

麦 254
無酸素 61
無性生殖 56
メコン河 189, 221
メタン 257
モンスーンアジア 220

や行

有機酸 74, 87
有機物 238
有機物分解 73
有性生殖 57
遊離酸化鉄 74
幼芽伸長 37
幼葉鞘 58

ら行

ラムサール条約 1, 5, 6, 7, 9, 10
陸稲 135
離生通気組織 58
硫化水素 80
量的形質遺伝子座(QTL) 154
漏水防止 252

【編者略歴】

坂上 潤一
- 学　歴　千葉大学大学院自然科学研究科博士課程修了
- 専　門　作物学・農学博士
- 著　書　「最新農業技術」(共著) 農文協 (2009年) 他

中園 幹生
- 学　歴　東京大学大学院農学生命科学研究科博士課程修了
- 専　門　植物分子遺伝学・農学博士
- 著　書　「発芽生物学―種子発芽の生理・生態・分子機構―」(共著) 文一総合出版 (2009年)、「種子の科学とバイオテクノロジー」(共著) 学会出版センター (2009年) 他

島村 聡
- 学　歴　九州大学大学院生物資源環境科学研究科博士課程修了
- 専　門　作物学・農学博士

伊藤 治
- 学　歴　東京大学大学院農学研究科農芸化学専攻博士課程修了
- 専　門　作物栄養学・農学博士
- 著　書　「環境と持続的農業」(共著) 朝倉書店 (2006年) 他

石澤 公明
- 学　歴　東北大学大学院理学研究科生物学専攻博士課程修了
- 専　門　植物生理学, 生物教育・理学博士
- 著　書　「ファストプランツで学ぶ植物の世界」(共訳) In The Woods. Books (2006年)、「博士おしえてください　植物の不思議」(共著) 大学教育出版 (2009年) 他

JCOPY ＜(社)出版者著作権管理機構　委託出版物＞

2010

―湿地環境と作物―

著者との申し合せにより検印省略

©著作権所有

定価2940円
(本体 2800円
　税 5％)

2010年2月15日　第1版発行

著作代表者　坂　上　潤　一

発　行　者　株式会社　養賢堂
　　　　　　代表者　及川　清

印　刷　者　星野精版印刷株式会社
　　　　　　責任者　星野恭一郎

発　行　所　株式会社　養賢堂
〒113-0033 東京都文京区本郷5丁目30番15号
TEL 東京 (03) 3814-0911　振替00120-7-25700
FAX 東京 (03) 3812-2615
URL http://www.yokendo.co.jp/

ISBN978-4-8425-0465-0　C3061

PRINTED IN JAPAN　　　製本所　株式会社三水舎

本書の無断複写は著作権法上での例外を除き禁じられています。複写される場合は、そのつど事前に、(社)出版者著作権管理機構 (電話 03-3513-6969、FAX 03-3513-6979、e-mail: info@jcopy.or.jp) の許諾を得てください。